Jay Conrad Levinson / Donald Wayne Hendon

Guerilla Deals

Jay widmet dieses Buch seiner vierjährigen Enkeltochter
Cali Adkins, die das Verhandeln so gut beherrscht wie keiner.

Don widmet dieses Buch seiner wundervollen Ehefrau Eda, der Liebe
seines Lebens, dem Wind unter seinen Flügeln.

Jay Conrad Levinson / Donald Wayne Hendon

Guerilla Deals

Die Psychologie des subtilen Verkaufens

orell füssli Verlag

Übersetzer: Hans Freundl
Redaktion: Werner Wahls
Umschlaggestaltung und Motiv: Hauptmann & Kompanie Werbeagentur, Zürich
Druck: fgb • freiburger graphische betriebe, Freiburg

ISBN 978-3-280-05514-4

Die Deutsche Nationalbibliothek verzeichnet diese Publikation in der Deutschen Nationalbibliografie; detaillierte bibliografische Daten sind im Internet über http://dnb.d-nb.de abrufbar.

Inhalt

Kapitel 6

14 wirkungsvolle und selten verwendete Angriffstaktiken 90

Kapitel 7

Zwölf wirkungsvolle und selten eingesetzte Defensivtaktiken . . . 109

Einleitung

Sie verwenden viele Gedanken auf Ihr Produkt, Ihre Dienstleistung oder Ihre Firma. Sie präsentieren Ihr Angebot fachgerecht. Ihre Internetseite ist ansprechend und überzeugend. Ihr Marketing trifft genau ins Schwarze. Ihre Preisgestaltung ist optimal für Ihren Markt und die Profitabilität Ihrer Firma. Sie könnten nicht besser im Markt positioniert sein. Und Ihr Vertriebsteam ist Spitze. Ihr idealer Kunde ruft Sie an und gibt eine große Bestellung auf oder möchte mit Ihnen über einen umfangreichen neuen Auftrag sprechen.

Sie nehmen die Bestellung oder den Auftrag an ... und ab jetzt geht alles schief. Sie machen Ihrem Kunden mehrere unnötige Zugeständnisse, lassen sich auf Termine ein, die Ihre Mitarbeiter stärker beanspruchen denn je – und am Ende erzielen Sie kaum noch einen Gewinn.

Wie konnte das passieren? Dergleichen geschieht jeden Tag und überall, weil viele Gewerbetreibende nur verschwommene Vorstellungen davon haben, wie sie ein Geschäft optimal abwickeln können. Wenn sie es mit einem Geschäftspartner zu tun bekommen, der in dieser Hinsicht wesentlich ausgebuffter ist, geraten sie ins Schleudern und verschenken einen Teil ihres möglichen Gewinns, nicht weil sie weniger klug wären, sondern aufgrund ihrer Unerfahrenheit, jederzeit vernünftige und kluge Geschäfte abzuschließen.

Das wird Ihnen nicht mehr passieren, wenn Sie dieses Buch gelesen haben. Don Hendon ist für das Geschäftsleben das, was Babe Ruth im Baseball war: ein Guerilla durch und durch, und das seit fünf Jahrzehnten! Don liefert die wichtigsten Tipps, die Sie zum sicheren Sieger machen, und hilft Ihnen, die meisten schmerzhaften Fehler in geschäftlichen Verhandlungen zu vermeiden.

Dieses Buch ist jedoch nicht nur für jene hilfreich, die bei einem Geschäft den Kürzeren ziehen. Auch für Guerillas ist es nützlich, die bereits mit allen Fallstricken des Geschäftslebens vertraut sind und Dons

365 machtvolle *Guerilla Negotiating Weapons* kennen. Sie sind unbestreitbar fair und zugleich bestechend einträglich.

Diese 365 Taktiken sowie die besten Tipps und Tricks, die wir aus Dons faszinierenden Berichten von Geschäftsverhandlungen zutage gefördert haben, zeigen Ihnen, wie Guerillas überall auf der Welt Geschäfte handhaben, und vermitteln Ihnen die Fähigkeit, in Zukunft ebenfalls guerillamäßige Erfolge zu erzielen.

Wenn Sie sich jemals überlegt haben, wie Sie ein großes Tier, einen »Big Dog«, auf das Format eines Schoßhündchens herunterbrechen können, wird sich diese Frage künftig erübrigen.

Don und ich bitten Sie nur um zweierlei:

1. Setzen Sie sich nicht mehr am Verhandlungstisch uns gegenüber, nachdem Sie das gelesen haben.
2. Lesen Sie das Buch von vorne bis hinten, bevor Ihre künftigen Geschäftspartner es lesen.

Jay Conrad Levinson
DeBary, Florida

Teil I

Große Tiere und Guerillas –
eine Einführung in Guerilla-Deals

Kapitel 1

Donald Trump und Mao Zedong am Verhandlungstisch

Stellen Sie sich vor, Donald Trump und Mao Zedong wollen ein Geschäft machen! Ein Großkapitalist von heute und der Fachmann für Guerilla-Kriegführung aus der Mitte des 20. Jahrhunderts! Nachfolgend schildern wir, wie sich diese Fabel entwickeln könnte.

Trump streckt seine Fühler aus

Einer von Trumps Spitzenmanagern nimmt Kontakt zu einem der engsten Freunde Maos auf und teilt diesem mit, dass Trump in Shanghai ein Kasinohotel errichten möchte, größer als sämtliche Kasinohotels in Las Vegas und in Macao – eine Huldigung an Trumps übergroßes Ego. Das Glücksspiel gehört zu Maos liebsten Hobbys und er hat bereits in Beijing für sich und seine Vertrauten einige kleinere private Kasinos eingerichtet. Mao ist angetan von den Geldbeträgen, die Trumps Abgesandter erwähnt, aber er weiß, dass er wesentlich mehr bekommen kann. Und er möchte wirklich so viel wie möglich aus diesem »widerwärtigen Kapitalisten« herausholen, der sich gerne »The Donald« nennt. Mao hat schon vor Jahren gesagt, dieser Donald sei ein Donald Duck, und Trump nur noch »Die Haartolle« genannt. Trump hingegen wurde aufgrund seines übersteigerten Selbstwertgefühls zu der Annahme verleitet, Mao sei nur ein dummer Bauerntölpel, mit dem er leichtes Spiel haben werde. »Es wird mir Spaß machen, ihn zu zermalmen.«

Frage 1: Erkennen Sie, welche Schwierigkeiten sich hier anbahnen? Welche Fehler die beiden machen? Die Antwort folgt am Ende dieses Kapitels.

Zunächst wunderte sich Mao, dass sich die Haartolle für Shanghai interessierte und nicht für Macao, die frühere portugiesische Kolonie, die 1999 ein Teil Chinas wurde. Das dortige Kasinogeschäft war in den vergangenen Jahren enorm gewachsen. In den letzten zehn Jahren hatten drei dicke Fische der Kasinoindustrie von Las Vegas, allesamt Multimilliardäre, in Macao große Kasinohotels errichtet: Steve Wynn, der Eigentümer von Wynn's and Encore, Kirk Kerkorian, der Großaktionär von MGM Resorts International, und Sheldon Adelson, dessen Las Vegas Sands Corporation das Venetian und das Palazzo besitzt. Adelson gehört auch das große Marina Bay Sands in Singapur – die dortige Regierung hat ihm ein Monopol für zehn Jahre eingeräumt.

Plötzlich fiel bei Mao der Groschen. »Trump befindet sich in einem Prestigekampf mit Adelson, Wynn und Kerkorian. Er will in Festland-China Fuß fassen und ein Kasinohotel bauen, das die Hotels der drei anderen in Macao in den Schatten stellt.« Dann dachte sich Mao: »Es wäre doch amüsant, sich mit Donald Trump, diesem selbstsüchtigen Verrückten, in einem Ego-Wettstreit zu messen. Ich würde dabei zweifellos gewinnen. Es ist völlig undenkbar, dass ich in meinem eigenen Land gegen die Haartolle verlieren könnte. Soll er sein Kasino hier bauen, ich werde in den USA nichts bauen. Hier habe ich die Kontrolle über alles, was geschieht. Trump und seine Handlanger in der US-Regierung haben nur die Kontrolle über bestimmte Dinge. Ich werde mir mal anschauen, was die Haartolle zu bieten hat.«

Frage 2: Welche drei dummen Fehler begeht Mao hier?
Nachdem er erste Kontakte mit den Mitarbeitern Trumps aufgenommen hatte, entschloss sich Mao, die Haartolle genauer unter die Lupe zu nehmen – sein Leben, seine früheren Geschäfte. Er glaubte, als typischer Kapitalist würde Trump ein leichtes Opfer sein.

Frage 3: Diesmal geht es nicht um dumme Fehler, sondern um etwas anderes. Welche Verhandlungstaktik will Mao jetzt einsetzen?
(Eine vollständige Liste von Dons 365 Verhandlungstaktiken sowie Dons Liste der 22 wirkungsvollsten Taktiken aus Maos Guerillakriegsführung finden Sie in Kapitel 4).

Frage 4: Und welchen törichten Fehler begeht Mao hier?

Mao macht sich Gedanken

Mao verfügte über chinesische Übersetzungen zweier Bücher, in denen beschrieben wird, welche Taktiken Donald Trump in Verhandlungen hauptsächlich einsetzt. Beide Werke stammen von engen Mitarbeitern Trumps, das eine von Tony Schwartz, das andere von George Ross. »Was für ein Dummkopf Trump doch ist«, dachte Mao. »Ich würde niemals meine Lieblingstaktiken enthüllen. Wissen ist Macht. Je mehr ich weiß, umso mächtiger bin ich. Je weniger der andere weiß, umso schwächer ist er.«

Frage 5: An welche Waffe denkt Mao hier?

»Ich würde niemals so dumm sein wie die Haartolle – er hat mir bereits ein wichtiges Zugeständnis gemacht, bevor wir überhaupt zu verhandeln begonnen haben. Er hat mir wertvolle Erkenntnisse über ihn selbst verschafft, ohne im Gegenzug auch von mir etwas zu erfahren. Ich finde es erstaunlich, dass er etwas nicht weiß, was wir Chinesen schon immer gewusst haben – nämlich dass man niemals ein Zugeständnis machen darf, ohne dafür etwas zu bekommen.«

Frage 6: An welche Waffe denkt Mao jetzt?

Mao erinnerte sich an die 1930er- und 1940er-Jahre, als er Spione in der Armee von Chiang Kai-shek gehabt hatte. »Sie haben Chiang falsche Informationen über mich geliefert und mir berichtet, was er plante. Das ist der Hauptgrund, warum ich ihn besiegt habe.« Mao besaß keine Kontakte zu Trumps Organisation, daher beschloss er, sich von einem westlichen Medium interviewen zu lassen. Die Haartolle würde dann lesen, was er diesem Medium erzählt hatte.

Frage 7: Welche zwei Waffen setzt Mao hier ein?

Mao wird aktiv

Am folgenden Tag gab Mao dem Sender CCTV, dem wichtigsten chinesischen Nachrichtensender, eines seiner seltenen Interviews. Er wusste, dass CCTV seine Worte ins Englische übersetzen würde. Er wollte sich nicht einer Zeitung gegenüber äußern, denn er wollte nicht, dass die Haartolle seine Worte *las* – er wollte, dass Trump sie *hörte*. Er nahm an, dass Trump sich an Worte auf Papier erinnern würde, dass er aber vieles von dem vergessen würde, was er im Fernsehen hörte.

Frage 8: Welchen törichten Fehler begeht Mao jetzt?

Hier die wichtigsten Aussagen Maos in dem Interview:
»Ich habe den Kapitalismus noch nie gemocht. Doch im Laufe der Jahre habe ich gelernt, mir die Gier der Kapitalisten zunutze zu machen. Ich bin darüber informiert, dass mehrere Unternehmen aus den Vereinigten Staaten daran interessiert sind, in Shanghai, der größten Stadt unseres Landes, Kasinos im Stil von Las Vegas zu eröffnen. Viele Shanghaier unternehmen eine dreistündige Flugreise ins rund 1300 Kilometer entfernt liegende Macao, um sich dort das ganze Wochenende über mit Glücksspiel zu vergnügen. Bis vor wenigen Jahren war das für uns noch unerfreulich, weil Macao noch nicht zu China gehörte. Aber heute ist es ein Bestandteil Chinas, und daher kann ich es jetzt akzeptieren. Doch nur wegen der Glücksspiele so weit zu reisen, ist eine Verschwendung. Ich möchte, dass die Bewohner von Shanghai zu Hause bleiben und sich in ihrer Heimatstadt vergnügen können. Daher bin ich durchaus aufgeschlossen für die Idee, in Shanghai das größte Kasinohotel der Welt zu bauen. Ich lade die Betreiber der großen Kasinos in Las Vegas – Leute wie Sheldon Adelson, Kirk Kerkorian und Steve Wynn, vielleicht auch Donald Trump – ein, hier entsprechende Möglichkeiten zu sondieren.«

Frage 9: Mao macht schon wieder einen dummen Fehler.
Welcher ist es diesmal?

Als Trump von dem Interview erfuhr, ließ er sich eine englische Übersetzung des Gesprächs besorgen. Dann beauftragte er seine engsten Mitarbeiter, ein persönliches Treffen mit Mao zu vereinbaren. Trump wollte sich mit dem KP-Chef in Las Vegas treffen, im Trump International Hotel, nur einen Block entfernt vom Las Vegas Strip. Das 64 Stockwerke hohe Gebäude wurde 2008 eingeweiht. Trump plante, gleich daneben einen zweiten 64-stöckigen Turm zu errichten. Er betrachtete dieses Bauwerk gewissermaßen als das Kronjuwel des gesamten Trump-Imperiums – es sollte größer und luxuriöser werden als seine drei Kasinohotels in Atlantic City, und er glaubte, dass Mao davon gehörig beeindruckt sein würde. Er wollte ordentlich »auf den Putz hauen«, indem er Mao persönlich über die Baustelle führte.

Unterdessen hatte Mao Gesprächswünsche von Adelson, Kerkorian und Wynn abgelehnt. Sie besaßen ja bereits Kasinohotels in China – in Macao. Aus ihnen wollte er nicht noch mehr Geld herauspressen. Er wollte nicht nur einen Ego-Wettbewerb mit dem größten Kapitalisten der Welt gewinnen, er wollte die Haartolle darüber hinaus demütigen und auf den Boden der Tatsachen zurückholen.

Frage 10: Welche Waffe setzt Mao hier ein?
Daneben gab es noch ein paar Sahnehäubchen. Mao gefiel die Idee, das berühmte Las Vegas zu besuchen. Er sagte sich: »Schon seit vielen Jahren höre ich immer wieder von dieser Stadt. Sie ist sehr berühmt. Dort gibt es viel mehr Kasinos als in Macao. Das möchte ich mir einmal gern mit eigenen Augen anschauen. Vielleicht kann ich einige ihrer interessantesten Elemente in Shanghai nachbilden.«

Frage 11: Welchen dummen Fehler macht Mao jetzt schon wieder?
Daher erklärte sich Mao zu einem Treffen in Las Vegas bereit. Trump ließ die Präsidentensuite im obersten Stock des Trump International Hotel reservieren. Sowie 20 weitere Stockwerke für Maos Begleitung.

Mao kommt nach Sin City

Als Mao am McCarran Airport ankam, empfing ihn Trump persönlich und geleitete ihn zu seinem Privathubschrauber. Nachdem sie auf dem Dach von Trumps Hotel gelandet waren, äußerte Mao den Wunsch, das Kasino des Hotels zu besichtigen, bevor er sich in seine Suite begebe. Überrascht erfuhr er, dass das Trump Hotel über gar kein Kasino verfügte. Die Haartolle erläuterte ihm, dass mehrere der exquisiten Hotels am Strip keine Kasinos besäßen – unter anderem das Ritz-Carlton, das Four Seasons, das Marriott, das Turnberry Towers. Mao hegte Zweifel an dieser Erklärung und beauftragte Mitarbeiter, diese vier Hotels aufzusuchen. Alle befanden sich am Strip, bis auf das Turnberry handelte es sich um Vier-Sterne-Etablissements und in keinem von ihnen gab es ein Kasino.

In den folgenden Tagen entspannte sich Mao. Verarbeitete seinen Jetlag. Spielte ein wenig Poker. Er verließ das Hotel nur für ein paar Helikopter-Rundflüge, die ihm einen guten Überblick über Las Vegas und den Strip verschafften. Eines Nachmittags unternahm er mit dem Hubschrauber einen Ausflug zum Grand Canyon.

Bevor er zu seiner USA-Reise aufgebrochen war, hatte ihm einer seiner Mitarbeiter das Buch *365 Powerful Ways to Influence* von Donald Wayne Hendon zu lesen gegeben. Er hatte ihm gesagt, dies sei das bislang beste Buch über Verhandlungsführung. Mao hatte es vor seinem Abflug nach Las Vegas gelesen und war sehr beeindruckt gewesen. Während der drei Tage, in denen er sich in Las Vegas entspannte und auf den Beginn der Verhandlungen mit Donald Trump wartete, hatte er sich noch einmal das 1988 erschienene Buch von Tony Schwartz angeschaut, *Trump: The Art of the Deal*. In diesem Buch wurden die elf wichtigsten Verhandlungstaktiken aufgeführt, die die Haartolle besonders gern benutzte. Wegen Trumps überbordendem Selbstbewusstsein enthielt es auch 42 Bilder – Fotos von Trump als Baby, Bilder seiner Gebäude und anderer persönlicher Dinge. Maos Mitarbeiter erklärten ihm, dass dies kein sehr gutes Buch sei, aber nicht so schlecht wie Ross' Buch *Trump-Style Negotiation,* aus dem Jahr 2006.

Mao bemerkte gegenüber einem Mitglied seiner Delegation: »Trump hat diesem Buch zufolge anscheinend elf bevorzugte Verhandlungstaktiken. Sie alle ähneln denen, die in Donald Hendons *365 Negotiating Weapons* dargestellt werden. Finden Sie heraus, welche der Taktiken, von denen Hendon spricht, sich mit den elf Taktiken von Schwartz decken. Das wird mir bei meinen Verhandlungen mit Trump helfen.« Sein Mitarbeiter erstellte eine fünfseitige Zusammenfassung, die Mao in diesen drei Tagen studierte. Es überraschte ihn nicht, dass die Liste von Trumps bevorzugten Taktiken keine der taktischen Waffen umfasste, die von den Chinesen häufig eingesetzt werden. Wie etwa Hendons *Tuangou/Überrumpelung durch eine aufgewiegelte Menge/Flashmob* (Angriffstaktik 58), bei der eine große Zahl von Menschen eine einzelne Person überwältigt. Und auch nicht den *Chinesischen Favoriten – Die Regel der Drei* (Angriffstaktik 25), bei der man mindestens dreimal nein sagt, bevor man schließlich zustimmt.

Mao beschäftigte sich noch einmal mit Trumps elf bevorzugten Taktiken und fand für jede von ihnen mehrere Kontermöglichkeiten. Dies sind Trumps elf Taktiken und Hendons korrespondierende taktische Waffen:

Donald Trumps bevorzugte Verhandlungstaktiken	Bezeichnung und Nummer von Don Hendons korrespondierenden Verhandlungstaktiken
1. Begrenze die Kosten	Schüchtere ihn durch dein Geld ein (Angriffstaktik 84)
2. Liefere die Ware	Schau dir seine Erfolgsbilanz an (Angriffstaktik 104) Vollständige Ehrlichkeit – lege deine Grundannahmen offen (Kooperationstaktik 8)
3. Stärke den eigenen Standort	Verhandle dort, wo du am stärksten bist – zu Hause (Angriffstaktik 57)
4. Schlage zurück	Verliere nicht den Schwung – gib nicht unvernünftigen Forderungen nach (Defensivtaktik 89)
5. Verbreite die Nachricht – und sei unverschämt	Handele egoistisch – ich bin der Größte! (Angriffstaktik 39) Der Mitläufereffekt – führe eine Parade an (Angriffstaktik 40) Bemühe dich um gute Publicity in den Medien (Defensivtaktik 79)
6. Amüsiere dich	Beruhige und entspanne dich (Vorbereitungstaktik 12)
7. Kenne deinen Markt	Lerne die Gegenseite kennen und lerne dich selbst kennen – Wissen ist Macht (Angriffstaktik 32)
8. Maximiere deine Optionen	Das quietschende Rad – flexible Beharrlichkeit (Angriffstaktik 102) Sei sicher – bediene dich verunsichernder Mittel (Angriffstaktik 121) Erinnere die andere Seite an ihre Konkurrenz – egal, ob sie echt ist oder imaginär (Defensivtaktik 4)

Donald Trumps bevorzugte Verhandlungstaktiken	Bezeichnung und Nummer von Don Hendons korrespondierenden Verhandlungstaktiken
9. Schirme deine schwache Seite ab, dann wird deine positive Seite von selbst zum Tragen kommen	Lasse dich nicht leicht überreden (Vorbereitungstaktik 7)
10. Denke in großen Dimensionen	Auf die Größe kommt es an – der große Topf (Angriffstaktik 48)
11. Bediene dich der Hebelwirkung	Für Verkäufer: Sorge dafür, dass die Käufer zur Abwechslung einmal dir nachlaufen (Angriffstaktik 20)

Der Guerilla erscheint im Büro des Kapitalisten

Schließlich treffen sich die beiden in Trumps Büro. Mao glaubt, gut vorbereitet zu sein. Er hat Hendons 13 taktische Waffen (Angriffstaktiken 83–95) im Kopf, die dazu dienen, das Gegenüber einzuschüchtern, und er hat darüber nachgedacht, welche Taktiken die Haartolle wohl anwenden wird:

Er könnte mich durch seine Körpergröße einzuschüchtern versuchen. Trump ist 1,88 Meter groß. Ich bin zwar auch eher groß für chinesische Verhältnisse, doch die Haartolle ist wesentlich größer als ich.

Oder durch sein Geld. Er hat bereits versucht, mich durch seinen Reichtum zu beeindrucken. Ich bin froh, dass er glaubt, er kann es sich leisten, Geld wegzugeben – ich werde ihm so viel wie möglich abnehmen. Verhandeln macht Spaß, aber was letztlich zählt, ist das Geld.

Indem er wie der Weihnachtsmann auftritt. Auch das hat er bei mir schon versucht – er hat mir gezeigt, dass er es sich leisten kann, Geld auszugeben. Nun, soll er das weiterhin tun.

Indem er politische, staatliche Macht einsetzt. Er ist kein Polizist.

Durch sein Charisma. Mit seinem großen Selbstbewusstsein hält er sich für charismatisch, aber das ist sein Schwachpunkt; ich durchschaue ihn.

Indem er mich belohnt oder bestraft. Ich besitze diese Macht, er nicht. Er möchte ein Kasinohotel in Shanghai bauen. Ich will nichts von ihm, nur sein Geld.

Indem er große Sprüche klopft. Wir werden uns mithilfe von Dolmetschern unterhalten, daher werde ich nicht auf seine Worte achten, nur auf seine Körpersprache.

Durch seinen Titel und seinen Status. Er ist Vorstandsvorsitzender des Unternehmens, aber das beeindruckt mich nicht.

Durch seine Referenzen und seine Zeugnisse. Er besitzt wahrscheinlich einen Universitätsabschluss, na und?

Durch seinen Beruf. Ich möchte gern wissen, was er als seinen Beruf betrachtet.

Durch seine Unangreifbarkeit. Er glaubt, er sei durch seine Verbindungen und Kontakte unverwundbar. Aber ich bin derjenige, der diese Macht besitzt. Ich brauche keine Verbindungen und Kontakte. Ich bin der oberste Herrscher von China.

Dadurch, dass er ein berühmter Mann ist. Er ist weithin bekannt, aber mich kennen viel mehr Menschen auf der Welt.

Durch sein Fachwissen oder indem er einen Fachmann mitbringt. Er wird mich wahrscheinlich zu beeindrucken versuchen, indem er mich spüren lässt, wie viel er vom Kasinogeschäft versteht. Aber seine drei Kasinohotels in Atlantic City sind bankrott gegangen.

Mao hält es für am wahrscheinlichsten, dass Trump ihn durch seine Körpergröße einzuschüchtern versuchen würde. Doch er ist nicht auf das vorbereitet, was er zu Gesicht bekommt, als er Trumps Büro betritt. Mao wird von Ehrfurcht ergriffen, als er in das durchschnittlich große Büro der Haartolle kommt. An den Wänden hängen mehrere große Ölporträts von Trump. Sein maßgezimmerter Schreibtisch beherrscht den Raum. Er ist mindestens viereinhalb Meter breit, und zwischen Trumps und Maos Seite liegen vielleicht eineinhalb Meter. Es befindet sich nichts auf dem Tisch – kein einziges Blatt Papier. Es ist der größte und sauberste Schreibtisch der Welt! Trump greift in seine Jackentasche und zieht einen Block und einen goldenen Kugelschreiber heraus, damit er sich Notizen machen kann.

Frage 12: Welche Taktik wendet Trump hier an?

Nachdem sein anfänglicher Schock abgeklungen ist, fallen Mao mehrere Dinge auf. Zweifellos ist Trumps Schreibtischstuhl wesentlich höher als Maos Stuhl – die Haartolle bedient sich des Mittels der Einschüchterung durch Körpergröße. Die heiße und gleißende Sonne von Las Vegas scheint auf Maos Gesicht und blendet ihn fürchterlich. Er und Trump sitzen sich von Angesicht zu Angesicht gegenüber, in einer konfrontativen Situation. Angenehmer wäre es, sich diagonal an den Ecken des Tisches gegenüberzusitzen. Außerdem scheint Maos Stuhl ein wenig zu wackeln.

Frage 13: Welche vier schmutzigen Tricks wendet Trump hier an?

Mao bricht die Besprechung plötzlich ab

Viele Dinge gehen Mao durch den Kopf in diesen ersten drei Minuten. Er denkt an die Zeit, als er die wesentlich stärkeren Truppen von Chiang Kai-shek bekämpft und besiegt hat. »Ich war ein echter Guerillakämpfer in diesen Tagen. Ich habe die Taktiken der Guerilla-Kriegführung angewandt. Ich habe sie sogar selbst in meinem Buch *Yu Chi Chan* niedergelegt. Ich hatte damals das Sagen. Warum erlaube ich es der Haartolle, hier das Heft in die Hand zu nehmen? Ich glaube, ich sollte besser gehen und nach Beijing zurückkehren. Trump wird von seinem Ego beherrscht – er will das Kasinohotel in Shanghai unbedingt bauen. Sein Wunsch ist viel stärker als mein Verlangen, ihn zu demütigen, indem ich ihm so viel Geld wie möglich abknöpfe. Ich lasse ihn das Kasinohotel in Beijing bauen und dann nehme ich es ihm, indem ich ein entsprechendes Gesetz erlasse. Hier in Las Vegas kann ich meine Guerillataktiken nicht anwenden. Aber zu Hause in Beijing.«

Und daher entschließt sich Mao, auf Risiko zu spielen und die Besprechung abzubrechen. Er sagt zu Trump: »Ich möchte nicht hier mit Ihnen verhandeln. Kommen Sie nach Beijing. Dort können wir verhandeln.« Trumps Unterkiefer klappt herunter, als Mao aufsteht und mit ruhigem Schritt den Raum verlässt, zusammen mit seinem Übersetzer und seinem Gefolge, ohne einen konkreten Grund dafür zu nennen – und bevor Trump etwas entgegnen kann.

Sind Sie im Grunde Ihres Herzens ein großes Tier oder ein Guerilla?

Hier beginnt die eigentliche Geschichte. In unserem Buch – nun Ihrem Buch – geht es um den Einsatz von Guerillataktiken in Geschäftsverhandlungen. Darum, wie der Kleine den Großen schlagen kann, indem er sich weigert, nach dessen Regeln zu spielen. Doch bevor wir mit der eigentlichen Geschichte anfangen, sollten Sie sich eine wichtige Frage stellen: Auf wessen Seite haben Sie sich geschlagen – auf die von Mao oder von Trump? Wenn Sie hoffen, dass Mao gewinnen möge, sind Sie innerlich nicht notwendigerweise ein Guerilla, und wenn Sie wünschen, dass sich Trump durchsetzt, sind Sie im Grunde Ihres Herzens nicht zwangsläufig ein »großes Tier«. In Wirklichkeit verhält es sich folgendermaßen:

Ein großes Tier im Innersten	Faktor	Ein Guerilla im Innersten
Dieses Geschäft ist kompliziert und schwer zu verstehen	Allgemeine Einstellung	Ich kann – und werde – die Komplexität dieses Geschäfts beherrschen
So groß wie möglich	Budgets	Konzentration auf Energie, Einfallsreichtum und Investition von Zeit, nicht auf die Größe
Durch das Anbieten verwandter Produkte und Dienstleistungen	Diversifikation	Durch das Anbieten von Produkten und Dienstleistungen, die Synergien mit meiner aktuellen Produktlinie erzeugen
Lineares Wachstum durch Gewinnung neuer Kunden	Wachstum	Service und Folgeaufträge nutzen, um mehr und größere Geschäfte mit meinen aktuellen Kunden abzuschließen und Empfehlungen von ihnen zu erhalten
Konzentration auf die monatlichen Rechnungen	Zahlenverarbeitung	Die Beziehungen erfassen, die jeden Monat hergestellt wurden – je mehr Beziehungen, umso mehr Rechnungen in der Zukunft

Erfahrung plus Urteilsvermögen, viele Mutmaßungen	Orientierung	Psychologie – was in den Köpfen meiner Kunden vorgeht
Führungskräfte in großen und kleinen Unternehmen, deren Ideen stets von ihren Firmen finanziert werden	Größe des Unternehmens	Die meisten Führungskräfte in kleinen Unternehmen, die große Träume, aber nur ein kleines Budget haben
Umsatz	Messung des Erfolgs	Gewinn
Sie ist zu kompliziert, zu teuer und ihre Möglichkeiten sind begrenzt. Also halten wir uns lieber an die traditionellen Methoden	Haltung zum Einsatz der Technik	Sie ist einfach zu nutzen, preisgünstig und ihre Möglichkeiten sind potenziell unbegrenzt
Nutze nur ein paar kostspielige Waffen	Waffen – Art der Waffen und Taktiken	Setze viele Waffen ein, vor allem jene, die nichts kosten
Halte es einfach –nutze jene Taktik, die stets am besten funktioniert	Waffen – Zahl der Waffen und Taktiken	Schaffe Synergien durch eine Kombination verschiedener Waffen und Taktiken

Seien Sie ehrlich gegenüber sich selbst. Wenn Sie im Innersten ein »Big Dog« sind, müssen Sie noch viel lernen. Wenn Sie im Grunde ein Guerillakämpfer sind, wird Ihnen dieses Buch helfen, noch erfolgreicher zu sein, nicht nur gegenüber großen Hunden, sondern auch gegenüber großen Tieren aller Art. Und wenn Sie dieses Buch lesen, denken Sie immer daran: Verträge auszuhandeln ist mehr als nur ein Wettkampf. Erfolgreiche Geschäftsverhandlungen zu führen, hat sehr viel mit Zusammenarbeit und wechselseitiger Problemlösung zu tun.

Worum es im Rest des Buches geht

Beide Autoren haben im Laufe ihres Berufslebens Verhandlungen mit Managern in allen Teilen der Welt geführt. Don hat auf sechs Kontinenten im Auftrag von Unternehmen verhandelt. Er hat Tausende Seminare und Schulungen über Verhandlungstechniken veranstaltet. Guerillas und »Big Dog« aus mehr als 60 Ländern haben an seinen Kursen und Programmen teilgenommen und sich mit seinen 365 Verhandlungstaktiken vertraut gemacht. Er weiß, welche Taktiken die meisten Leute immer wieder einsetzen – und welche Taktiken die meisten Menschen gewöhnlich meiden. Er weiß, welche Taktiken funktionieren und welche nicht.

In Kapitel 2 legen wir 15 Gründe dar, warum sich viele Geschäftsleute in Verhandlungen eher schlecht schlagen. Darüber hinaus zeigen wir auf, wie man dumme Fehler und falsche Annahmen vermeidet, die dazu führen, dass man bei Geschäftsverhandlungen weit weniger erfolgreich abschneidet, als es möglich wäre.

Kapitel 3 zeigt Ihnen, was im Kopf eines großen Tieres vor sich geht, mit dem es Guerillas bei Geschäftsverhandlungen zu tun bekommen. Wenn Sie dieses Kapitel gelesen haben, werden Sie wissen, wie Sie sich diese Haltung des »Ich bin groß, du bist klein« zunutze machen können. Sie werden viele weitere subtile Guerillatricks kennenlernen, die Ihnen helfen können, den Großen auf Ihre Seite zu ziehen.

In Kapitel 4 werden alle 365 taktischen Waffen für Geschäftsverhandlungen aufgelistet, die Don Hendon in seinem Buch *365 Powerful Ways to Influence* entwickelt hat. Die 100 kraftvollsten Taktiken werden hervorgehoben. Ferner behandeln wir Maos 22 bevorzugte Guerillataktiken.

In den Kapiteln 5 bis 9 werden jene 50 Taktiken dargestellt, die von den meisten Menschen nur selten eingesetzt werden. Sie eignen sich ideal für einen Guerilla. Verwenden Sie sie, um Ihr Gegenüber im Verkaufsgespräch zu überraschen. In den Kapiteln 10 bis 15 geht es um die 50 Taktiken, die sehr häufig verwendet werden. Sie werden feststellen, dass sie auch schon gegen Sie zum Einsatz gekommen sind.

In den Kapiteln 5 bis 15 finden Sie mehr als 400 Kontermaßnahmen, die Sie gegen diese 100 Taktiken einsetzen können und mit denen Ihre Verhandlungspartner wahrscheinlich nicht rechnen werden. Wenn Sie sie verwenden, können Sie diese großen Tiere aus dem Gleichgewicht bringen und sich deren Verunsicherung zunutze machen. Das wird Ihnen helfen, Ihr Geschäft erfolgreich abzuschließen.

Kapitel 16 vermittelt Ihnen einen Einblick in die Körpersprache. Sie lernen, wie man erkennt, was im Kopf der großen Tiere vor sich geht, ohne dass sie merken, dass man sie durchschaut. Sie werden auch lernen, wie Sie sie mit Ihrer eigenen Körpersprache manipulieren können. Wenn Sie es richtig anstellen, werden sie nichts davon bemerken. (Dons nächstes Buch heißt *Guerilla Body Language*. Merken Sie es sich vor.)

Kapitel 17 behandelt einen wichtigen Aspekt der Verhandlungsführung mithilfe von Guerillataktiken. Es geht darum, wie man auf richtige Art Zugeständnisse macht – und wie man es bewerkstelligt, dass das Gegenüber mehr Zugeständnisse macht als man selbst.

Kapitel 18 zeigt Ihnen, wie Sie im Einsatz von Guerillataktiken so versiert werden, dass Sie im richtigen Augenblick immer das Richtige tun – fast automatisch. Sie werden auch lernen, Jays 54 Regeln des Guerilla-Marketings richtig anzuwenden, um erfolgreicher zu werden und sich häufiger durchzusetzen. In diesem Kapitel werden Sie umfassend in das Denken eines Guerillas eingeführt. Am Ende dieses Kapitels werden schließlich noch die Autoren vorgestellt.

Es wird eine vergnügliche – und sehr praxisbezogene – Reise werden. Packen wir es an. Auf die Plätze, fertig, los!

Antworten auf die 13 Fragen in diesem Kapitel

Frage 1: Erkennen Sie, welche Schwierigkeiten sich hier anbahnen? Welche dummen Fehler machen die beiden?
Antwort: Beide Männer unterschätzen ihren Gegenspieler.
Frage 2: Welche drei dummen Fehler begeht Mao hier?
Antwort:
1. Er unterschätzt abermals seinen Gegner.
2. In China (Maos Land) zu bauen, aber in den USA (Trumps Heimat) zu verhandeln. Mao wusste, dass das Kasinohotel in China gebaut werden soll, aber er nahm fälschlicherweise an, dass die Verhandlungen ebenfalls in China stattfinden würden. Er missachtete Dons Defensivtaktik 23, die in Kapitel 4 vorgestellt wird: Mit Annahmen sollte man immer vorsichtig sein. Alle 365 von Don zusammengetragenen Taktiken werden in Kapitel 4 behandelt, zusammen mit den 22 stärksten Guerillataktiken Maos.

3. Sich auf einen Ego-Wettstreit einzulassen – dadurch wird das eigene Urteilsvermögen beeinträchtigt. Man sollte sich niemals durch die eigenen aufgeheizten Emotionen in einen Ego-Wettbewerb hineintreiben lassen.

Frage 3: Welche Verhandlungstaktik setzt Mao hier ein?

Antwort: die Vorbereitungstaktik 2 – *Wähle deine Kämpfe sorgfältig aus – bereite dich vor, übe und nutze deine Zeit effizient.*

Frage 4: Und welchen dummen Fehler begeht Mao jetzt schon wieder?

Antwort: Er unterschätzt Trump.

Frage 5: An welche Waffe denkt Mao hier?

Antwort: an die Angriffstaktik 32 – *Lerne die Gegenseite kennen und lerne dich selbst kennen – Wissen ist Macht.*

Frage 6: An welche Waffe denkt Mao jetzt?

Antwort: an die Vorbereitungstaktik 19 – *Wie man Zugeständnisse macht – 20 Dinge, die man tun kann, und 20, die man lassen sollte.*

Frage 7: Welche zwei Taktiken setzt Mao hier ein?

Antwort:

1. die Defensivtaktik 24 – *Klatsch und Tratsch.*
2. die Angriffstaktik 95 – *Schüchtere deine Gegner ein, indem du so tust, als wärst du eine berühmte Persönlichkeit.*

Frage 8: Welchen törichten Fehler begeht Mao jetzt?

Antwort: Er erliegt einer falschen Annahme – er glaubt, dass Trumps Mitarbeiter nicht imstande gewesen wären, Trump eine englische Übersetzung von Maos Aussagen zu beschaffen.

Frage 9: Mao macht schon wieder einen dummen Fehler. Welcher ist es diesmal?

Antwort: Der gleiche. Er geht von einer falschen Annahme aus. In Trumps Hotel in Las Vegas gibt es kein Kasino.

Frage 10: Welche Waffe setzt Mao jetzt ein?

Antwort: den Schmutzigen Trick 31 – *Den Gegner demütigen und lächerlich machen.*

Frage 11: Welchen dummen Fehler macht Mao hier?

Antwort: Er trifft sich mit Trump in dessen Büro, nicht in seiner Hotelsuite.

Frage 12: Welche Waffe setzt Trump ein?

Antwort: Eine von Maos Guerillataktiken, nämlich Nr. 4 – *Ehrfurcht einflößen.*

Frage 13: Welche vier schmutzigen Tricks wendet Trump hier an?

Antwort:

1. den Schmutzigen Trick 31 – *Dafür sorgen, dass der Besucher in die Sonne schauen muss und geblendet wird.*

2. den Schmutzigen Trick 32 – *Stühle: der eigene Stuhl ist hoch, der des Besuchers niedrig.*

3. den Schmutzigen Trick 33 – *Stühle: der eigene Stuhl ist stabil, der des Besuchers wackelt.*

4. den Schmutzigen Trick 36 – *Der Besprechungsraum ist mit einschüchternden Elementen ausgestattet.*

Kapitel 2

Warum viele Geschäftsleute in Verhandlungen nicht besonders gut sind, und was sich dagegen tun lässt

Worum es in diesem Kapitel geht: Sie erfahren, warum viele Geschäftsleute eher schlechte Verhandlungsführer sind – und warum man vielen das auch anmerkt! Sie werden auch lernen, wie man dumme Fehler und falsche Annahmen vermeidet, denen viele Verhandlungsführer erliegen und in deren Folge Sie wesentlich weniger erreichen, als möglich wäre.

Kurzer Ausblick auf dieses Kapitel

In diesen Zeiten der Globalisierung, in denen der Handel zwischen den Ländern enorm zugenommen hat, ist es wichtiger denn je, in Geschäftsverhandlungen geschickt aufzutreten und die Kultur des Gegenübers mit zu berücksichtigen. Wer die Anregungen in diesem Buch beherzigt und sich eine Guerillahaltung aneignet, wird erfolgreicher werden.

Doch anscheinend tun sich viele Geschäftsleute auf diesem Gebiet noch etwas schwer. Wie lässt sich Abhilfe schaffen?

Versuchen Sie, wie »Mexikaner« zu denken – sie sind natürliche Guerilleros

Viele Geschäftsleute – nicht nur Amerikaner – machen bei Verhandlungen eine schlechte Figur und ziehen bei Geschäften mit Ausländern häufig den Kürzeren. Betrachten wir jetzt einmal einen »Amerikaner« und einen »Mexikaner«, wobei die beiden Nationalitäten als beispielhafte Typisierungen zu verstehen sind, wir könnten wahrscheinlich auch einen »Deutschen« und einen »Italiener« nehmen.

Der »Amerikaner« geht in einen Laden, schaut auf den angegebenen Preis und nimmt an, dass dies der *niedrigste* Preis ist, den der Verkäufer zu akzeptieren bereit ist. Der »Mexikaner« dagegen sieht denselben Preis und denkt, dass dies der *höchste* Preis ist, zu dem der Verkäufer seine Ware abgeben will. Das Feilschen ist für Mexikaner eine Gewohnheit.

Führen wir diesen Gedanken noch etwas weiter. Dass viele Geschäftsleute nicht so erfolgreich sind, wie sie sein könnten, liegt auch daran, dass sie sich für große Tiere halten. Sie sind keine geborenen Guerillakämpfer. Das ist der erste von insgesamt 15 Gründen.

15 Gründe, warum Sie häufig nicht bekommen, was Sie wollen

Der Glaube, ein großes Tier zu sein.
Die Weihnachtsmann-Mentalität

Sie streiten zwar gern, tun aber zugleich alles, um Ihr Gegenüber freundlich zu stimmen? (Angriffstaktik 85: *Wie der Weihnachtsmann auftreten – Ich kann es mir leisten, Dinge wegzugeben.*) Sie sind stolz darauf, dass Sie die Nummer eins sind? Das ist Ihre Achillesverse, denn Sie neigen dazu, wie ein Großer zu denken, nicht wie ein Guerilla.

Stolz macht blind – Wenn man sich für die Nummer eins hält, denkt man auch, dass man es sich leisten kann, viele Zugeständnisse zu machen.

Don hält sich oft längere Zeit auf den Philippinen auf, wo das Feilschen in den meisten Einzelhandelsgeschäften völlig normal ist. Er weiß, dass die Filipinos, wenn sie ihn sehen, mit einem höheren Preis in das Verkaufsgespräch einsteigen und zu keinem großen Entgegenkommen bereit sind, weil sie ihn für einen reichen Amerikaner halten. Dasselbe würde für einen Europäer gelten. Also hat er seiner philippinischen Ehefrau Eda seine wichtigsten Verhandlungstricks beigebracht, und sie übernimmt nun gewöhnlich das Feilschen, während er sich im Hintergrund hält. Sie sieht nicht aus wie ein großes Tier. Er kommt erst am Ende hinzu, bezahlt die Rechnung und beobachtet genüsslich den Gesichtsausdruck der philippinischen Händler.

Das starke Verlangen, gemocht zu werden –
ein fast paranoides Bedürfnis nach Zuneigung

Wenn Sie von Ihrer Umgebung geliebt werden wollen, versuchen Sie Gutes zu tun und machen zu viele wertvolle Zugeständnisse. Doch warum so freigebig? Nur um den anderen fröhlich zu stimmen?

Zu freimütig, keine Verhandlungskultur

Manche Geschäftsleute sind zu offenherzig und zu ungehobelt – große Tiere, Platzhirsche eben und keine Guerillakämpfer. Hatten immer zu viel Raum. Treten anderen auf die Zehen, ohne es zu merken. Schießen erst und stellen danach Fragen. Streben aggressiv ihre Ziele an. Das wird zum Nachteil. Wer hingegen in beengten Wohnvierteln groß geworden ist, der musste lernen zu verhandeln. Durch Verhandlungen, durch Geben und Nehmen Geschäfte abzuschließen, wird selbstverständlich.

Individualismus bis zum Exzess

Sie sind verbissen auf Ihre Unabhängigkeit bedacht? Diese Mentalität hat die Zeit überdauert. Egal ob große Tiere oder Guerillas, wenn Sie immer davon ausgehen, dass Sie es alleine schaffen, werden Sie schnell von jenen ausgespielt, die Teamplay gewohnt sind.

Zu provinziell

Wer nicht viel rumkommt, wird schnell provinziell und engstirnig, weiß nicht viel über den Rest der Welt. Das machen sich weltgewandtere Geschäftsleute schnell zunutze.

Zu naiv

Sie sind treuherzig und glauben, dass auch die Gegenseite ehrlich ist? Sie halten sogar Bestechung für unehrlich und verstehen nicht, warum Bestechung in vielen anderen Ländern eine akzeptierte Verhaltensweise ist?

Don hat erlebt, wie amerikanische Lastwagenfahrer sich weigerten, in Nuevo Laredo einem mexikanischen Zöllner lausige fünf Dollar Trinkgeld zu geben, damit er die Papiere schneller bearbeitete. Einer dieser Fernfahrer erklärte Don: »Es widerspricht der Politik meiner Firma und ich möchte nicht in Schwierigkeiten kommen.« Und so verzögerte sich die Abfertigung um eine Woche. Das kostete die Firma wesentlich mehr als fünf Dollar.

Zu informell

Sie sind viel zu zwanglos und informell? Sie reden andere gern mit dem Vornamen an und wundern sich, dass auf den Visitenkarten von Ausländern meist nur die Initialen ihrer Vornamen stehen? Dann denken Sie bitte daran: Eine zu große Zwanglosigkeit führt zu einer Überbetonung der Gleichheit, und viele Menschen wertschätzen Förmlichkeit und Ansehen.

Zu ungeduldig

Don war bzw. ist mit zwei Filipinas verheiratet (nicht gleichzeitig natürlich, sondern nacheinander). Beide hatten das Gleiche an ihm auszusetzen: Er ist zu ungeduldig. Don beschreibt eine wichtige Lektion, die er gelernt hat, folgendermaßen:

Zeit ist *nicht* Geld

Als ich Mitte der 1970er-Jahre als freiberuflicher Unterhändler für Firmen anfing, beging ich einen schweren Fehler. Ich blickte immerzu auf meine Armbanduhr, während ich in Singapur mit einem wohlhabenden chinesischen Geschäftsmann verhandelte. Schließlich fragte er mich: »Dr. Hendon, warum schauen Sie so oft auf Ihre Uhr?« Ich antwortete: »Nun, Zeit ist Geld.« Er erwiderte darauf höflich: »Nein, Dr. Hendon, Zeit ist Ewigkeit.«

Das war eine wichtige Lektion für mich – ich nahm mir vor, künftig nie mehr auf meine Uhr zu blicken, denn ich wollte nicht auf unterschwellige Weise signalisieren, dass ich ungeduldig war. Ich nahm sie ab und schob sie vor den Augen meines Gegenübers in die Hosentasche, sodass er erkannte: »Meine Zeit gehört Ihnen.« (Dons Angriffstaktik 113)

Ich lernte auch, dass viele Asiaten glauben, Amerikaner seien angespannt und nervös, weil sie ständig auf ihre Armbanduhr schauen. Daher lassen sie sich in ihren Geschäftsverhandlungen noch mehr Zeit, um ihr Gegenüber zu beruhigen und von der Anspannung zu befreien. Guerillas haben anscheinend mehr Geduld als große Tiere.

Die Einstellung: »Eines nach dem anderen«

Sie teilen Aufgaben in verschiedene Abschnitte oder Komplexe ein und erledigen einen nach dem anderen? Sie sagen: »Wir haben uns in dieser Frage geeinigt, gehen wir nun zur nächsten.«? Don hat im Laufe der Jahre erkannt, dass viele Geschäftsleute häufig erst ganz am Ende eines

Verhandlungsprozesses entscheiden. Wenn Sie nicht so denken, werden Sie noch ungeduldiger, weil Sie glauben, dass es nicht vorangeht. Und dadurch wird der gesamte Verhandlungsprozess zu einer Aneinanderreihung kleiner Konflikte anstatt zu einer Abfolge positiver Schritte in Richtung einer einvernehmlichen und für beide Seiten akzeptablen Lösung. Bedenken Sie: Wenn es viele kleine Konflikte gibt, sind Guerillas gegenüber den Großen im Vorteil.

Zu streitlustig

Sie sind streitlustig und hassen es, zu verlieren? Sie möchten nicht nur gewinnen, Sie *lieben* es, zu gewinnen, andere zu überwältigen? Das Dumme dabei: Viele Geschäftsleute erwarten das und stellen sich im Voraus darauf ein. Seien Sie also ein echter Guerilla – irritieren Sie Ihr Gegenüber, indem Sie von Zeit zu Zeit nicht streitlustig auftreten, sondern liebenswürdig und umgänglich.

Stille nicht aushalten können

Schweigen ist eine gute Möglichkeit, das Gegenüber zum Reden zu bringen, denn Reden ist in Wirklichkeit ein großes Zugeständnis. Wenn Sie viel reden, geben Sie dem anderen viele Informationen, ohne im Gegenzug selbst welche zu erhalten. Das ist ein törichter Fehler – machen Sie niemals ein Zugeständnis, ohne dafür auch selbst etwas zu bekommen. (Siehe dazu die Vorbereitungstaktik 19 in Kapitel 10. Siehe ferner Kapitel 17, in dem es darum geht, wie man auf die richtige Art Zugeständnisse macht.) Geben Sie keine Informationen preis, ohne von Ihrem Gegenüber ebenfalls etwas zu erfahren. Schon als Kinder haben wir den Ausdruck gehört: Diese undurchschaubaren Orientalen. In Wirklichkeit sind sie nicht *undurchschaubar*. Sie sind *schlau*.

Die Rückzieher-Haltung

Ganz ungesund ist die Neigung, etwas zurückzuziehen, worauf man sich bereits geeinigt hat. Große Tiere tun das häufiger als Guerillakämpfer. Diese Haltung erwächst aus der tief verwurzelten Überzeugung, dass die Dinge erst unter Dach und Fach sind, wenn der Vertrag formell unterzeichnet ist. Vielen missfällt eine solche Haltung. Sie denken: Abgemacht ist abgemacht, das gilt für jeden einzelnen Absatz des Vertrags. Springen Sie nach hinten zu Kapitel 17, um nachzuschauen, worum es dabei genau geht.

Viel zu aggressiv in fast allen Situationen
Nachfolgend fünf Merkmale für eine aggressive Person.

* Tapfer: Sie kommen gut zurecht in schwierigen und gefährlichen Situationen. Sie lassen sich nicht von Furcht überwältigen.
* Befehlerisch: Sie fühlen sich wohl mit Macht, Autorität und Verantwortung. Daher versuchen Sie sobald wie möglich die Kontrolle zu übernehmen.
* Diszipliniert: Sie setzen Regeln und erwarten von anderen, dass diese sie befolgen.
* Zweckorientiert, zielbewusst und pragmatisch: Sie tun, was erforderlich ist, um eine Aufgabe zu erledigen.
* Ordnungsliebend: Sie agieren am liebsten in einer Umgebung, wo es klare Hierarchien gibt und jeder weiß, wo sein Platz ist.

Viel zu arrogant – wir haben recht, der Rest der Welt liegt falsch!
Amerikaner, und in diesem Fall meinen wir wirklich vor allem die Amerikaner, sind nicht nur aggressiv, sondern auch überheblich. Vor allem die »Big Dogs«. Sie haben einen Schwachpunkt, der sie zu diesem Verhalten antreibt. Nachfolgend eine Umfrage, die zeigt, wie sehr sich die USA vom Großteil der übrigen Welt unterscheiden – es ist wirklich erstaunlich!

Die Umfrage wurde zwischen dem 12. November und dem 13. Dezember 2001 durchgeführt – zwei Monate nach den Terroranschlägen vom 11. September auf das World Trade Center. Und einen Monat nach dem Einmarsch in Afghanistan, worauf sich diese Umfrage bezog. Folgende vier Fragen wurden gestellt:

Frage	Amerikaner – Ja-Antworten in %	Briten – Ja-Antworten in %
Wenn der Irak den Terrorismus unterstützt hat, sollten die USA dann das Land angreifen?	50	29
War die Politik der USA einer der Hauptgründe für die Anschläge vom 11. September?	0	26
Tun die USA viel Gutes auf der Welt?	52	21
Haben die USA in ihrem Krieg gegen den Terrorismus die Interessen ihrer Partner missachtet?	28	62

Wie bereits erwähnt, hat Don Daten von Tausenden von Managern aus mehr als 60 Ländern gesammelt, die an seinen Seminaren teilgenommen haben. Er fragte die Teilnehmer, welche Taktiken sie in elf unterschiedlichen Verhandlungssituationen einsetzen würden – fünf davon waren geschäftliche Verhandlungen, fünf private Gespräche, eine Situation bezog sich auf den Umgang mit einem feindseligen Anwalt und konnte sowohl geschäftlicher wie auch privater Natur sein. Nachfolgend die Ergebnisse aus den USA und zehn weiteren Ländern – wobei die von Amerikanern bevorzugt eingesetzten Taktiken mit den beliebtesten Taktiken der anderen Nationalitäten verglichen werden:

Verhandlungs-situation	Amerikaner	Führungskräfte aus anderen Ländern
Verkäufer: Den Käufer dazu bringen, mehr zu bezahlen	Auf die Größe kommt es an – der große Topf (Angriffstaktik 48)	*Chile:* Den Untergang heraufbeschwören (Angriffstaktik 112)
Käufer: Den Verkäufer dazu bringen, den Preis zu senken	Sagen »Nehmen Sie's oder lassen Sie's bleiben« und bereit sein, wegzugehen (Angriffstaktik 68)	*Großbritannien und Australien:* Die andere Seite an ihre Konkurrenz erinnern – sei sie echt oder imaginär (Defensivtaktik 4)

Den Chef um eine Gehaltserhöhung bitten	Schauen Sie sich an, was ich geleistet habe (Angriffstaktik 104)	*Brasilien:* Verbündete suchen und diese für sich nutzen
Den Chef um eine Beförderung bitten	Schauen Sie sich an, was ich geleistet habe (Angriffstaktik 104)	*Neuseeland:* Ausführlich darlegen, was man alles zu tun hat (Kooperationstaktik 21)
Den Urlaubstermin ändern	Sich im Voraus Argumente gegen die möglichen Einwände überlegen	*Thailand:* Zusagen machen, anstatt nachzugeben (Kooperationstaktik 13)
Umgang mit einem feindseligen Anwalt	Kontrolle über die Agenda ausüben (Angriffstaktik 53)	*Indonesien:* Die Macht der Machtlosigkeit und schleichende Lähmung (Defensivtaktik 1)
Ein Haus kaufen	Auf die Größe kommt es an – der große Topf (Angriffstaktik 48)	*Philippinen:* Die andere Seite an ihre Konkurrenz erinnern – sei sie eingebildet oder echt (Defensivtaktik 4)
Das Auto verkaufen	Auf die Größe kommt es an – der große Topf (Angriffstaktik 48)	*Malaysia:* Sagen »Nehmen Sie's oder lassen Sie's bleiben« und bereit sein, wegzugehen (Angriffstaktik 68)
Eine Fahrkarte zurückgeben	Den Fehler eingestehen und sich entschuldigen, bevor die Gegenseite einem die Verantwortung zuzuschieben versucht (Defensivtaktik 85)	*Kenia:* Die Gegenseite bestechen (Schmutziger Trick 20)
Die Kinder dazu bringen, ihre Kleider aufzuräumen	Schwung: Stets Druck auf die Gegenseite ausüben (Angriffstaktik 66)	*Hongkong:* Die Gegenseite einschüchtern, indem man ihr ein schlechtes Gewissen einredet (Angriffstaktik 80)
Sexuelle Gefälligkeiten von einem Freund/einer Freundin		

Sie werden bemerken, dass Don die letzte Situation offengelassen hat. Warum? Weil das die einzige Situation ist, in der sich die Angehörigen dieser 36 Nationalitäten – auch die Amerikaner – gleich verhielten. Aber es ist auch die einzige Situation, in der Männer ein gänzlich anderes Verhalten als Frauen an den Tag legten. Männer verwendeten gern *Small talk, Schmeichelei und Charme* (Angriffstaktik 60), während Frauen die Taktik bevorzugten *Die Menschen auf ihre Konkurrenten aufmerksam machen – echte oder eingebildete* (Defensivtaktik 4). Das hat damit zu tun, dass Männer fast immer die Jäger und Frauen die Gejagten sind.

Wie jeder zum großen Sieger werden kann – Think Small! Das war das Erfolgskonzept von Sam Walton

Wenn Sie glauben – und auch so handeln –, dass Sie die Nummer eins sind (siehe 1. Grund), werden die Menschen immer mehr von Ihnen verlangen, und daraus erwächst Ihnen ein großer Nachteil, wenn Sie Geschäfte abschließen. Denken Sie stattdessen lieber in kleineren Dimensionen. Das heißt, denken Sie wie ein Guerilla. Zu den 50 wirkungsvollsten und am seltensten eingesetzten Waffen, die in Kapitel 5 ausführlich behandelt werden, gehört die Vorbereitungstaktik 16: *Denke in kleinen Dingen.* Guerillas nutzen diese Taktik im Krieg, und das ist auch der Hauptgrund dafür, dass sie so erfolgreich sind. Geschäftsleute, die wie Guerillakämpfer denken, können diese Taktik mit ähnlichem Erfolg einsetzen. Don erklärt das in seinen Seminaren folgendermaßen:

»Kleinere Unternehmen sind natürliche Guerillas – sie können fast alles tun, was sie wollen, weil sie *sehr wenig* zu verlieren haben. Große Firmen dagegen glauben häufig, nur wenige Wahlmöglichkeiten zu haben, weil sie *zu viel* zu verlieren haben. Und deshalb sind sie wesentlich vorsichtiger. Es ist schwierig, die Manager in großen Unternehmen dazu zu bewegen, wie Guerillakämpfer zu denken, in kleinen Dimensionen zu denken. Und daher können kleinere Guerillas alles machen. Sie können ein großes Tier umkreisen. Sie können sich die Übervorsichtigkeit und die Erstarrung des Großen zunutze machen.«

Um in kleinen Dimensionen zu denken und zugleich erfolgreich zu sein, bedarf es eines hohen Maßes an Einfallsreichtum und Kreativität. Wie es Sam Walton besaß, der Gründer von Wal-Mart. Walton war ein geborener Guerilla. Er hatte keine Angst vor dem Scheitern. Aber er hatte auch eine große Vision und war klein genug, um sie zu verwirklichen, ohne dabei von den Großen des Einzelhandels zertreten zu werden. Wie Mao begann auch er auf dem Land, setzte sich dort fest und zog dann weiter in die großen Städte. Und er besiegte die großen Tiere seiner Zeit – Kmart (gibt es heute noch, ist aber längst nicht mehr so dominierend wie einst), Woolco (schon lange verschwunden), E. J. Korvette (dito) und andere große Discounter. Hier ist die Geschichte des erfolgreichsten Guerilla-Geschäftsmannes aller Zeiten, wie sie Don in seinen Seminaren über das Führen von Geschäftsverhandlungen erzählt.

In kleinen Dimensionen denken, ist wahrhaft großes Denken

Die Erfolgsgeschichte von Sam Walton

Sam Walton ist die idealtypische Verkörperung des Guerillas. Wir werden ihm Kapitel 18 widmen. Er besaß in den 1940er- und 1950er-Jahren mehrere kleine Läden im Nordwesten von Arkansas. Schließlich betrieben er und sein Bruder Ben 18 Geschäfte in diesem Teil der USA – in den Staaten Arkansas, Missouri und Kansas. Er verlor Kunden an Discounter wie Woolco und Kmart, obwohl diese in den größeren, mehr als 150 Kilometer entfernten Städten angesiedelt waren. Leute aus Bentonville, wo seine Verwaltungszentrale lag, nahmen den Weg über gewundene Bergstraßen auf sich, nur um in Little Rock, Fort Smith, Springfield, Joplin, Tulsa oder Kansas City einkaufen zu können. Sam Walton konnte mit den niedrigen Preisen der Ketten nicht mithalten – seine Läden waren viel zu klein, um in größeren Mengen einkaufen zu können. Daher entschloss er sich, sie durch eine kühne und waghalsige Idee auszustechen, die ihn einen großen Teil seines Vermögens kostete.

Er rechnete sich aus, dass drei Läden von der Größe seines ursprünglichen Ben-Franklin-Ladens in Bentonville es mit der Kaufkraft kleinerer Woolco- oder Kmart-Filialen würden aufnehmen können. Daraufhin eröffnete er kleine Warenhäuser in den Zentren mehrerer kleinerer Städte in Arkansas. Er kaufte Waren in ausreichend großen Mengen ein, sodass er mit den Preisen von Woolco und Kmart konkurrieren konnte. Seinen ersten Wal-Mart eröffnete er 1962 in Bentonville. Die großen Handelsketten ignorierten ihn. Sie waren ohnehin nicht interessiert an kleineren Städten.

Wie Chiang Kai-shek in China waren sie zu vorsichtig, um ihre Feinde auf dem Land zu verfolgen. Und dadurch verloren sie am Ende den Krieg.

Sam machte sich die Gleichgültigkeit der großen Ketten zunutze und expandierte weiter. Er eröffnete mehr und mehr Warenhäuser. Schließlich entschloss er sich, wie Mao Zedong und Le Duan, der Architekt des Sieges der Nordvietnamesen über die USA und Südvietnam, die großen Städte mit voller Wucht anzugreifen. Er begann in Philadelphia, wo der Wal-Mart ein Riesenerfolg wurde. Mittlerweile war er schon zu groß geworden, um von den großen Discountketten noch gestoppt werden zu können. Er eröffnete Wal-Marts in den Vororten der Großstädte, wo die Grundstücke billiger waren. Seine Läden waren größer als jene von Woolco und Kmart. Kostenersparnis durch Größe. Die Amerikaner fuhren aus den Städten hinaus aufs Land und in die Vororte, wo Sam seine Wal-Mart-Läden betrieb. Die älteren Woolco- und Kmart-Geschäfte waren nicht so groß, so sauber und so attraktiv wie die neuen Wal-Mart-Läden und sie hatten höhere Mieten und Versicherungsprämien zu zahlen. Aufgrund ihrer höheren Betriebskosten erreichten sie nicht die Effizienz von Wal-Mart und mussten höhere Preise verlangen.

Schließlich stieg Wal-Mart weltweit zur Nummer eins im Einzelhandel auf. Woolco verabschiedete sich aus der Branche. Kmart fusionierte mit Sears. Auch andere große Discounter gaben auf. Wer erinnert sich noch an E. J. Korvette, eine riesige Discounterkette im Nordosten der USA? Längst Vergangenheit. Oder an GEM? An Treasure Island? An Richway?

Die Moral von der Geschichte: In kleinen Dimensionen zu denken, ist wahrhaft großes Denken. Denken Sie wie Sieger – denken Sie in kleinen Dingen! Auch wenn Sie eine große Firma sind. Dadurch werden Sie mehr gewinnen.

Was uns in Kapitel 3 erwartet

Sie sind zu freimütig, zu individualistisch, provinziell, zwanglos, ungeduldig, streitlustig und naiv. Sie glauben, Sie seien die Nummer eins und spielen gern den Weihnachtsmann, wollen, dass andere Sie mögen, und hassen die Stille. Wie kann man all diese Schwächen überwinden? Dazu muss man sich in die Köpfe der großen Tiere hineinversetzen. Nur so kann man gewinnen. Und darum geht es in Kapitel 3.

Kapitel 3

Den Gegner kennenlernen – Wie man sich in den Kopf des Großen hineinversetzt

In diesem Kapitel erfahren Sie, was im Kopf der großen Tiere, der mächtigen Gorillas, bei Geschäftsverhandlungen vor sich geht. Wenn Sie dieses Kapitel gelesen haben, werden Sie wissen, wie Sie sich die Haltung des Platzhirsches »Ich bin groß, du bist klein« zunutze machen können. Sie werden viele subtile Tricks kennengelernt haben, mit denen Sie ihn auf Ihre Seite ziehen können.

Um sich wirklich in die Großen hineinversetzen zu können, müssen wir rund 2500 Jahre zurückblicken. Einige von Ihnen haben vielleicht schon einmal den Namen Sun Tsu gehört. Tsu war ein chinesischer Krieger im 6. Jahrhundert v. Chr., dessen Buch *Über die Kriegskunst* noch immer aufgelegt wird. Sein berühmtester Lehrsatz lautet: »Lerne deinen Feind kennen und lerne dich selbst kennen, dann wirst du jede Schlacht gewinnen.« Dons Angriffstaktik 32 ist eine Umschreibung dieser Maxime. Damit werden wir uns in Kapitel 5 befassen. Sun Tsus Rat ist auch heute noch aktuell. Versuchen Sie so viel wie möglich über den Großen in Erfahrung zu bringen, mit dem Sie verhandeln. Und wenn Sie sich Ihrer eigenen Schwächen bewusst werden und diese überwinden, lernen Sie auch sich selbst besser kennen.

Doch denken Sie immer an Folgendes: Der Große sitzt zwar auf der anderen Seite des Verhandlungstisches, aber er ist nicht Ihr Feind. Jay bemerkte dazu in *Guerilla Marketing Excellence,* dass das grundlegende Element des Guerillakonzepts der Erfolg des Kunden ist. Sie wollen ihn nicht vernichten, ihn nicht demütigen. Sie müssen vielmehr dazu beitragen, dass er Erfolg hat, und wenn Sie das tun, werden auch Sie selbst erfolgreich sein. Wie können Sie einen Beitrag zu seinem Erfolg leisten? Dazu nachfolgend sieben Vorschläge, geordnet nach ihrer Wirksamkeit:

Was ein Guerilla tun sollte	Wirkungen beim »Big Dog«, die man nicht sogleich bemerken wird
Ihm gute Ideen liefern, die er nutzen kann, um seine Gewinne zu steigern	Das wird er mehr als alles andere zu schätzen wissen
Ihm wichtige Informationen über seine Kunden liefern – Informationen, die ihm helfen werden, mehr zu verkaufen	Das wird ihn erfreuen
Ihm einen Preisnachlass gewähren	Das wird ihn sehr, sehr glücklich machen
Ihm viel Aufmerksamkeit schenken	Das schmeichelt ihm
Ihm nach jedem Verkaufsgespräch das Gefühl vermitteln, dass er etwas Besonderes, Einzigartiges ist	Das ist gut für sein Ego
Ihn zu Seminaren einladen, auf denen er interessante Anregungen erhalten wird	Das erfreut ihn
Sich nicht zu sehr auf die eigenen Witze verlassen	Wenn sie gut sind, wird er sich amüsieren. Aber Ihre Witze leisten keinen Beitrag zu seinem Erfolg

In den meisten Büchern, die sich mit dem Erfolg großer Unternehmen befassen, werden nur Gemeinplätze und Plattitüden verbreitet, wie beispielsweise:

- Sie sind nicht waghalsig. Stattdessen gehen sie kalkulierte Risiken ein.
- Sie denken positiv. »Denke nach und werde reich«, wie Napoleon Hill es vor langer Zeit formulierte.
- Sie machen nicht andere für Fehlschläge verantwortlich.
- Sie sind beharrlich. Sie geben nach Rückschlägen nicht auf, sondern versuchen es immer wieder.
- Sie haben Visionen (was immer das bedeuten mag).

Sie müssen so viel wie möglich über den Großen herausbekommen, mit dem Sie verhandeln, aber was, glauben Sie, werden Ihnen diese Gemeinplätze helfen? Nicht viel. Versuchen Sie sich stattdessen in den Kopf der

Platzhirsche hineinzuversetzen und sie dazu zu bringen, Ihre Ideen zu überdenken und zu übernehmen.

Erste Eindrücke

Nehmen wir an, Sie haben einen Termin bei einem großen Unternehmen. (Wenn Sie keinen Termin bekommen haben, kann Ihnen Dons Angriffstaktik 34 dazu verhelfen, abschirmende Türhüter zu überwinden. Sie lautet: *Nutzen Sie Türhüter – Ihre eigenen und die seinen.*) Idealerweise sollte die Besprechung in Ihrem eigenen Büro stattfinden, das wird aber wahrscheinlich nicht möglich sein – Sie sind der kleine Guerilla, und der Große glaubt, dass Sie ihn dringender brauchen als er Sie. Daher demonstriert er seine Macht, indem er durchsetzt, dass Sie zu ihm kommen. Seien Sie nicht überrascht, wenn der Große dabei guerillaähnliche Taktiken gegen Sie anzuwenden versucht. Achten Sie auf folgende Dinge:

- Wo steht Ihr Stuhl? Direkt gegenüber dem Verhandlungspartner ist konfrontativ. Diagonal ist schon etwas wohlwollender.
- Ist sein Stuhl höher als Ihrer?
- Prüfen Sie, ob Ihr Stuhl wackelt.
- Achten Sie darauf, ob sich das Fenster in seinem Rücken befindet und die Sonne Ihnen ins Gesicht scheint.
- Vorsicht ist geboten, wenn große Fotos oder Selbstbildnisse des großen Tieres und seiner Führungsleute an der Wand hängen.
- Wenn es im Raum zu heiß ist oder zu kalt, sollten Sie ebenfalls vorsichtig werden.
- Wenn es viele Unterbrechungen oder Störungen gibt, ist Vorsicht angebracht. Vielleicht hat Ihr Gegenüber einen stummen Signalgeber unter seinem Schreibtisch, mit dem er seine Sekretärin hereinholen kann, um das Gespräch zu unterbrechen.
- Die Einrichtung und Einteilung seines Büros. Wenn er den größten Teil des Raumes einnimmt und seine Besucher in einen kleineren Bereich eingezwängt werden, versucht er Sie zu beherrschen. Weitere Informationen dazu finden sich in dem Abschnitt *Nutze die Macht der Sitzordnung – die Sprache der Büromöbel* in Kapitel 16. Das ist Dons Defensivtaktik 19.

Beachten Sie, dass wir von guerillaähnlichen Taktiken gesprochen haben. Sie sind zu offenkundig, als dass echte Guerillakämpfer sie benutzen würden. Sie sind für Möchtegern-Guerillas geeignet. Viele große Tiere bewundern insgeheim die Guerillas und wünschen sich unterbewusst, sie hätten genügend Abenteuergeist, um ebenfalls Züge eines Guerillakämpfers zu entwickeln. Ein verräterisches Zeichen sind die Hobbys, die ein Mensch hat. Wenn sie zum Beispiel am Wochenende mit dem Motorrad unterwegs sind, handelt es sich bei ihnen wahrscheinlich um Möchtegern-Guerillas. Und dass sie etwas mehr wie Sie werden wollen, wie der Guerillakämpfer, das ist eine ihrer größten Schwächen. Sie werden noch lernen, wie Sie dies ausnutzen können. Zunächst aber geht es darum, das große Tier dazu zu bringen, Ihnen aufmerksam zuzuhören.

Wie Sie den Großen dazu bringen, dass er Ihnen nicht nur zuhört, sondern auch Ihren Vorschlag akzeptiert

Zunächst müssen Sie es irgendwie schaffen, ihn von seinem Machtpodest zu stoßen. Wenn der Große die Macht seiner Position spürt, wird er Ihnen vielleicht gar nicht richtig zuhören wollen.

Mächtige Menschen sind überzeugt von sich und ihren Gedanken. Wenn Sie also versuchen, das große Tier dazu zu bewegen, Ihre Argumente zu akzeptieren, müssen Sie sein Selbstvertrauen erschüttern, ohne dies jedoch allzu auffällig anzustellen. Nachfolgend werden sechs Möglichkeiten aufgeführt, wie dies zu erreichen ist. Welche halten Sie für die beste? Welche für die schlechteste?

- Greifen Sie seine tief verwurzelten Überzeugungen an. Bedienen Sie sich dazu des gesunden Menschenverstands.
- Bringen Sie ein schlagkräftiges Argument.
- Schmeicheln Sie seinem Ego.
- Bringen Sie den Großen in eine Situation, in der er sich nicht mehr sehr mächtig fühlt. Aber nur vorübergehend. Denn wenn Sie versuchen, diesen Zustand länger aufrechtzuerhalten, wird er es Ihnen übelnehmen und Sie hinauswerfen.
- Erinnern Sie ihn an seine Macht, *nachdem* Sie Ihr Argument vorgebracht haben.

- Erinnern Sie ihn an seine Macht, *bevor* Sie Ihr Argument vorbringen.

Unsere Antworten finden Sie am Ende dieses Kapitels. Nun möchten wir Ihnen zeigen, was Sie tun müssen, um ein großes Tier dazu zu bringen, sich Ihre Ideen anzuhören:

Macht ist tatsächlich ein Aphrodisiakum. Sie führt dazu, dass große Tiere fest an ihre eigenen Gedanken glauben und danach handeln. Und wenn es Ihnen gelingt, *einer mächtigen Person vorübergehend das Gefühl zu vermitteln, dass sie doch gar nicht so mächtig ist, so selbstsicher,* dann haben Sie eine wesentlich bessere Chance, diese Person dazu zu bewegen, Ihren Argumenten zu lauschen. Don gibt dazu folgende Ratschläge:

- Sagen Sie etwas, das seine Selbstsicherheit vorübergehend ins Wanken bringt.
- Aber erschüttern Sie sein Selbstvertrauen nicht zu stark. Eine gute Voraussetzung dafür ist es, den richtigen Ort zu wählen. Versuchen Sie ihn zu überzeugen, wenn er sich nicht in seinem eigenen Büro befindet. Es ist leichter, ihn zu verunsichern, wenn er sich nicht im vertrauten Umfeld seines Büros aufhält, in dem er von vielen Machtsymbolen umgeben ist.
- Denken Sie an Folgendes: Um ihn zu verunsichern, kommt es weit weniger auf die Überzeugungskraft Ihres Arguments an als darauf, sein Vertrauen in seine Unfehlbarkeit zu erschüttern. Und wenn er zu begreifen beginnt, dass er nicht unfehlbar ist, wird er dem, was Sie zu sagen haben, mehr Aufmerksamkeit schenken. Viel mehr Aufmerksamkeit.

Doch es genügt nicht, den Großen lediglich dazu zu bringen, Ihnen zuzuhören. Die zweite Hürde besteht darin, ihm wieder das Gefühl zu vermitteln, dass er tatsächlich unfehlbar ist, nachdem Sie Ihr Argument vorgebracht haben. Wenn sich der Große abermals mächtig fühlt, setzt er mehr Vertrauen in seine letzten Gedanken – also in das, was Sie ihm gesagt haben. Schmeicheln Sie also seinem Ego und erinnern Sie ihn daran, dass er nach wie vor das Sagen hat.

Dies lässt sich in drei Schritten erreichen. Wenn Sie diese drei Schritte nacheinander tun, werden Sie den Großen wahrscheinlich dazu bewegen können, seine Meinung zu ändern.

- Erschüttern Sie sein Selbstvertrauen – vorübergehend.
- Bringen Sie ein schlagkräftiges Argument vor.
- Stärken Sie sein Selbstvertrauen wieder, indem Sie ihm signalisieren, dass er nach wie vor die Dinge im Griff hat. Er wird sich dann mächtig genug fühlen, um Ihr Argument zu akzeptieren und seine Zweifel zu überwinden.

Der wahrhafte Guerilla

Den Großen daran zu erinnern, dass er nach wie vor das Sagen hat, ist das Wichtigste. Dies darf jedoch nicht auf eine allzu offenkundige oder plumpe Weise geschehen – und wer das beherrscht, wird ein echter Guerilla. Nehmen Sie sich Sam Walton zum Vorbild, wie wir schon in Kapitel 2 empfohlen haben.

Wie wird man ein echter Guerilla? Und was ist eigentlich ein echter Guerilla? Es gibt eine Vielzahl potenzieller Sam Waltons. Nähern wir uns dieser Frage, indem wir folgende drei Aussagen untersuchen:

- Richtig und falsch, das sind nur Worte. Entscheidend ist, was man tut.
- Wenn man zu viel tut, werden die anderen von einem abhängig. Und wenn man nichts tut, verlieren sie die Hoffnung. Man muss das nötige Fingerspitzengefühl entwickeln.
- Wenn man etwas richtig macht, werden die Leute nicht sicher sein, ob man überhaupt etwas gemacht hat.

Wenn Ihnen diese Sätze bekannt vorkommen, dann sind Sie vielleicht, ebenso wie Don, ein Fan der TV-Serie *Futurama*. Diese sehr unterhaltsame Geschichte spielt im Jahr 3000. Ihr Schöpfer ist auch der Erfinder der *Simpsons*. Die Hauptfigur der Serie ist Bender, ein Roboter, der flucht, kämpft, streitet, stiehlt, Zigarren raucht, trinkt und sich an Glücksspielen beteiligt. Er arbeitet bei Planet Express, einer Firma, die Ähnlichkeiten mit FedEx, UPS und DHL aufweist. Die zitierten drei Sätze sind der *Godfellas*-Episode entnommen, die erstmals 2002 auf Fox TV ausgestrahlt wurde.

Bender wird aus Versehen tief in den Weltraum geschossen. Dort beginnt sich auf seinem Körper eine kleine Kolonie humanoider Wesen zu entwickeln. Diese Wesen fangen an, ihn als Gott zu verehren. Er versucht den Leuten zu helfen, indem er sich wie ein tatsächlicher Gott verhält – was allerdings katastrophale Folgen hat. Alle leiden und sterben schließlich. Später, als er weiter durch das Weltall reist, begegnet er dem echten Gott. Dabei entwickelt sich folgender Dialog:

Bender: Ich möchte wetten, sehr viele Leute beten zu dir.

Gott: Ja, aber es gibt auch sehr viele, die zu viel verlangen. Nach einer Weile hört man diesen einfach nicht mehr zu.

Bender: Du weißt, ich war auch einmal Gott. Ich habe versucht, ihnen zu helfen. Ich habe versucht, ihnen *nicht* zu helfen. Doch am Ende konnte ich nichts für sie tun. Kannst du mir sagen, was ich falsch gemacht habe?

Gott: Richtig und falsch, das sind nur Worte. Entscheidend ist, was man tut. Gott zu sein, ist nicht leicht. Wenn man zu viel tut, werden die anderen von einem abhängig. Und wenn man nichts tut, verlieren sie die Hoffnung. Man muss das nötige Fingerspitzengefühl entwickeln, wie ein Safeknacker oder ein Taschendieb. Wenn man etwas richtig macht, werden die Leute nicht sicher sein, ob man überhaupt etwas gemacht hat.

Don hat diese Philosophie bereits unbewusst umgesetzt, schon lange, bevor er die *Godfellas*-Episode gesehen hat. Sie sollten das auch tun. Werden Sie ein *echter Guerilla*, indem Sie sich stets um das nötige Fingerspitzengefühl bemühen.

Wenn man etwas richtig macht, werden die Leute nicht sicher sein, ob man überhaupt etwas gemacht hat. (Dons Vorbereitungstaktik 31). Leicht gesagt, schwer getan, vor allem, wenn man mit einem ausgeprägten Selbstbewusstsein ausgestattet ist. Unser Rat: *Geben Sie Ihr Ego auf.* (Vorbereitungstaktik 10)

Wer ist nun *unserer* Meinung nach ein wahrhafter Guerilla? Das wissen Sie bereits! Sam Walton, der Gründer von Wal-Mart. Wir haben in Kapitel 2 erläutert, warum wir ihm so großen Respekt entgegenbringen.

Was Sie hier gelernt haben und was als Nächstes kommt

Konnten Sie sich in den Kopf des Großen hineinversetzen? Wir hoffen es. Sie haben gelernt, wie Sie als Guerilla dem Großen begreiflich machen können, dass Sie ihm helfen können, erfolgreich zu sein. Was der erste Eindruck Ihnen über ihn sagt. Wie Sie ihn dazu bringen können, Ihnen aufmerksam zuzuhören und Ihren Vorschlag oder Ihr Angebot zu akzeptieren. Wie Sie ein wahrhafter Guerilla werden können. Was kommt nun? Das Herzstück dieses Buches: Ein Leitfaden zu Dons 365 taktischen Waffen und den 22 wirkungsvollsten Guerillataktiken Maos. Darauf folgen die 100 wirksamsten von Dons 365 Taktiken: die 50 am seltensten verwendeten Waffen in den Kapiteln 5–9 und die 50 am häufigsten eingesetzten in den Kapiteln 10–15. Doch lesen Sie zuvor noch die Antworten darauf, wie Sie den Großen dazu bringen, Ihnen zuzuhören:

Wie man die Aufmerksamkeit des Großen findet – Antworten

Von den besten zu den schlechtesten:

- Die beste: Bringen Sie den Großen in eine Situation, in der er sich nicht mehr so mächtig fühlt. Aber nur vorübergehend. Denn wenn Sie diese Situation zu lange aufrechtzuerhalten versuchen, wird er es Ihnen vielleicht übel nehmen und Sie hinauswerfen.
- Die zweitbeste: Erinnern Sie ihn an seine Macht, *nachdem* Sie Ihr Argument vorgebracht haben.
- Neutral: Bringen Sie ein schlagkräftiges Argument.
- Neutral: Schmeicheln Sie seinem Ego.
- Die zweitschlechteste: Erinnern Sie ihn an seine Macht, *bevor* Sie Ihr Argument vortragen.
- Die schlechteste: Greifen Sie seine tief verwurzelten Überzeugungen an. Bedienen Sie sich des gesunden Menschenverstands.

Hendons kraftvollste Beeinflussungstaktiken und Maos wirkungsvollste Taktiken der Guerilla-Kriegführung

Kapitel 4

Don und Mao – ihre machtvollsten Waffen

Donald Wayne Hendons 356 Powerful Deal-Making Weapons
Copyright © 2001–2012 by Dr. Donald Wayne Hendon

100 Taktiken sind in **Fettbuchstaben** gedruckt. Das sind die wirkungsvollsten der 365 Taktiken und jene, die wir in den Kapiteln 5–15 behandeln.
Davon werden 50 eher **zu selten** eingesetzt, 50 dagegen eher *zu häufig* –
sowohl von Guerillas als auch von großen Tieren.

31 Vorbereitungstaktiken

Wie man mit den Vorbereitungen beginnt (1–7)

1. Denke voraus – die Umstände ändern sich ständig.
2. Wähle deine Kämpfe sorgfältig aus – bereite dich vor, übe und nutze
   deine Zeit effizient.
3. Vermeide die Lähmung durch Perfektionismus – setze Prioritäten.
   Halte dich an die 80-20-Regel (80 Prozent der entscheidenden Aktionen bei geschäftlichen Verhandlungen finden in den letzten 20 Prozent der Zeit vor dem Ende der Gespräche statt).
4. **Überwinde die Lähmung durch zu langsames Denken, indem du
   von Kindern lernst (selten verwendet).**
5. **Die richtige Einstellung – ich muss mir das Recht erwerben, die
   Bedürfnisse der Gegenseite besser kennenzulernen (selten verwendet).**
6. Empathie – versetze dich an die Stelle deines Gegenübers.
7. Lasse dich nicht leicht überreden.

Wie man mit dem eigenen Ego umgeht (8–11)

8. **Komme dem anderen nicht gleich zu weit entgegen, nur um ihm
   eine Freude zu machen (selten verwendet).**

9. Schwachpunkte – lerne deine Schwachpunkte und jene der Gegenseite kennen.

10. Behalte dein Ego im Griff.

11. **Fehler – gib sie zu und lerne aus ihnen (selten verwendet).**

Wie man mit Anspannung und negativen Gefühlen umgeht (12–13)

12. Beruhige und entspanne dich.

13. **Die Eskalationsbereitschaft – gutes Geld schlechtem hinterherzuwerfen, ist töricht (selten verwendet).**

Wagemutig sein (14–16)

14. Bringe den Mut zum Scheitern auf.

15. Bereite dich vor, vertraue deinem Instinkt und packe es an.

16. **Denke in kleinen Dingen (selten verwendet).**

Engagement und Integrität (17–18)

17. Engagiere dich mit vollem Herzen.

18. Integrität – verliere sie niemals.

Zugeständnisse machen (19)

19. *Wie man Zugeständnisse macht – 20 Dinge, die man tun kann, und 20, die man lassen sollte (häufig eingesetzt).*

Welche Reihenfolge ist die beste? (20–23)

20. Das Einfachste zuerst, das Schwierigste am Schluss.

21. Das Schwierigste zuerst, das Einfachste am Schluss.

22. Schwung gewinnen, indem man als Erster sein Angebot abgibt.

23. *Zeige mir, was du hast, dann zeige ich dir, was ich habe (häufig verwendet).*

Der letzte Schliff (24–29)

24. Sei nicht allzu zufrieden, wenn es vorbei ist – bleibe immer ein bisschen hungrig.

25. Sei in guter physischer Verfassung.

26. **Verhandele mit leerem Magen (selten verwendet).**

27. **Schließe Verträge am Vormittag, nicht am Nachmittag ab (selten verwendet).**

28. Die Einwände der Gegenseite – sei neugierig, nicht wütend oder bekümmert.

29. Leidenschaft und Enthusiasmus sind ansteckend.

Der Meisterstratege (30–31)

30. Lerne Schach und lerne, es meisterlich zu spielen.

31. Wenn du alles richtig gemacht hast, werden die Leute nicht sicher sein, ob du überhaupt etwas gemacht hast.

121 Angriffstaktiken

Ablenkung (1–22)

Teil 1 Die Grundtaktik (1)

1. **Mache plötzliche, unerwartete Schritte (selten verwendet).**

Teil 2 Allgemeine Überraschungen (2–10)

2. Greife das Ego des Gegenübers an – attackieren durch Sarkasmus.

3. Überrasche die Gegenseite durch deine Experten.

4. Überrasche die Gegenseite durch neue Informationen.

5. Überrasche die Gegenseite durch neue Themen und Probleme allgemeinerer Art.

6. Bipolare Verhandlung – plötzliche Stimmungsschwankungen.

7. Neuer Führer, kein Führer.

8. Verwirrende Veränderungen in der Zusammensetzung deines Teams.

9. Zeitbezogene Überraschungen – veränderte Termine.

10. Ortsbezogene Überraschungen – häufige Veränderungen (Besprechungsräume, Adressen, Städte).

Teil 3 Vortäuschung (11–16)

11. *Sich dumm stellen, ist klug. Sage »Wer, ich? Tut mir leid, das wusste ich nicht.« (häufig verwendet)*

12. Den anderen belauschen, indem man den Anschein erweckt, dass man die Sprache nicht versteht.

13. Den Anschein erwecken, als habe man keine Ahnung von den lokalen Bräuchen.
14. Ich glaube Ihnen, Sie Lügner.
15. *Sich überrascht geben (häufig verwendet).*
16. Zeigen, dass es einem wehtut, nachzugeben.

Teil 4 Weitere Ablenkungen (17–22)

17. **Verwandele deine Verbindlichkeiten in Aktivposten – und verpasse dem Gegenüber einen Schock (selten eingesetzt).**
18. **Ziehe eine gute Show ab, indem du dich wild und verrückt aufführst (selten verwendet).**
19. *Unterbreite dein bestes Angebot nicht zu schnell (häufig eingesetzt).*
20. **Für Verkäufer: Sorge dafür, dass zur Abwechslung einmal die Käufer dir nachlaufen (selten eingesetzt).**
21. Wenn der andere ungehalten ist, lenke ihn ab.
22. Flirten – anziehen, abweisen, dann abermals anziehen.

Gemäßigt aggressiv (23–50)

Teil 1. Zeit (23–28)

23. Erkennen, wann man sprechen und wann man schweigen muss.
24. *Verhindere, dass beim Käufer Reue aufkommt – nimm das Angebot der Gegenseite nicht zu früh an (häufig verwendet).*
25. Ein chinesischer Favorit – die Dreierregel (selten eingesetzt).
26. Ziehe die Verhandlungen länger hinaus.
27. **Lerne von Autohändlern – sorge dafür, dass die Gegenseite viel Zeit investiert (selten angewendet).**
28. *Nutze Termine und Fristen klug (häufig angewendet).*

Teil 2 Wissen (29–33)

29. Sei am Anfang misstrauisch – halte Ausschau nach den 12 Rauchvorhängen, 11 Schutzschilden und 14 Tricks der Gegenseite.
30. Mache dir diese 37 Rauchvorhänge, Schutzschilde und Tricks auf kreative Weise zunutze.
31. *Finde die Schwachstellen der Gegenseite heraus und nutze sie aus (häufig eingesetzt).*

32. Lerne die Gegenseite kennen und lerne dich selbst kennen – Wissen ist Macht (selten eingesetzt).

33. Handele logisch und folgerichtig – und sorge dafür, dass die Gegenseite das mitbekommt.

Teil 3 Andere einbeziehen (34–37)

34. Nutze Türwächter – die eigenen und die der Gegenseite.

35. *Trete machtvoll auf – teile und herrsche (häufig eingesetzt).*

36. **Mache die wichtigsten Berater der Gegenseite zu Helden (selten eingesetzt).**

37. Ziehe bei deinen Verhandlungen einen Fachmann oder Agenten zu Rate, falls es dir an Erfahrung mangelt.

Teil 4 Aufschneiden und das Gegenteil (38–43)

38. *Trete überheblich auf – überrumpele die Gegenseite, indem du deine Autorität spielen lässt (häufig eingesetzt).*

39. *Handele egoistisch – ich bin der Größte! (häufig eingesetzt)*

40. Der Mitläufereffekt – führe eine Parade an.

41. **Setze deine Macht voraus – stelle sie nicht demonstrativ zur Schau (selten eingesetzt).**

42. Kleide dich betont schick.

43. Kleide dich absichtlich salopp.

Teil 5 Sechs sehr durchsichtige Taktiken sowie eine Überraschung (44–50)

44. *Guter Junge, böser Junge (häufig verwendet).*

45. **Zuerst die Gegenseite erschrecken und ihr dann zu Hilfe kommen (selten eingesetzt).**

46. Mache den anderen von dir abhängig – dann lässt er sich leichter manipulieren.

47. *Verwende einen Köder, um die Gegenseite von deinen eigentlichen Absichten abzulenken (häufig eingesetzt).*

48. *Auf die Größe kommt es an – der große Topf (häufig eingesetzt).*

49. Auktionen – der kleine Topf.

50. *Bluffen – das nicht allzu offenkundige Lügen (häufig eingesetzt).*

Konfrontation, Kontrolle und Überwältigung (51–59)

Teil 1 Konfrontation (51–52)

51. Biete der Gegenseite die Stirn – zwinge sie, Farbe zu bekennen.

52. Biete der Gegenseite abermals die Stirn – frage sie: »Warum arbeiten Sie mit schmutzigen Tricks und wann werden Sie damit aufhören?«

Teil 2 Kontrolle (53–55)

53. Kontrolle über die Agenda ausüben.

54. Kontrolle über den Verständigungsprozess ausüben.

55. Erkläre deinem Team, welche Informationen es der Gegenseite übermitteln darf.

Teil 3 Überwältigung (56–59)

56. *Wunschlisten versus reale Möglichkeiten (häufig eingesetzt).*

57. Verhandele dort, wo du am mächtigsten bist – in deinem eigenen Büro.

58. **Tuangou/Überrumpelung durch eine aufgewiegelte Menge/Flashmobs (selten eingesetzt).**

59. Die Größe deines Verhandlungsteams – es soll größer sein als das Team der Gegenseite.

Notlügen, grenzwertige Aggressionen und die Macht des Nein (60–72)

Teil 1 Notlügen (60–62)

60. *Mit Schmeicheleien, Schöntuerei und Charme arbeiten (häufig eingesetzt).*

61. *Klarmachen, dass du über eine Menge von Informationen verfügst, auch wenn das gar nicht der Fall ist (häufig verwendet).*

62. Übertreiben, aber nicht zu stark.

Teil 2 Grenzwertige Aggression (64–70)

63. Zuerst die Zahlung verlangen, dann erst die Leistung erbringen.

64. **Die Leistung annehmen, erst danach darüber diskutieren (selten verwendet).**

65. Sich vor Betrugsmaschen in Acht nehmen – niemals im Voraus zahlen.

66. *Schwung: Stets Druck ausüben (häufig verwendet).*
67. Starkes Ultimatum.
68. *Der Gegenseite erklären »Nehmen Sie's oder lassen Sie's bleiben« und bereit sein, wegzugehen (häufig verwendet).*
69. Deutlich machen, dass du ernsthaft deine Ziele verfolgst.
70. Mutig sein, nicht ängstlich.

Teil 3 Die Kraft des Nein (71–72)
71. Sei hartnäckig – sage Nein.
72. *Akzeptiere niemals ein Nein (häufig verwendet).*

Gemeine und fiese Waffen (73–100)
Teil 1 Drohungen (73–77)
73. *Ankündigen, dass du dich aus den Verhandlungen zurückziehen wirst (häufig verwendet).*
74. Der Gegenseite erklären, dass du über ihren Kopf hinweg handeln wirst.
75. Ankündigen, dass du an die Öffentlichkeit gehen wirst – dass bald alles bekannt werden wird.
76. Ankündigen, dass du dich an die Behörden wenden wirst – an die Polizei, Regulierungsbehörden etc.
77. Mit physischer Gewalt drohen.

Teil 2 Offenkundige Einschüchterung (78–90)
78. *Einschüchtern durch Tradition, Bräuche und Konformität (häufig eingesetzt).*
79. Einschüchtern durch Aberglauben, Slogans und Redewendungen.
80. *Einschüchtern, indem man der Gegenseite ein schlechtes Gewissen einredet (häufig eingesetzt).*
81. Einschüchtern durch Verleumdung.
82. Einschüchtern durch Beschimpfungen und Unterstellungen.
83. Einschüchtern durch die eigene Körpergröße, vor allem wenn man ungewöhnlich groß ist.
84. Einschüchtern durch Geld.

85. Sich wie der Weihnachtsmann verhalten – ich kann es mir leisten, etwas zu verschenken.

86. Einschüchtern durch rechtliche oder staatliche Machtmittel.

87. Einschüchtern durch das eigene Charisma.

88. *Einschüchtern durch Belohnung oder Bestrafung (häufig eingesetzt).*

89. Einschüchtern durch Prahlerei.

Teil 3 Neid (90–95)

90. Einschüchtern durch deine Titel und deine Stellung im Unternehmen.

91. Einschüchtern durch deine Referenzen.

92. Einschüchtern durch deinen prestigeträchtigen Beruf.

93. **Einschüchtern durch deine Unantastbarkeit (selten verwendet).**

94. Einschüchtern durch dein Fachwissen.

95. Einschüchtern durch deinen hohen Bekanntheitsgrad.

Teil 4 Unterschwellige Einschüchterung (96–101)

96. Kommunikation – von direkter zu indirekter Kommunikation übergehen.

97. *Die Gegenseite in die Defensive drängen – sie beschuldigen, negative Bemerkungen abgeben usw. (häufig verwendet).*

98. Absichtlich grobe, dumme Fehler machen.

99. Es der Gegenseite einfach machen, dumme Fehler zu begehen.

100. **Die Gegenseite ignorieren – sich taub stellen (selten eingesetzt).**

101. So tun, als würde man die Fassung verlieren.

Ausdauer (102–104)

102. Die Drehscheibe – flexible Beharrlichkeit.

103. *Zermürben – die Gegenseite erschöpfen, dazu bringen, sich zu verausgaben (häufig eingesetzt).*

104. *Schauen wir uns seine Erfolgsbilanz an (häufig eingesetzt).*

Einen Fuß in die Tür stellen (105–107)

105. Fuß in der Tür – einfach nur hineinstellen.

106. Fuß in der Tür – dann mit den Zehen wackeln.

107. Fuß in der Tür – dann die Tür eintreten.

Spiele, die von Erwachsenen und Kindern gleichermaßen gespielt werden (108–112)

108. Nachdenken und wieder wie ein Kind werden.

109. Das *Stein-Papier-Schere*-Spiel nutzen, um eine festgefahrene Situation aufzulösen.

110. Absichtlich weinen – Mitleid heischen auf extreme Weise.

111. Mutproben und das Feiglingsspiel.

112. Den Untergang androhen.

Neun weitere Offensivtaktiken (9 Taktiken, Nr. 113–121)

113. Lege dein Mobiltelefon und deine Armbanduhr weg – und sorge dafür, dass die Gegenseite dies auch bemerkt.

114. Formalisiere die Übereinkunft durch Rituale und Symbole.

115. Bereite den Vertrag vor und lege ihn der Gegenseite zur Unterschrift vor.

116. Sei ein Rebell – widersetze dich dem Trend – sei unberechenbar.

117. Lasse niemals eine Krise ungenutzt.

118. *Machen wir mein Problem zu unserem Problem und schließlich zu Ihrem Problem (häufig angewendet).*

119. Sage *Was wäre, wenn ...?* Und hoffe auf eine *Wie?*-Antwort.

120. Fordere die Gegenseite heraus, um sie zu inspirieren.

121. Sei selbstsicher – bediene dich verunsichernder Mittel.

92 Defensivtaktiken

Unterschwellige Macht (1–4)

1. *Die Macht der Machtlosigkeit und der schleichenden Lähmung (häufig angewendet).*

2. Bitte um Mitgefühl.

3. Nutze den Sinn der Gegenseite für Ethik, Gerechtigkeit und Moral.

4. *Erinnere die Gegenseite an ihre Konkurrenz – egal ob sie echt ist oder gefühlt (häufig verwendet).*

Psychospiele (5–9)

5. Lenke die Gegenseite ab, wenn sie übertrieben aggressiv ist, bringe sie aus dem Gleichgewicht – die japanische Art (selten eingesetzt).
6. *Arbeite mit »Falschgeld«, nicht echtem Geld (häufig eingesetzt).*
7. Erkläre jemand anderem den Krieg, nicht deiner Gegenseite.
8. Verhalte dich wie der Vogel Strauß.
9. Derjenige, dem die Beziehung am wenigsten bedeutet, hat die meiste Macht (selten verwendet).

Stille (10–12)

10. Vollständige, totale Stille (selten eingesetzt).
11. Reagiere überhaupt nicht, weder positiv noch negativ.
12. Arbeite mit der bedeutungsschwangeren Pause.

Die Macht der Fokussierung auf die Gegenseite (13–14)

13. Überlege dir im Voraus mögliche Einwände der Gegenseite und Argumente gegen sie.
14. *Halte die Erwartungen der Gegenseite niedrig (häufig eingesetzt).*

Körpersprache – das wichtigste Mittel zur Beeinflussung und zur Überzeugung (15–19)

15. Beobachte die Körpersprache der Gegenseite sehr aufmerksam (selten eingesetzt).
16. Manipuliere die Gegenseite mit deiner eigenen Körpersprache (selten eingesetzt).
17. Verwende eine beruhigende, Sicherheit vermittelnde Körpersprache.
18. Nutze die Macht der Berührung – die Körpersprache der Berührung (selten eingesetzt).
19. Nutze die Macht der Sitzordnung – die Sprache der Büromöbel (selten angewendet).

Zugeständnisse (20)

20. Beobachte aufmerksam die Muster, nach denen von dir selbst und der Gegenseite Zugeständnisse gemacht werden, und halte sie fest (selten verwendet).

Information (21–26)

Teil 1 Informationen beschaffen (2 Taktiken, Nr. 21–22)

21. Erscheine so harmlos wie der TV-Inspektor Columbo – dann schlage zu und packe die Gegenseite.

22. Beschaffe dir Informationen und überprüfe sie – identifiziere Unsinn und lege ihn bloß.

Teil 2 Informationen nutzen (23)

23. Annahmen – klug damit umgehen.

Teil 3 Informationen weitergeben (24)

24. **Klatsch und Tratsch (selten verwendet).**

Teil 4 Die eigenen Informationen abschirmen (25–26)

25. Wahre deine Geheimnisse – entwickele eine Festungsmentalität.

26. Verhalte dich nicht wie ein blutiger Anfänger – nutze eine professionelle Sicherheitsfirma.

Sieben Arten von Verzögerungen (27–73)

Teil 1 Offensichtliche Verzögerungen (27–31)

27. Zeit gewinnen – sich kurz zurückziehen.

28. Die Gegenseite unverblümt hinhalten.

29. *Die Macht des Unvorbereitetseins – absichtlich etwas vergessen (häufig angewendet).*

30. *Die Gegenseite an der Nase herumführen (häufig verwendet).*

31. Übertrieben penibel sein.

Teil 2 Meine Möglichkeiten sind erschöpft (32–35)

32. *Ich kann es mir nicht leisten – ich habe nicht das Geld dafür (häufig eingesetzt).*

33. Ich werde nicht gegen Gesetze verstoßen.

34. Mir sind die Hände gebunden – meine Firma erlaubt es nicht.

35. Ich werde nicht gegen meine ethischen Überzeugungen handeln.

Teil 3 Sich im Kreis drehen – die Gegenseite dazu bringen, wieder von vorn anzufangen (36–39)

36. Neue Spezifizierungen.
37. Neue formelle Vorschläge.
38. Eine andere Alternative ins Gespräch bringen.
39. Einer schriftlichen Tagesordnung weitere Punkte hinzufügen.

Teil 4 Vernebeln, verwirren, verkomplizieren (40–46)

40. Überhäufen mit Informationen – der Gegenseite zu viele unwichtige Informationen mit nebensächlichen Details geben.
41. Immer noch mehr Informationen verlangen.
42. *Der Gegenseite besonders wichtige Informationen vorenthalten (häufig eingesetzt).*
43. Unwichtige Dinge sehr ausführlich erklären.
44. Darauf beharren, dass komplizierte Passagen laut vorgelesen werden.
45. Ununterbrochen weiterreden, damit die Gegenseite nicht zu Wort kommt.
46. Extreme Verkomplizierung – eine andere Organisationsstruktur entwickeln, sei sie echt oder vorgetäuscht.

Teil 5 Durchsichtige Rauchvorhänge (47–58)

47. **Ausrede: »Der Hund hat meine Hausaufgaben gefressen«** (selten angewendet).
48. »Der Hund hat meinen Experten gefressen«.
49. *Aufrichtig sein – aber nur so lange, wie es einem selbst nicht schadet (häufig eingesetzt).*
50. Plötzlich auf die Toilette müssen.
51. Plötzlich großen Hunger verspüren.
52. Absichtlich sehr unbefriedigende Erklärungen liefern.
53. Mit *kreativer Unklarheit* operieren.
54. Den Ort gelegentlich wechseln, aber nicht zu häufig.
55. Den Leiter des eigenen Teams austauschen.
56. Teammitglieder hinzuziehen, die die Dinge hinauszögern können.
57. Spontane Unterbrechungen durch die Nutzung eines stummen Signalgebers herbeiführen.

58. **Eine Weile vom Thema abschweifen – sich entspannen durch Witze, Bemerkungen über Sport oder dergleichen (selten verwendet).**

Teil 6 Schwarze Löcher (59–62)

59. Viele Recherchen anstellen, eine nach der anderen.
60. Einen Untersuchungsausschuss einrichten.
61. Eine Studiengruppe einrichten.
62. Gipfeltreffen abhalten.

Teil 7 Schutzschilde – schützende Abwehrmechanismen (63–73)

63. Realitäten ignorieren, sich stattdessen auf unrealistische Möglichkeiten konzentrieren.
64. Veränderungen vermeiden, indem man neue Informationen ignoriert.
65. Vernünftige Begründungen.
66. Überidentifikation mit dem Unternehmen.
67. Gehe auf einen Ego-Trip – verhalte dich wie ein VIP oder ein großes Tier.
68. Verlange einen Ausgleich, wenn du unzufrieden bist.
69. Pendele zwischen Heiterkeit und verhaltenem Zorn.
70. Projiziere deine Fehler auf die Gegenseite.
71. *Ständige Nörgelei – Negativität auf niedriger Stufe (häufig eingesetzt).*
72. Einen entschlossenen und offensichtlichen Versuch unternehmen, die Gegenseite zu dominieren.
73. Trete widerwärtig und feindselig auf.

Andere Menschen benutzen (74–78)

74. Ein Team überwältigt Einzelkämpfer.
75. Schließe dich mit anderen zusammen – Aussperrungen, Streiks, Boykotte.
76. **Suche dir Verbündete und benutze sie (selten eingesetzt).**
77. Suche dir *angesehene* Verbündete und benutze sie.
78. Verändere die Position der Gegenseite – mache sie nicht nur zu deinem Verbündeten, sondern auch zu deinem Mentor.

Neue Medien nutzen (79–81)

79. Bemühe dich um gute Publicity in den Neuen Medien.

80. Auch schlechte Publicity kann gut sein.

81. Dämonisiere die Gegenseite zu Publicityzwecken.

Was man tun kann, wenn einen die Gegenseite bei etwas Unanständigem erwischt (82–85)

82. Suche dir einen Sündenbock.

83. Sage »Machen Sie nicht mich dafür verantwortlich, ich habe das nicht getan«.

84. Sage »Ja, ich habe es getan, aber dabei hat mich der Teufel geritten«.

85. Gestehe deinen Fehler ein und entschuldige dich bei der Gegenseite, bevor diese dir Vorwürfe machen kann.

Defensivtaktiken, die beinahe offensiven Charakter haben (86–92)

86. Das Worst-Case-Szenario.

87. **Das können Sie besser! (selten verwendet)**

88. *Eine Gegenleistung anbieten, aber nicht mit Zusagen vermischen (häufig angewendet).*

89. Nicht die eigene Dynamik einbüßen – unvernünftigen Forderungen nicht nachgeben.

90. Diskussion *nein,* Gegenangriff *ja.*

91. Die Gegenseite dazu bringen, jene Alternative zu wählen, die man will.

92. Sicherstellen, dass der Gegenseite nur eine Möglichkeit bleibt, Gefahren zu vermeiden – indem sie sich deinen Wünschen fügt.

16 Unterwerfungstaktiken

Zugeständnisse auf beiden Seiten (1)

1. Alle Konzessionen, die von dir und der Gegenseite gemacht werden, mit einem Geldwert beziffern.

Die Zeit geschickt nutzen (2–3)

2. Sich Zeit erkaufen durch Zusagen.

3. *Umgarnen und auswählen – der Gegenseite mehrere attraktive Möglichkeiten anbieten, durch die sie emotional einbezogen wird (häufig verwendet).*

Wortspiele (4–5)
4. Sage »Ja, *aber*«.
5. Sage »Ja, *und*« – das ist effektiver.

Weitgehende Unterwerfung (6–9)
6. Sich auf keinen Streit einlassen – stattdessen die andere Wange hinhalten.
7. Schwamm *ja*, Mauer *nein*.
8. Der Nagel, der heraussteht, wird eingeschlagen.
9. Betteln – und wenn das nicht hilft, beten.

Nachgeben und zugleich das Gesicht wahren (10–12)
10. Ein Schritt nach dem anderen.
11. Das bedingte Angebot.
12. Zähes Nachgeben – härter feilschen, wenn du etwas aufgegeben hast.

Sich Hilfe holen (13)
13. Letzte Zuflucht – die Schlichtung oder Mediation

Unterwerfung durch Dummheit (14–15)
14. *Sich in der Mitte treffen (häufig verwendet).*
15. Selbstzerstörung – schauen Sie mich an, fangen Sie mich, halten Sie mich auf, retten Sie mich.

Unterwerfung aus Klugheit (16)
16. *Die Niederlage akzeptieren und nehmen, was man kriegen kann – es lassen, wie es ist (häufig eingesetzt).*

24 Kooperationstaktiken
Die drei Grundlagen der Kooperation (1–3)
1. **Die Macht der Geduld (selten verwendet).**

2. Die Gegenseite glücklich machen – dein Gegenüber ist zufrieden und fühlt sich dir verbunden.

3. Consultant, *ja,* Verkäufer, *nein.*

Eine Allianz mit der Gegenseite bilden (4–7)

4. **Wechselseitiges Geben und Nehmen – wenn du mir den Rücken kratzt, kratze ich dir deinen (häufig verwendet).**

5. Den bestmöglichen Verbündeten gewinnen – die Gegenseite.

6. Intimität – aber kein Sex.

7. Intimität – mit Sex.

Aufrichtigkeit (8–10)

8. Vollständige Aufrichtigkeit – die eigenen Zielvorgaben offenlegen.

9. Die Gegenseite über die eigenen Unzulänglichkeiten in Kenntnis setzen – sie nicht verbergen.

10. **Zugeben, dass man etwas nicht weiß – es nicht verheimlichen (selten angewendet).**

Sprechen (11–13)

11. Deutlich sprechen, sodass einen die Gegenseite nicht missverstehen kann.

12. Schwung gewinnen – es der Gegenseite erleichtern, frühzeitig und häufig *Ja* zu sagen.

13. **Verlockende Zusagen machen, anstatt nachzugeben (häufig verwendet).**

Zuhören (14–15)

14. **Das billigste Zugeständnis von allen – zuhören, aufmerksam zuhören (selten eingesetzt).**

15. **Aktives Zuhören erlernen und möglichst häufig praktizieren (selten eingesetzt).**

Nach Beendigung der Verhandlungen weiter kooperieren (16–19)

16. **Der Bonus – am Ende noch eine kleine Zugabe auf dem Tisch lassen (selten eingesetzt).**

17. Wenn du dich auf der ganzen Linie durchsetzt, sorge dafür, dass die Gegenseite das Gesicht wahren kann.

18. **Sicherstellen, dass auch die Gegenseite am Ende gut aussieht (selten eingesetzt).**

19. **Dafür sorgen, dass die Gegenseite glaubt, du hättest verloren, auch wenn du klar gewonnen hast ... denke an den Film** *The Sting* **(selten eingesetzt).**

Fünf Abstufungen der Kooperation (20–24)

20. **Mentale Verführung – werde unentbehrlich, indem du in übertriebenem Maße mit dem anderen kooperierst (selten angewendet).**

21. Gehe *weit* über das hinaus, was du tun musst – schicke eine Limousine.

22. Gehe nur *ein wenig* über das hinaus, was du tun musst – schicke ein Busticket.

23. Helfe der Gegenseite, damit sie es sich leisten kann, dein Angebot anzunehmen.

24. Strahle Wärme aus, bemühe dich dabei aber, ehrlich zu wirken.

81 schmutzige Tricks

Timing (1–6)

Teil 1 Vor Beginn der Verhandlungen (1–2)

1. **Verhindere, dass die Gegenseite noch in letzter Minute abspringen kann (selten verwendet).**

2. Lege dir einen unzerstörbaren Ruf zu – rede in den höchsten Tönen von dir selbst und sorge dafür, dass auch andere über dich voll des Lobes sind.

Teil 2 Nach Beendigung der Verhandlungen (3–6)

3. **Verlange kurz vor der Vertragsunterzeichnung noch einen Nachschlag (selten angewendet).**

4. **Unterschreibe den Vertrag und nimm dann unverzüglich Nachverhandlungen auf (selten eingesetzt).**

5. *Begrenzte Autorität – ich muss zuerst meine Mutter fragen (häufig eingesetzt).*

6. Räche dich – vermiese der Gegenseite ihre Siegesfeier.

Die Gegenseite auf die Probe stellen (7–8)
7. Verstoße absichtlich sehr früh gegen weniger wichtige Regeln.
8. Verstoße absichtlich sehr früh gegen wichtige Regeln.

Vorgetäuschte Inkompetenz (9–15)
9. Absichtlich Zeitangaben durcheinanderbringen.
10. Absichtlich brutto und netto verwechseln.
11. Absichtlich Zinsen und Zinseszinsen verwechseln.
12. Still und heimlich Vertragsklauseln ändern und hoffen, dass die Gegenseite es nicht merkt.
13. Eine Leistung ohne Gegenleistung verlangen.
14. Der Gegenseite eine falsche Rechnung schicken.
15. Als Käufer Lockvogelgebote abgeben.

Raffinierte Preispolitik (16–18)
16. **Als Verkäufer Lockvogelangebote unterbreiten (selten eingesetzt).**
17. Sehr hohes Anfangsgebot des Käufers – der hohe Ball.
18. Sehr niedriges Anfangsangebot des Verkäufers, mit Absicherungen – der tiefe Ball.

Rechtliche Vorschriften – wie man sie nutzt und missbraucht (19–22)
19. Unernst gemeinte Klage, um die Gegenseite zu schikanieren.
20. Die Gegenseite bestechen.
21. Die Gegenseite erpressen.
22. Erpressung, Nötigung.

Spionage (23–24)
23. Die Geheimnisse der Gegenseite auf legale Weise in Erfahrung bringen.
24. Die Geheimnisse der Gegenseite auf illegale Weise in Erfahrung bringen.

Hochmütiges Auftreten (25–27)

25. **Sich als unantastbar darstellen – behaupten »Mir stehen Sonderrechte zu« (selten eingesetzt).**

26. Selbstgerecht auftreten – sich selbst mit einem Heiligenschein versehen.

27. **Großspurig auftreten – der Gegenseite den Eindruck vermitteln, dass man bereits viel über sie und ihr Unternehmen weiß (selten verwendet).**

Worte und Gerüchte (28–30)

28. Die Gegenseite verleumden – durch Unterstellungen Schaden zufügen.

29. Die Gegenseite isolieren – durch Mundpropaganda abträgliche Gerüchte über die Gegenseite verbreiten.

30. Die Konkurrenten isolieren – durch Mundpropaganda abträgliche Gerüchte über sie verbreiten.

Psychologische Kriegsführung (31–48)

31. Die Gegenseite herabsetzen und lächerlich machen.

32. Dafür sorgen, dass dem Besucher die Sonne ins Gesicht scheint – blenden und anstarren.

33. Stühle – der eigene Stuhl ist hoch, der des Besuchers niedrig.

34. Stühle – der eigene Stuhl ist stabil, der des Besuchers wackelt.

35. Das Dampfbad – absichtlich zu heiß.

36. Der Kühlschrank – absichtlich zu kalt.

37. Der Besprechungsraum – einschüchternde Ausstattung.

38. **Einschüchternde Atmosphäre, manipulative Musik (selten eingesetzt).**

39. Der Marathon – Nachtsitzungen.

40. Die Gegenseite aus dem Gleichgewicht bringen durch mehrmalige Verschiebung des Besprechungstermins.

41. Partyservice aus der Hölle (1) – wirklich schlechtes Essen und schlechte Getränke anbieten.

42. Partyservice aus der Hölle (2) – das Essen leicht vergiften.

43. Schmutzige Besuchertoilette – die Kraft des Ekels.

44. Gestank im Besprechungsraum.

45. Die Besucher in einem schäbigen Hotel unterbringen.
46. Die Besucher in einem unbehaglichen, makaberen Umfeld unterbringen.
47. Viele *beabsichtigte* Unterbrechungen des Gesprächs.
48. Ungewöhnlich angenehme Unterbrechungen.

Echte Kriegsführung (49–53)

49. Sich das Stockholm-Syndrom zunutze machen – eine Bindung zur Gegenseite herstellen und diese dann ausnutzen.
50. Besonders feindselig und widerwärtig auftreten.
51. *Der Gegenseite einen Heidenschrecken einjagen – dafür sorgen, dass sie dich fürchtet (häufig verwendet).*
52. Die Gegenseite irritieren – dafür sorgen, dass sie die Fassung verliert.
53. Echte Gewalt anwenden.

Schmutzige Lügen (54–56)

54. Doppeltes Lügen – die eigenen Lügen durch irreführende Daten untermauern.
55. *Offenkundiges Lügen, nicht nur überzogenes Sprücheklopfen (häufig eingesetzt).*
56. Unaufrichtig den Rückzug ankündigen – du bist nach wie vor da, versteckst dich aber hinter Mittelsmännern.

Die zwei Schwachstellen der Gegenseite ausnutzen – Leichtgläubigkeit und Gier (57–75)
Teil 1 Spiele, die Käufer mit Verkäufern spielen (57–59)
57. Absichtlich überbuchen – mehrere Termine zur selben Zeit vereinbaren.
58. Raten Sie mal, wer gerade hier war? Raten Sie mal, wer nach Ihnen kommt?
59. Raten Sie mal, wer im Nebenzimmer sitzt?

Teil 2 Spiele, die Verkäufer mit Käufern spielen (60–61)
60. Extreme Knappheit.
61. Wir werden diesen Artikel bald aus dem Sortiment nehmen.

Teil 3 Betrugsmaschen (62–75)

Hinweis: Achten Sie auf diese Tricks, aber wenden Sie sie nicht selbst an – sie sind unmoralisch und illegal.

Betrügerisches Entlocken von Daten (nur E-Mail) (62–63)

62. Vorgetäuschte Lotteriegewinne – Preisausschreiben, Green Cards.

63. Nigeria-Masche – viel Geld in Aussicht stellen.

Mitleidheischen (64–66)

64. Zeitschriften-Abonnements an der Haustür.

65. Betteln um Taxigeld.

66. Schicken Sie mir Geld zum Flughafen.

Inszenierte Verkehrsunfälle (67–68)

67. Absichtlich einen kleineren Zusammenstoß herbeiführen.

68. Totes Kamel auf der Straße nach Dubai.

Gaunereien mit Inspektionen (69–70)

69. Zahlen Sie mir Schmiergeld oder ich schließe Ihren Laden wegen Verstößen gegen die Hygienevorschriften.

70. Zusammenarbeit des Inspektors mit einem Partner im Verborgenen.

Touristenfallen (71–73)

71. Eine Anzahlung verlangen für eine vorgetäuschte Leistung.

72. Möglichkeit der Vermeidung der Zollgebühren vorspiegeln.

73. Erpressung durch falschen Polizisten.

Sexfallen (74–75)

74. Treffen Sie sich mit meiner Schwester – sie ist Ärztin.

75. Einladung zu einer Sexparty.

Teil 4 Der wahre Verlierer (1 Taktik)

76. ***Die beiden Schwachpunkte: Sich die Gier und die Leichtgläubigkeit des wahren Verlierers zunutze machen (häufig eingesetzt).***

Vier weitere schmutzige Tricks (77–80)

77. **Die Gegenseite in die Defensive drängen – sie absichtlich, aber nicht übermäßig in Verlegenheit bringen (selten verwendet).**
78. Bei der Gegenseite Ekel hervorrufen durch abstoßendes Verhalten.
79. Gezielt Verwirrung stiften: Einen Namen wählen, der jenem einer berühmten Person oder Firma ähnelt.
80. Die Sinne und das Urteilsvermögen der Gegenseite abstumpfen – die Gegenseite absichtlich unter Drogen setzen oder mit Alkohol betrunken machen.

Der schmutzigste Trick von allen (81)

81. Unbewegtes Gesicht, dunkles Herz.

Mao Zedongs 22 wirkungsvollste Guerillataktiken

Liste erstellt von Donald Wayne Hendon
Copyright (c) 2001–2012 by Dr. Donald Wayne Hendon

1. Bleibe immer in der Offensive.
2. Sei stets wachsam, damit du verborgene Gelegenheiten erkennen kannst.
3. Greife den Großen dort an, wo er am schwächsten ist.
4. Flöße dem Großen Ehrfurcht ein.
5. Lege dem Großen einen Hinterhalt. Überrasche ihn, indem du ihn an einem Ort und zu einem Zeitpunkt angreifst, wenn er den Angriff nicht erwartet.
6. Finde heraus, wann und wo du ihm aus dem Weg gehen musst.
7. Greife nur an, wenn deine Truppen überlegen sind.
8. Greife nur an, wenn du dich deines Sieges sicher sein kannst.
9. Sei beweglicher und wendiger als der Große.
10. Nimm dein Ego zurück. Erkenne, wann du dich zurückziehen musst. Und tue das auch, denke nicht nur darüber nach.
11. Ziehe dich rasch zurück, wenn der Große die Oberhand gewinnt. Warte auf eine neue Gelegenheit, dann greife abermals an.
12. Verwirre den Großen, indem du nach einem kleinen Sieg schnell den Rückzug antrittst.

13. Verwirre ihn, indem du falsche Informationen verbreitest.

14. Bringe ihn aus dem Gleichgewicht. Wenn er mit einem Angriff aus dem Osten rechnet, greife ihn aus dem Westen an.

15. Nutze den Rhythmus des Großen aus, wenn er unsicher ist, dann wirst du einen großen Sieg erringen.

16. Schwäche ihn. Auf welche Weise? Treibe ihn auseinander, bedränge ihn, erschöpfe ihn und störe seine Nachschublinien.

17. Nutze den Nachschub und die Vorräte des Großen.

18. Suche dir Verbündete – du bist der Unterlegene, du brauchst Hilfe. Besonders wichtig sind Verbündete im Umfeld des Großen und in den Medien.

19. Gehe noch einen Schritt weiter und rekrutiere Spione – am besten jemanden in der Organisation des Großen, der einen Groll gegen seinen Vorgesetzten hegt. Er wird seine Revanche bekommen, indem er dir zum Sieg verhilft.

20. Bezahle deine Spione gut.

21. Vertraue deinen Spionen nie vollständig – sie könnten auch Doppelagenten sein.

22. Sei vollkommen skrupellos.

Donald Wayne Hendons 50 wirksamste und *selten verwendete* Beeinflussungstaktiken: Guerillas sollten sie nutzen, denn sie sind machtvoll und der Große rechnet nicht mit ihnen

Die meisten großen Tiere rechnen wahrscheinlich nicht damit, dass Sie mit derartigen Taktiken aufwarten, weil diese sehr selten angewendet werden. Und das erklärt natürlich auch ihre große Wirksamkeit. Wenn Sie ein echter Guerilla sind, also jemand, der außerhalb der konventionellen Schemata denkt, werden Sie diese Taktiken mögen und sie häufig gegen große Tiere und auch andere Guerillas einsetzen. Aber was geschieht, wenn Sie mit einem anderen Guerilla geschäftliche Verhandlungen führen? Meist werden Sie zwar mit »Big Dogs« zu tun haben, aber manchmal werden Ihnen im geschäftlichen oder im privaten Leben auch Guerillakämpfer begegnen. Seien Sie vorbereitet – verwenden Sie die erfolgversprechenden Konter, die Sie in den Kapiteln 5 bis 9 finden. Sie eignen sich sowohl für den Umgang mit anderen Guerillas als auch mit großen Tieren.

In Kapitel 5 werden acht von Dons 50 machtvollsten und sehr selten eingesetzten taktischen Waffen dargestellt. Sie fallen in die Kategorie »Vorbereitung«. In den Kapitel 6 bis 9 schließlich geht es um Folgendes:

- In Kapitel 6 werden 14 Angriffstaktiken vorgestellt.
- In Kapitel 7 werden 12 Defensivtaktiken behandelt.
- Es gibt keine wirkungsvollen und zu selten eingesetzten Unterwerfungstaktiken, daher befasst sich Kapitel 8 mit acht kooperativen Taktiken
- In Kapitel 9 schließlich geht es um acht schmutzige Tricks.

Beginnen wir mit den acht wirkungsvollsten und selten eingesetzten Vorbereitungstaktiken.

Kapitel 5

Acht wirkungsvolle und selten verwendete Vorbereitungstaktiken

Donald Wayne Hendons 356 Powerful Deal-Making Weapons
Copyright © 2001–2012 by Dr. Donald Wayne Hendon

In diesem Kapitel geht es um acht Taktiken zur Vorbereitung auf Geschäftsverhandlungen: Lernen von Kindern; die richtige Einstellung; nicht gleich alles ausplaudern, um den anderen froh zu stimmen; Fehler; Eskalation; Denken in kleinen Dimensionen; hungrig sein und der richtige Zeitpunkt zum Vertragsabschluss.

Bevor Sie als Guerilla in geschäftliche Verhandlungen eintreten, müssen Sie sich vorbereiten, indem Sie sich die richtige mentale Einstellung aneignen und sich Informationen beschaffen. Sie brauchen Informationen über die Situation und über das große Tier beziehungsweise den anderen Guerilla, mit dem Sie verhandeln werden. Nachfolgend werden die acht machtvollsten – und sehr selten verwendeten – Taktiken dargestellt, die Sie für Ihre Vorbereitung nutzen können, um aus Verhandlungen mit mächtigen Gegnern wie Guerillas gleichermaßen als Sieger hervorzugehen. Da diese Taktiken nicht sehr häufig zum Einsatz kommen, wird die Person am anderen Ende des Verhandlungstisches überrascht sein, wenn Sie damit aufwarten – und das ist ein Riesenvorteil für Sie! In Kapitel 4 wurden sämtliche 31 Vorbereitungstaktiken von Don Hendon aufgelistet. Diese eher selten angewendeten acht Taktiken sind die wirkungsvollsten.

Vorbereitungstaktik 4: Überwinde die Lähmung durch zu langsames Denken, indem du von Kindern lernst

Wer schnell reagiert, hat einen großen Vorteil gegenüber großen Tieren. Die meisten von ihnen benutzen veraltete, langweilige Anleitungen, in denen strikte Regeln und Verfahren propagiert werden. Erfolgreiche Guerillas sind einfallsreich, kreativ und können umgehend reagieren und sich schnell anpassen. Leicht gesagt, schwer getan. Oder doch nicht? Nachfolgend eine Methode, wie man dies ganz schnell und einfach lernen kann: Werden Sie wieder ein wenig wie das Kind, das Sie einmal waren. *Denn Kinder sind geborene Guerillas!*

Kinder sind voller Leben, können in verschiedene Richtungen loslaufen, haben eine Menge Energie und Taktik in Reserve – auch wenn sie nicht wissen, was sie tun. Und wenn etwas nicht gelingt, probieren sie es mit einer neuen und besseren Idee später noch einmal. Vergleichen Sie Kinder mit Erwachsenen. Erwachsene fühlen sich in allen Belangen an Regeln gebunden, sind meist nicht fähig, zu manövrieren, und haben Angst, Risiken einzugehen. Ein Erwachsener ist wie ein einfacher Spielcomputer mit begrenztem Speichervermögen und begrenzter Prozessorleistung. Wenn Sie ein Computerspiel mit einem Kind spielen, das meistens gewinnt, wer ist dann der Mächtigere? Sie kennen die Antwort. Das Kind. Werden Sie wieder ein wenig zum Kind. Werden Sie ein Sieger!

Wieder zum Kind zu werden, ist vor allem für Guerillas wichtig. In der nachfolgenden Tabelle werden die Unterschiede zwischen Erwachsenen und Kindern zusammengefasst:

Erwachsene leben nach diesen Regeln	Kinder verletzen diese Regeln, sie glauben:
Man kann etwas auf die richtige oder auf die falsche Weise tun.	Man kann etwas auf viele verschiedene Weisen tun.
Stelle keine dummen Fragen.	Wenn man dumme Fragen stellt, kann man neue Erkenntnisse gewinnen.
Fachleute haben immer recht.	Fachleute irren sich häufig.
Sei nicht albern.	Albern sein befreit einen vom Druck der Gleichförmigkeit.
Mache keine Fehler.	Fehler führen manchmal zu tollen Einsichten und großen Entdeckungen.

Spiele nicht damit herum.	Für Kinder ist alles ein Spielzeug, denn sie verfügen über die außerordentliche Fähigkeit, gewöhnliche Dinge zu Spielzeugen zu machen. Die Einbildungskraft: Alles kann in etwas anderes umgewandelt werden.

Und jetzt ersetzen Sie *Erwachsene* durch *Große Tiere* und *Kinder* durch *Guerillas*. Verstehen Sie jetzt, was wir meinen?

Zwei erfolgversprechende Guerilla-Konter

Wenn Sie sich von kreativen Menschen bedroht fühlen, sind Sie selbst wahrscheinlich nicht besonders kreativ. Glücklicherweise gibt es Mittel und Wege, um kreativer zu werden, selbst wenn Sie sich auf eingefahrenen Gleisen bewegen und nicht gern etwas Neues ausprobieren.

Don lehrt in Seminaren auch, wie man kreativer werden kann. Nachfolgend führen wir elf der wichtigsten Techniken auf, die er dabei vorstellt:

– Wieder mehr wie ein Kind werden

– Sammeln von Ideen

– Auflistung von Eigenschaften

– Strukturelle Analyse

– Erzwungene Beziehungen

– Verzicht auf Beurteilungen

– Querdenken

– Die Fehlerliste

– 101 Anwendungsmöglichkeiten

– Gehirngymnastik

– Bücher darüber lesen, wie man kreativer werden kann, und die darin vorgeschlagenen Übungen durchführen

Unter www.GuerrillaDon.com finden Sie nähere Erläuterungen zu diesen elf Techniken.

Wenn sich Ihr Gegenüber am Verhandlungstisch übertrieben kindisch aufführt, sollten Sie sich davon nicht irritieren lassen. Gönnen Sie ihm seinen Spaß. Vielleicht ist er sogar unterhaltsam. Wenn er allerdings allzu häufig vom Thema abschweift und Sie das stört, können Sie versuchen, ihn mithilfe der folgenden beiden Guerilla-Konter dazu zu bringen, sich wieder wie ein Erwachsener zu verhalten:

- Versuchen Sie es zunächst mit der Angriffstaktik 112 (*Den Untergang androhen*). Das heißt, erklären Sie ihm, dass er in große Schwierigkeiten kommen könnte, wenn er Ihren Vorschlag nicht annimmt. Dabei müssen Sie aber sicherstellen, dass Ihre Voraussage auch tatsächlich eintreten wird.

- Der andere Konter ist weniger wirkungsvoll als das Androhen des Untergangs, denn viele von uns besitzen die dabei angesprochene Fähigkeit nicht und es ist schwer, sie zu erwerben. Diese Methode ist das *Einschüchtern der Gegenseite durch den Einsatz rechtlicher, staatlicher Machtmittel* (Angriffstaktik 86). Das ist die Macht, die ein Polizist hat. Wenn Sie fest überzeugt sind, dass das Recht auf Ihrer Seite ist, glauben Sie im Überschwang vielleicht, dass Sie über diese Machtmittel verfügen – wenn aber der Große davon nicht überzeugt ist, besitzen Sie in Wirklichkeit überhaupt keine Macht.

Vorbereitungstaktik 5: Die richtige Einstellung – ich muss mir das Recht erwerben, die Bedürfnisse der Gegenseite besser kennenzulernen

Bis Sie herausbekommen, was die Gegenseite anstrebt und welche Bedürfnisse sie hat, müssen Sie mit Mehrdeutigkeit und Unsicherheit leben. Erinnern Sie sich noch, wie Sie das Fahrradfahren gelernt haben? Denken Sie daran, wenn Sie ein Geschäft abschließen wollen. Der Verhandlungsprozess ist chaotisch, nicht voraussagbar, regelförmig oder linear. Bei Verhandlungen wie im Leben überhaupt geht es immer darum, *eine Balance zu finden,* nicht darum, *in eine Balance gebracht zu werden.* Verwenden Sie dieses Hin- und Herpendeln nicht als Stütze, als Entschuldigung. Nehmen Sie die Unsicherheit an, denn durch die Kunst des Ausgleichs, durch das Pendeln zwischen Sicherheit und Unsicherheit und wieder zurück werden Sie lebendig. Entwickeln Sie Toleranz gegenüber Unsicherheit. Setzen Sie sich nicht selbst unter Druck, indem Sie alles über den Großen herauszufinden versuchen, weil Sie alles unter Kontrolle haben möchten. Sie sind schließlich ein Guerilla und Sie werden niemals so mächtig sein wie der Große, auch wenn Sie ihn besiegt haben.

Ein erfolgversprechender Guerilla-Konter

Wenn der Große allzu undurchsichtig ist, versuchen Sie es mit der Kooperationstaktik 3: *Consultant, ja, Verkäufer, nein.* Bedenken Sie, die Bedürfnisse des Gegenübers gehören zu seinem wichtigsten Besitz. Er hütet sie, denn sie bergen die Geheimnisse seines zukünftigen Erfolgs. Sie kennen Ihre eigenen Bedürfnisse bereits, insbesondere das Bedürfnis, dass Sie den Großen dazu bringen müssen, zu tun, was Sie wollen, und müssen sich daher nicht auf sie konzentrieren. Konzentrieren Sie sich stattdessen darauf, mehr über die Bedürfnisse *des anderen* in Erfahrung zu bringen. Wenn Sie diese kennen, können Sie einen Plan entwickeln, wie sie sich befriedigen lassen – mit Ihren Produkten oder Dienstleistungen.

Aber machen Sie sich nicht verrückt, indem Sie sich einreden, alle seine Bedürfnisse herausfinden zu müssen. Denken Sie an Ihren Ehepartner, die Person, die Ihnen auf der Welt am nächsten steht. Kennt sie alle Ihre Bedürfnisse? Höchstwahrscheinlich nicht. Sie wird Ihnen nicht alles anvertrauen, auch wenn sie Sie liebt. Erwarten Sie daher nicht, dass der Große Ihnen alles sagt, was er sich wünscht und was ihn beschäftigt.

Wie erwerben Sie sich nun das Recht, die Bedürfnisse des Großen in Erfahrung zu bringen? Nicht nur, indem Sie Fragen stellen und gut zuhören. Sie können dies auch bewerkstelligen, indem sie als Consultant agieren – nicht als jemand, der den anderen überreden möchte, nicht als Verkäufer oder als Manipulator. Denn wenn Sie ihn zu überreden versuchen, konzentrieren Sie sich auf Ihre *eigenen* Bedürfnisse, einen Verkauf zustande zu bringen – nicht auf *seine* Bedürfnisse. Consultants stellen die Bedürfnisse des anderen in den Mittelpunkt. Es wird vielleicht lange dauern, bis Sie sein Vertrauen gewonnen haben, aber es wird sich in hohem Maße auszahlen.

Doch treiben Sie es nicht zu weit. Ein Consultant ist kein Chamäleon. Ein Chamäleon passt sich *zu stark* an, um es mit der Gegenseite aufzunehmen. Bewahren Sie Ihre Identität, bewahren Sie Ihre Integrität (Vorbereitungstaktik 18).

Vorbereitungstaktik 8: Komme dem anderen nicht zu weit entgegen, nur um ihm eine Freude zu machen

Geben Sie dem Großen nicht gleich zu viel, nur damit er sie mag. Sie sollten sich selbst genug mögen, dass es Ihnen nicht so sehr darauf ankommt, dass er Sie mag. Ersetzen Sie die Redensart *No money, no honey* durch den Satz *Money can't buy me love.*

Warum ist es so schlimm, wenn man fürchtet, nicht genug geliebt zu werden? Diese Angst verleitet einen dazu, mehr zu geben als nötig. Nehmen wir an, Sie sind Abteilungsleiter und Sie unternehmen nichts dagegen, dass einige ihrer Untergebenen zwei Stunden Mittagspause machen, nur weil Sie »nett« sein wollen. Diese Leute werden Ihnen dann ihre Verachtung zeigen, indem sie weiterhin viel zu lange Mittagspausen machen, und schließlich werden sie ihre Arbeit auch in anderer Hinsicht vernachlässigen. Den anderen Mitarbeitern in Ihrer Abteilung wird das nicht verborgen bleiben. Und anstatt gemocht zu werden, werden Sie ihre Verachtung auf sich ziehen. Niemand wird Ihnen mehr Respekt entgegenbringen und die Produktivität Ihrer Abteilung wird sinken.

Drei erfolgversprechende Guerilla-Konter

Wenn es dem Großen gleichgültig ist, ob Sie ihn mögen oder nicht, hat er wahrscheinlich mehr zu tun, als er bewältigen kann. Er glaubt, dass er Sie und Ihre Firma nicht braucht. Mit folgenden drei Taktiken können Sie darauf reagieren:

- *Verschaffen Sie sich Informationen und überprüfen Sie diese,* indem Sie Ihre Hausaufgaben machen. Finden Sie heraus, wie erfolgreich er wirklich ist (Defensivtaktik 22).
- Nutzen Sie dann Ihre Erkenntnisse, um ihn dazu zu bringen, über zwei Dinge nachzudenken: Dass er durch Ihr Angebot vielleicht noch erfolgreicher werden könnte. Und dass er in der Gefahr schwebt, diese Chance zu verspielen (Angriffstaktik 39: *Ich bin der Größte;* Defensivtaktik 88: *Belohnung und Bestrafung*).
- Wenn Sie ihm all das mitteilen, streicheln Sie sein Ego – Sie schmeicheln ihm. Große Tiere sind gewöhnlich mit großem Selbstbewusstsein ausgestattet, und es gefällt ihnen, wenn man ihnen schmeichelt

(Angriffstaktik 60: *Mit Schmeicheleien, Schöntuerei und Charme arbeiten;* Kooperationstaktik 24: *Wärme ausstrahlen*).

Vorbereitungstaktik 11: Fehler – Gestehe sie ein und lerne aus ihnen

Sich selbst zu mögen, ist dem eigenen Ego zuträglich. Aber wenn Sie die Taktik Nr. 11 einsetzen, müssen Sie Ihr Ego hintanstellen. Wenn Sie Ihr Ego im Griff haben, wie es die Vorbereitungstaktik 10 empfiehlt, fällt es Ihnen leichter, Ihre Fehler zu erkennen. Wir empfehlen, eine Fehlerliste zu erstellen, diese auf dem Laufenden zu halten und daraus zu lernen. Es ist einfacher, als Sie denken, eine solche Liste zu führen. Und zwar aus folgenden zwei Gründen:

Erstens macht es Spaß, zu lesen, welche Dummheiten andere Leute anstellen. Wie beispielsweise tölpelhafte Ladendiebe. In seinem Buch *Classic Failures in Product Marketing* hat Don mehr als 800 Fehler in 68 Kategorien zusammengetragen, die immer wieder im Geschäftsleben begangen werden. Viele davon sind schlicht dumm – aber auch lustig. Auf www.GuerrillaDon.com können Sie dieses mittlerweile nicht mehr nachgedruckte Werk direkt bestellen, mit einem Autogramm von Don.

Zum anderen bleiben schmerzhafte Erlebnisse länger im Gedächtnis haften als glückliche. Schmerzen sind eher selten. Sie tun sehr weh. Wir streben nach Glück, und viele Dinge machen uns glücklich. Keine davon sind aber normalerweise besonders herausragend. Der Schmerz jedoch sticht hervor.

Doch obwohl wir uns an schmerzhafte Erfahrungen erinnern, wiederholen wir sie häufig. Warum? Weil das Scheitern etwas Persönliches und Emotionales ist. Wenn wir versagen oder etwas falsch machen, steigern sich unsere Aufregung und unsere Angst. Bisweilen leugnen wir sogar, dass wir versagt haben. Stattdessen sprechen wir von *Irrtümern* und *Fehlern* – das gefürchtete Wort *Scheitern* versuchen wir unter allen Umständen zu vermeiden. Und wir arbeiten mit Euphemismen: *Er ist zu Gott heimgekehrt* statt *Er ist gestorben*. Nach der teilweisen Kernschmelze 1979 im Atomreaktor in Pennsylvania hieß es in der Pressemitteilung, der beschädigte Reaktorkern habe lediglich die Hitze von *17 Toastern* abgegeben.

Verwenden Sie keine Euphemismen. Sprechen Sie von Fehlern, denn genau das sind sie. Geben Sie sie zu, lernen Sie aus ihnen und vermeiden Sie sie künftig!

Zwei erfolgversprechende Guerilla-Konter

- Regen Sie sich nicht gleich auf, wenn der Große Sie auf Fehler hinweist. Danken Sie ihm stattdessen dafür (Vorbereitungstaktik 10: *Behalten Sie Ihr Ego im Griff*).
- Wenn Sie den Großen einigermaßen gut kennen und ein gutes Verhältnis zu ihm haben, sagen Sie es ihm in freundlichem oder scherzhaftem Ton, wenn er einen bestimmten Fehler macht. Vermitteln Sie ihm den Eindruck, dass Sie ihm helfen wollen, derartige Fehler nicht zu wiederholen. Wenn er Sie als eine Art Mentor betrachtet, werden Sie zu einem seiner wertvollsten Kunden werden (Defensivtaktik 78: *Verändere die Position der Gegenseite – Mache sie nicht nur zu deinem Verbündeten, sondern auch zu deinem Mentor*). Tun Sie alles, was Sie können, damit der andere sein Ego zurücknimmt.

Vorbereitungstaktik 13: Die Eskalationsbereitschaft – gutes Geld schlechtem hinterherzuwerfen, ist töricht

Wenn Sie bereits in einem Loch stehen, hören Sie auf, zu graben! Weiter am Verhandlungstisch sitzen zu bleiben, wenn Sie schon eine Menge verloren haben, und immer noch mehr Zugeständnisse zu machen, ist töricht. Das ist sehr wirkungsvoll – allerdings nicht für denjenigen, der es tut. Es ist sehr wirkungsvoll für die Person, der es zugute kommt. Wir möchten es näher erläutern:

Bei jedem Menschen, großen Tieren wie Guerillas gleichermaßen, wird ein Entscheidungsprozess von Emotionen positiver oder negativer Art beeinflusst. Verkäufer sollten nach Kunden Ausschau halten, die noch im Spiel bleiben, auch wenn sie schon längst hätten ausscheiden sollen. Das sind Goldminen, sie machen ein Zugeständnis nach dem anderen.

Wenn Sie zu dieser Haltung neigen, sind Sie ein Verlierer. Nachfolgend fünf Vorschläge, wie Sie dagegen angehen können:

- Nehmen Sie Ihr Ego zurück. Seien Sie kalt und berechnend, wie ein Schachspieler (Vorbereitungstaktik 30: *Lerne Schach, und lerne, es meisterhaft zu spielen).* Schach ist keine saubere, intellektuelle Sache. Der ehemalige Weltmeister Garry Kasparow sagte einmal: »Es ist ein gewalttätiger Sport, und wenn man ·dem Gegner gegenübertritt, strebt man danach, sein Ego zu zerstören.« Schach ist ein Schlachtfeld, auf dem der Feind vernichtet werden muss. Seien Sie niemals allzu emotional. Emotionale Menschen sind Verlierer – sie tun törichte Dinge einfach nur, um eine schlechte Entscheidung zu rechtfertigen, die sie vorher getroffen haben.

- Lernen Sie auch von Pokerspielern. Die Verlierer am Kartentisch sind leicht zu erkennen – auch wenn sie schon einen großen Einsatz getätigt haben, setzen sie weiteres Geld, selbst wenn klar ist, dass sie den Pot nicht gewinnen können. Ihre Emotionen sagen ihnen, dass das Geld, das sie bereits in den Pot gegeben haben, ihnen gehört. Sie vergessen, dass das Geld, das sie eingesetzt haben, nichts damit zu tun hat, ob sie weiterspielen sollen oder nicht. Sie wissen nicht, wann es Zeit ist, aufzuhören.

- Dasselbe gilt für Ihre Beziehung zu Ihrer Geliebten oder Ihrem Geliebten. Viele Menschen, deren Beziehung in einer Sackgasse steckt, haben Jahre in diese Beziehung investiert. Sie können sich nicht eingestehen, dass sie einen Fehler gemacht haben. Viele machen einfach weiter und heiraten trotzdem. Aber diese Ehen enden häufig in Scheidung. Diese Menschen verhalten sich genauso wie ein schlechter Pokerspieler – sie werfen gutes Geld schlechtem hinterher. Wenn sich also die Situation zu sehr verschlechtert, steigen Sie aus, und zwar schnell. Begrenzen Sie Ihre Verluste. Nur Verlierer harren aus und bleiben weiter dabei. Aber Sie sind schließlich ein Guerilla. Denken Sie daran: Ein Guerilla hat wesentlich weniger zu verlieren als ein Großer.

- Tragen Sie einen Stift, Papier und einen Taschenrechner mit sich. Legen Sie diese Dinge vor sich auf den Tisch, wenn Sie Verhandlungen führen. Konzentrieren Sie sich auf Zahlen, nicht auf Emotionen (Angriffstaktik 53+54: *Kontrolle über den Verhandlungsprozess ausüben*).

- Treffen Sie erst dann Entscheidungen, wenn sich Ihre Emotionen gelegt haben (Defensivtaktik 28: *Die Gegenseite unverblümt hinhalten*). Wie lange wird das dauern? Nach dem Tod eines Familienangehörigen oder einer Scheidung werden Sie noch lange Zeit emotional aufgewühlt sein. Aber wenn Ihnen auf der Straße ein anderer Autofahrer die Vorfahrt nimmt, währt dieser emotionale Zustand nur kurz. Die Zeitspanne, die Sie brauchen, wird sich zwischen diesen beiden Extremen bewegen.

Erfolgreiche Guerilla-Konter – keine

Die Vorbereitungstaktik 13 wird zwar selten verwendet, ist aber sehr wirkungsvoll – wirkungsvoll für die Gegenseite! In diesem Fall gibt es also absolut keine Kontermöglichkeiten. Der Mensch auf der anderen Seite des Tisches ist eine Goldmine! Fördern Sie dieses Gold! Versuchen Sie, Deals zu machen mit törichten Menschen. Machen Sie sich ihre Dummheit zunutze. Doch wenn Sie andererseits dem Großen das Gefühl vermitteln möchten, dass Ihnen sein Bestes am Herzen liegt, bieten Sie ihm an, die Verhandlungen zu vertagen oder zu verschieben, wenn er sich nicht wohlfühlt (Kooperationstaktik 2: *Die Gegenseite glücklich machen – Ihr Gegenüber ist zufrieden und fühlt sich Ihnen verbunden*). Dann wird er Sie als einen noblen, mitfühlenden und klugen Menschen betrachten.

Vorbereitungstaktik 16: Denke in kleinen Dingen

Unserer Meinung nach sollten Sie dies zu Ihrer allgemeinen Leitphilosophie machen. Warum? Weil das die grundlegende, die entscheidende Guerillataktik ist. Sie macht Sie erst zu einem wirklichen Guerilla. In Kapitel 2 haben wir Sam Walton vorgestellt, den erfolgreichsten Guerilla-Unternehmer aller Zeiten. Er dachte in kleinen Dimensionen und hat große Siege errungen. Vergessen Sie nie: Kleine Unternehmen haben weniger zu verlieren, und das erzeugt bei ihnen die Vorstellung, dass sie gewissermaßen *alles* tun können. Für große Firmen steht mehr auf dem Spiel, wenn sie einen Fehler machen, daher sind sie gewöhnlich eher zögerlich. Die Angst vor großen, empfindlichen Verlusten lähmt sie, und deshalb verpassen sie Gelegenheiten, die Guerillas nutzen können. In einem populären Song aus den 1970er-Jahren heißt es: »Freedom is just another word for nothing left to loose« (Janis Joplin, *Me and Bobby McGee*).

Set Yourself Free – Get Big by Thinking Small, so der Titel von Dons nächstem Buch. Weitere Einzelheiten dazu unter www.GuerrillaDon.com.

Zwei erfolgreiche Guerilla-Konter

* Im vorliegenden Buch geht es im Grunde immer darum, in kleinen Dimensionen zu denken, wie ein Guerilla zu denken und wie ein Guerilla zu gewinnen. Dazu steht Ihnen eine Vielzahl von Taktiken zur Verfügung. Wenn Sie also mit einem anderen Guerilla einen Deal machen wollen, sollten auch Sie *in kleinen Dingen denken* (Vorbereitungstaktik 16). Große Tiere werden diese Taktik wahrscheinlich nie verwenden – sie läuft ihrem Wesen zuwider.

* Wenn Sie daran denken, wie Sam Walton erfolgreich wurde, werden Sie sich als Guerilla wohlerfühlen. Nutzen Sie die Chancen. *Bringen Sie den Mut zum Scheitern auf* (Vorbereitungstaktik 14). Dadurch werden Sie die Angst verlieren, mit großen Tieren zu verhandeln. Vielleicht werden Sie sich sogar ein Bild von Sam Walton ins Büro hängen oder ein Foto von ihm in Ihrer Brieftasche mit sich herumtragen. Diese Bilder werden Sie daran erinnern, dass auch Sie ein großer, erfolgreicher Gewinner werden können wie der Gründer von Wal-Mart. Seien Sie stolz darauf, dass Sie ein Guerilla sind.

Vorbereitungstaktik 26: Verhandle mit leerem Magen

Warum? Weil physischer Hunger auch zu psychischem Hunger führt. Die meisten Leute glauben das nicht, wenn sie es zum ersten Mal hören. Viele von Dons Kunden glaubten es auch nicht, bis sie es selbst ausprobierten. Bald erkannten sie, dass es wirklich Wunder wirkt. Wenn Ihr Körper hungrig ist, wenn Sie Ihren Magen knurren hören, sind Sie auch geistig hungrig. Sie wollen mehr und Sie verlangen mehr. Die Folge: Sie kriegen auch mehr. Mit einem vollen Bauch sind Sie eher ein wenig träge und unaufmerksam. Wichtiger noch, Sie werden auch psychisch gesättigt sein und nicht sehr viel verlangen. Die Folge: Sie bekommen auch weniger.

Zwei erfolgreiche Guerilla-Konter

- Verhandeln Sie nicht mit vollem Bauch. Und werden Sie vorsichtig, wenn Sie hören, dass dem Großen der Magen knurrt (*Gut zuhören, Kooperationstaktik 14*). Er ist hungrig und will wahrscheinlich mehr von Ihnen.

- Wenn Sie glauben, dass der andere hungrig ist, tun Sie alles, was Sie können, um das entscheidende Gespräch auf die Zeit nach dem Essen zu verschieben (Defensivtaktik 27: *Zeit gewinnen – sich kurz zurückziehen*).

Vorbereitungstaktik 27: Schließe Verträge am Vormittag ab, nicht am Nachmittag

Das ist ebenfalls eine Taktik, die den meisten Leuten nicht auf Anhieb einleuchtet. Große Tiere und Guerillas, die zu den normalen Geschäftszeiten arbeiten, also von 8 Uhr oder 9 Uhr bis 17 Uhr, sind am Vormittag reger und aufgeweckter. Am Nachmittag werden sie allmählich müde. Wir glauben daher, dass man Geschäfte am besten gegen 10 Uhr abschließen sollte, wenn man wach und aufmerksam ist; am ungünstigsten ist es gegen 14 Uhr, wenn man müde wird. Die Hersteller des Drinks Five-Hour Energy Shot sehen es anscheinend ähnlich. In ihrer Werbung betonen sie, dass Menschen, die im Büro arbeiten, gegen 14.30 Uhr besonders träge, müde und lustlos sind.

Ein erfolgreicher Guerilla-Konter

Auch wenn Sie ein Nachtmensch sind, ist es besser, wichtige Verhandlungen in die Morgenstunden zu legen. Wenn der andere Guerilla oder der Große auf einen Nachmittagstermin besteht, sollten Sie etwa eine Stunde vorher einen Energiedrink zu sich nehmen (Vorbereitungstaktik 25: *Sei in guter körperlicher Verfassung*).

Diese Taktik kann auch noch auf andere Weise eingesetzt werden. Wenn der Große Sie in Ihrem Büro aufsucht, bieten Sie ihm Kaffee an, keinen Orangensaft. Warum? Ein Experiment, über das in einer wissenschaftlichen Fachzeitschrift berichtet wurde, erbrachte folgende Ergebnisse: Der Verhandlungspartner stimmt Ihnen häufiger zu, wenn Sie ihm Kaffee servieren (allerdings keinen koffeinfreien), als wenn Sie ihm

Orangensaft vorsetzen – und zwar 35 Prozent häufiger. Kaffee schärft unsere Aufmerksamkeit.

Keine Angst vor Fachzeitschriften – Sie sind sehr hilfreich!
Viele von Ihnen winken vielleicht gleich ab, wenn wir mit wissenschaftlichen Fachzeitschriften ankommen. Obgleich wir beide eingefleischte Guerillas sind, haben wir viele Erkenntnisse aus Zeitschriften gewonnen, die sich in erster Linie an Universitätsprofessoren richten. Es empfiehlt sich, ab und zu einen Blick in solche Publikationen werfen. Lesen Sie die Artikel, von denen Sie glauben, dass sie Ihnen helfen könnten.

Kapitel 6

14 wirkungsvolle und selten verwendete Angriffstaktiken

> In diesem Kapitel geht es um plötzliche Bewegungen, um die Umwand-
> lung von Verbindlichkeiten in Vermögenswerte, um wilde und verrückte
> Aktionen, darum, Käufer dazu zu bringen, dem Verkäufer nachzulaufen,
> um die Regel der Drei, darum, wie man große Tiere dazu veranlasst, Zeit
> zu investieren, um machtvolles Wissen, den Einsatz von Assistenten, das
> Voraussetzen von Macht, die Überrumpelung mittels einer aufgepeitsch-
> ten Menschenmenge, um Reden und Gegenreden, um Unantastbare und
> darum, sich taub zu stellen.

In Kapitel 4 wurden sämtliche 121 Angriffstaktiken aufgeführt. Wir beide, Jay wie auch Don, bevorzugen Angriffstaktiken, denn mit ihnen, so scheint es uns, erreicht man am meisten. Vielleicht passen sie einfach am besten zur Persönlichkeit eines Guerillas.

Was ist eine Guerilla-Persönlichkeit? Durchsetzungsvermögen bzw. Angriffslust ist zweifellos ein wichtiges Merkmal von Guerillakämpfern. Wenn man mit einem aggressiven Eröffnungsangebot in die Verhandlungen geht, nur widerwillig Boden preisgibt und dem Gegenüber deutlich macht, dass einem jede Konzession wehtut – dann erreicht man auch mehr (Unterwerfungstaktik 12: *Zähes Nachgeben*). Große Tiere und Guerillas sehen das ähnlich. Viele Untersuchungen, die in den vergangenen Jahren veröffentlicht wurden, haben dies bestätigt, wie etwa eine Studie aus dem Jahr 2007:

- Verhandlungsführer, die mit einem aggressiven Eröffnungsgebot in die Gespräche gingen, konnten wesentlich mehr herausholen als andere mit »vernünftigeren« Eröffnungsgeboten.
- Käufer mit schwachen Eröffnungsgeboten zahlten deutlich mehr, als die Verkäufer als Minimum zu akzeptieren bereit gewesen wären.

- Verkäufer mit schwachen Eröffnungsangeboten erhielten wesentlich weniger, als die Käufer zu zahlen bereit gewesen wären.
- Das Eigenartige war, dass beide Seiten das Gefühl hatten, sich in den Verhandlungen durchgesetzt zu haben, wahrscheinlich weil beide Seiten die Vorstellungen des Gegenübers nicht richtig einschätzen konnten. Unwissenheit kann anscheinend auch ein Segen sein.

Wir setzen Defensivtaktiken nicht sehr häufig ein, weil Menschen, die zu defensiv agieren, 18 negative Dinge widerfahren können. Und weil eine Abkehr von der defensiven Einstellung durch 20 positive Entwicklungen belohnt werden kann. Nähere Erläuterungen hierzu sowie 20 weitere Gründe, warum Menschen eine defensive Haltung einnehmen, erhalten Sie unter www.GuerillaDon.com.

Nachfolgend stellen wir Dons 14 wirkungsvollste, aber sehr selten eingesetzte Angriffstaktiken vor.

Angriffstaktik 1: Mache plötzliche, unerwartete Schritte

Wenn Sie große Tiere und andere Guerillas aus der Fassung bringen, ändern diese häufig ihre Pläne oder Absichten zu Ihrem Vorteil. Miyamoto Musashi, einer der berühmtesten japanischen Samurai-Kämpfer, der Ende des 16., Anfang des 17. Jahrhunderts lebte, schrieb *Gorin No Sho: Das Buch der Fünf Ringe,* nachdem er aus den Diensten für seinen Kaiser ausgeschieden war. Dieses Werk wurde später vielfach nachgedruckt. Einer seiner wichtigsten Ratschläge lautet: Sorge dafür, dass du selbst im Gleichgewicht bleibst, während du gleichzeitig den Gegner abzulenken und aus dem Gleichgewicht zu bringen versuchst. Von ihm stammt auch der Satz: »Mache dir ihren Rhythmus zunutze, wenn sie verunsichert sind, dann wirst du gewinnen.« Auf *dieses Buch* werden wir bei der Vorstellung der Defensivtaktik 5 in Kapitel 7 noch einmal eingehen.

Diese Taktik lässt sich auf vielfältige Weise umsetzen. Eine Möglichkeit hat Don schon häufig bei kleinen indischen Ladenbesitzern in Asien praktiziert. Diese rufen Leuten, die an ihrem Stand vorbeigehen, laut zu: »Entschuldigen Sie, entschuldigen Sie.« Daraufhin versuchen die Händler dem verblüfften Passanten irgendetwas anzudrehen. Don fragt dann gewöhnlich: »Was ist los? Brennen meine Schuhe?« Dann wirft er den Händlern einen angewiderten Blick zu und geht weiter.

Eine weitere Möglichkeit: Nehmen wir an, Sie verkaufen Weihnachtskarten an der Haustür. Welche der folgenden Verkaufsmaschen, glauben Sie, wird hier am besten funktionieren? 1. Die Karte kostet nur 345 Cent – das ist praktisch geschenkt! 2. Die Karte kostet nur 3,45 Dollar – das ist praktisch geschenkt! 3. Die Karte kostet nur 3,45 Dollar.

Die Antwort: Die erste Verkaufstechnik schlägt die zweite mit zwei zu eins. Die dritte Variante erbrachte nur mittelmäßige Resultate, weil dabei nicht zum Ausdruck kam, dass der Betrag von 3,45 Dollar sehr günstig sei. Warum? Mit dem Wort *345 Cent* rechnet man nicht. Guerillas tun immer etwas Unerwartetes.

Drei erfolgreiche Guerilla-Konter

- Lassen Sie nicht zu, dass der Große Sie von Ihrem Ziel ablenkt, möglichst viel aus ihm herauszuholen (Vorbereitungstaktik 17: *Engagiere dich mit vollem Herzen*).

- Bleiben Sie höflich und freundlich – reagieren Sie nicht so sarkastisch wie Don gegenüber den indischen Ladenbesitzern, die ihn abzulenken versuchen. Verwenden Sie die Kooperationstaktik 24 (*Strahle Wärme aus*) und verzichten Sie auf die Angriffstaktik 2 (*Greife das Ego der Gegenseite an – Attackieren durch Sarkasmus*).

- Manchmal wird der Große Sie abzulenken versuchen, indem er ein anderes Thema zur Sprache bringt. Nehmen wir an, Sie möchten einen ihrer Mitarbeiter dazu bringen, dass er nicht ständig zu spät zur Arbeit erscheint. Vielleicht entgegnet er Ihnen: »Auch andere kommen zu spät, und zu denen sagen Sie nichts.« Darauf können Sie folgendermaßen reagieren: Lenken Sie ihn ab und drängen Sie ihn in die Defensive, indem Sie ihm Fragen stellen wie: »Wenn ich zulasse, dass Sie zu spät zur Arbeit kommen, es bei anderen Mitarbeitern aber nicht dulde, dann könnten andere Angestellte denken, dass ich Sie bevorzuge. Möchten Sie das? Als Liebling des Chefs angesehen werden?« Das ist die Defensivtaktik 5: *Lenke die Gegenseite ab, bringe sie aus dem Gleichgewicht – die japanische Art.*

Angriffstaktik 17: Verwandele deine Verbindlichkeiten in Aktivposten – und verpasse dem Gegenüber einen Schock

Der erste Eindruck täuscht häufig, ist aber dauerhaft. Nehmen wir an, Sie sind klein, dick, haben ein nicht besonders klug wirkendes Gesicht und eine piepsige Stimme. Wenn Sie wie ein Computer-Nerd aussehen, nutzen Sie das zu Ihrem Vorteil. Wegen Ihrer physischen Unzulänglichkeiten werden Sie einen schlechten ersten Eindruck hinterlassen, aber dadurch werden Sie unterschätzt. Bei der passenden Gelegenheit schlagen Sie dann zu und zeigen mit der richtigen Verhandlungstaktik, dass Sie sehr wohl sachkundig, gewieft und talentiert sind. Dadurch überraschen Sie Ihr Gegenüber, mit dem Sie zu tun haben, und zwar auf eine für Sie sehr vorteilhafte Weise.

Zwei erfolgreiche Guerilla-Konter

Achten Sie auf Leute, die wie Langweiler aussehen. Sie könnten ihr Aussehen nutzen, um Sie dazu zu bewegen, sie zu unterschätzen. Manche dieser Langweiler werden dann später mit einer Überraschung aufwarten, die Sie teuer zu stehen kommen könnte.

- Sammeln Sie also möglichst viele Informationen über diese Leute, bevor Sie mit ihnen in ernsthafte Verhandlungen eintreten (Defensivtaktik 22: *Beschaffe dir Informationen und überprüfe sie*).
- Kommen Sie ihnen zuvor, indem Sie ihnen signalisieren, wie viel Sie bereits über sie wissen (Schmutziger Trick 27: *Großspurig auftreten – der Gegenseite den Eindruck vermitteln, dass man bereits viel über sie und ihr Unternehmen weiß*).

Angriffstaktik 18: Ziehe eine gute Show ab, indem du dich wild und verrückt aufführst

Ziehen Sie eine richtige Show ab – je wilder und verrückter, umso besser. Wenn Sie großen Tieren und anderen Guerillas zeigen, wie stark Sie emotional mit Ihrer Sache verbunden sind, wächst Ihre Glaubwürdigkeit. Das bietet Ihnen eine gute Gelegenheit, *Ihre* Bedingungen durchzusetzen. Wie weit sollten Sie bei diesem Theaterspielen gehen? Wie wir schon in Kapitel 5 empfohlen haben, sollten Sie von Kindern lernen. Ahmen Sie diese natürlichen Guerillas nach. Versuchen Sie einen Wutanfall vorzutäuschen, verletzen Sie Regeln, treten Sie kindlich auf, verhalten Sie sich sonderbar und so weiter. Wir haben dies bereits bei der Vorbereitungstaktik 4 beschrieben – erinnern Sie sich?

Vier erfolgversprechende Guerilla-Konter
Versuchen Sie es mit diesen vier Guerilla-Kontern, wenn große Tiere oder andere Guerillas diese Taktik gegen Sie anwenden:

- Verfolgen Sie alles schweigend. Bleiben Sie auch ruhig, wenn der Große mit seinem eigenartigen Verhalten aufgehört hat. Schütteln Sie missbilligend den Kopf. Dann, nach ungefähr weiteren zehn Sekunden Stille, sagen Sie zu ihm: »Schön, dass Sie mal ein bisschen aus Ihrem System ausgebrochen sind. Können wir uns jetzt wieder dem Geschäftlichen widmen?« Bemühen Sie sich aber, dabei nicht sarkastisch zu klingen. Verwenden Sie die Defensivtaktik 10 (*Vollständige, totale Stille*). Vermeiden Sie die Angriffstaktik 2 (*Das Ego der Gegenseite angreifen – Attackieren durch Sarkasmus*).
- Ziehen Sie Ihr vorhergehendes Angebot zurück, wenn Ihr Gegenüber auf diese Weise agiert. Schließlich wird er begreifen, dass ihn sein Verhalten Geld kostet (Vorbereitungstaktik 19: *Wie man Zugeständnisse macht – 20 Dinge, die man tun kann, und 20, die man lassen sollte*).
- Sagen Sie Ihrem Gegenüber: »Ich schaue Ihnen gerne zu. Sie legen so viel Leidenschaft und Emotionalität an den Tag, wenn Sie sich für Ihr Anliegen einsetzen. Das muss Ihnen wirklich Spaß machen.« Verwenden Sie die Angriffstaktik 52 (*Biete der Gegenseite abermals die Stirn – Frage sie »Warum arbeiten Sie mit schmutzigen Tricks und wann werden Sie damit aufhören?«*) sowie die Angriffstaktik 60 (*Mit Schmeicheleien, Schöntuerei und Charme arbeiten*).
- Wenn Sie das Verhalten der Gegenseite ernsthaft stört und wenn Ihnen dieser Deal all das nicht wert ist, gehen Sie einfach. Das Leben ist zu kurz, um sich mit derlei Blödsinn zu beschäftigen.

Angriffstaktik 20: Sorge dafür, dass zur Abwechslung die Käufer dir nachlaufen

Anstatt dem Großen, den Sie als Käufer gewinnen wollen, die Vorzüge Ihres Angebots zu erläutern, können Sie auch versuchen, ihn in die Defensive zu drängen: Bringen Sie ihn dazu, zu beweisen, warum er Ihres Angebots würdig ist. Seien Sie dabei aber nicht überheblich oder arrogant. Diese Taktik erscheint nicht besonders logisch, ist aber sehr wirkungsvoll. Ein Beispiel: Sie bewerben sich um einen Job. Erklären Sie dem mächtigen Personalchef im Einstellungsgespräch: »Ich habe bereits zwei Jobangebote. Sagen Sie mir bitte, warum ich für Sie arbeiten soll und nicht für eines der beiden anderen Unternehmen?«

Drei erfolgversprechende Guerilla-Konter

• Bitten Sie den Großen, dem Sie etwas verkaufen möchten, um bestimmte Zahlen (Defensivtaktik 22: *Beschaffe dir Informationen und überprüfe sie*). Sagen Sie ihm, dass Sie diese Information benötigen, um feststellen zu können, ob Sie die Vorgaben erfüllen oder übertreffen können.

• Wenn er Ihnen diese Information nicht geben will, gehen Sie einfach (Angriffstaktik 68: *»Nehmen Sie's oder lassen Sie's bleiben«*).

• Lassen Sie ihn schließlich wissen, dass Sie ihn neben anderen Interessenten weiterhin als potenziellen Kunden im Auge behalten werden. Das verschafft Ihnen ein zusätzliches Druckmittel. Nutzen Sie dieses Mittel, um seiner Abwehrhaltung zu begegnen, die er Ihnen gegenüber an den Tag gelegt hat. Und machen Sie ihm deutlich, dass er viel verliert, wenn er Sie als Geschäftspartner verliert.

Angriffstaktik 25: Ein chinesischer Favorit – die Dreierregel

Diese Taktik wird zwar überall auf der Welt angewendet, aber bei Chinesen ist sie anscheinend besonders beliebt. Sie bedeutet Folgendes: Sagen Sie *Nein* bei den ersten beiden Angeboten des Großen – und zwar automatisch. Erst bei seinem dritten Angebot sagen Sie *Ja*. Bedenken Sie: Wenn Sie übereifrig gleich das erste Angebot akzeptieren (und damit die Angriffstaktik 24 ignorieren: *Verhindern, dass beim Käufer Reue aufkommt – nimm das Angebot der Gegenseite nicht zu früh an*), wird Ihnen später wahrscheinlich einer der beiden folgenden Gedanken kommen: Sie haben zu viel gezahlt. Oder irgendetwas stimmt nicht mit dem Produkt, das Sie gerade erworben haben. Wenn Sie ein Angebot zu früh akzeptieren, werden Sie später vielleicht versuchen, den Deal wieder rückgängig zu machen. Zudem wird der Große Verachtung für Sie empfinden, weil er erwartet hat, dass Sie klüger sind, das Spiel mitspielen und richtig verhandeln. Dumme Leute respektiert er nicht. Und wenn Sie zu früh *Ja* sagen, erscheinen Sie als dumm.

Es empfiehlt sich also, diese psychologisch sehr wichtige Regel sowohl großen Tieren als auch anderen Guerillas gegenüber anzuwenden. Die Gegenseite – egal ob großes Tier oder Guerilla – wird sich wohlerfühlen, wenn sie Sie dazu gebracht hat, zweimal *Nein* zu sagen.

Drei erfolgversprechende Guerilla-Konter

- Arbeiten Sie nicht übereifrig auf einen Verkauf hin. Vergessen Sie nicht, wenn der Große *Nein* sagt, möchte er Ihnen nur deutlich machen, dass er nicht der Übereifrige ist. Wenn er also Ihr erstes Angebot ablehnt, unterbreiten Sie ihm nicht sogleich ein übertrieben großzügiges zweites Angebot (Vorbereitungstaktik 19: *Zugeständnisse: 20 Dinge, die man tun kann, und 20, die man lassen sollte*). Denken Sie daran, Sie beide spielen nach bestimmten Regeln.
- Wie kann man auf elegante Weise *Nein* sagen? Versuchen Sie Folgendes: »Ihr Angebot erscheint mir interessant, aber ich muss darüber zuerst noch mit meinem Vorgesetzten sprechen.« Schmutziger Trick 5 (*Begrenzte Autorität – ich muss zuerst meine Mutter fragen*).
- Eine weitere elegante Möglichkeit: Sagen Sie ihm »*Das können Sie doch besser*« (Defensivtaktik 87).

Angriffstaktik 27: Lerne von Autohändlern – sorge dafür, dass die Gegenseite viel Zeit investiert

Wenn sich große Tiere oder andere Guerillas mehr Zeit nehmen für ein bestimmtes Geschäft, stehen sie auch überzeugter hinter dem Ergebnis. Und wenn Sie jemand anderen dazu bringen können, wirklich viel Zeit für geschäftliche Verhandlungen mit Ihnen aufzuwenden, erhöhen sich die Chancen, dass der Deal nach ihren Wünschen läuft. Beachten Sie dabei jedoch die Vorbereitungstaktik 2: *Wähle deine Kämpfe sorgfältig aus*. Auch Sie investieren Ihre Zeit. Tun Sie das nur, wenn Ihre Zeit Ihnen selbst weniger wichtig ist als dem Gesprächspartner die seine. Bevor Sie also den Einsatz dieser machtvollen Taktik erwägen, sollten Sie ausrechnen, wie viel Ihre Zeit wert ist, und herauszufinden versuchen, welchen Geldwert der Große seiner Zeit beimisst. Das lässt sich folgendermaßen bewerkstelligen:

Der Geldwert einer Stunde

Teilen Sie Ihr Gesamteinkommen des vergangenen Jahres durch 2000. (Warum 2000? So viele Stunden haben Sie im letzten Jahr wahrscheinlich gearbeitet, wenn man von einer 40-Stunden-Woche ausgeht, 50 Arbeitswochen im Jahr und zwei Wochen Urlaub. Wenn Sie deutlich mehr oder deutlich weniger gearbeitet haben, verwenden Sie die entsprechende Stundenzahl.) Dadurch erhalten Sie den Betrag, den Sie pro Arbeitsstunde im vergangenen Jahr verdient haben. Nehmen wir an, Sie haben insgesamt 400 000 Euro eingenommen. Geteilt durch 2000 ergibt sich ein Stundensatz von 200 Euro. Wenn Sie und der Große beispielsweise bei ihren Preisvorstellungen 1000 Euro auseinanderliegen, ist es sinnvoll, noch eine weitere Stunde zu feilschen, denn wenn Sie diese 1000 Euro von ihm erhalten, haben Sie einen zusätzlichen Gewinn von 800 Dollar erzielt. Aber bleiben Sie realistisch. Wie viele Verhandlungsstunden werden erforderlich sein, um die vollen 1000 Dollar herauszuschlagen? Machen Sie sich nicht die Mühe, weiterzuverhandeln, wenn Sie glauben, dass es bis zu fünf Stunden dauern könnte, bis Sie die Gegenseite so weit haben. Akzeptieren Sie in diesem Fall einfach das Angebot. Nähere Erläuterungen zum Zeitmanagement finden Sie unter www.GuerrillaDon.com.

Autohändler sind geborene große Tiere oder wollen gerne welche sein und wenden diese Taktik sehr häufig an. Sie denken sich: »Je länger sich der Kunde im Autosalon aufhält, umso wahrscheinlicher wird er einen Wagen kaufen.« Dons Geschichte darüber, wie er einen aggressiven Autohändler überlistete, der mit einem Gong in seinem Verkaufsraum arbeitete, finden Sie unter www.DonaldHendon.com. Sie ist auch in seinem Buch *356 Profitable Ways to Influence* enthalten. Er arbeitet jetzt gerade an einem Buch darüber, wie man Autohändler ausspielen kann, Arbeitstitel *Buy a Car from a Dealer with a Gong in the Showroom*. Was soll ein Gong im Verkaufsraum? Jedes Mal wenn einer der Verkäufer einen Wagen verkauft, ertönt ein Gong. Dies ist als starker Ansporn für die übrigen Verkäufer gedacht und soll ihre Begeisterung schüren, hinterlässt aber bei den tatsächlichen und den potenziellen Kunden eher einen schlechten Eindruck. Wenn Sie also in einem Verkaufsraum einen Gong erblicken, dann am besten schnell raus!

Sieben erfolgversprechende Guerilla-Konter

- *Sorgen Sie dafür, dass auch der Große viel Zeit investiert* (Angriffstaktik 27). Wahrscheinlich ist ihm seine Zeit wertvoller als Ihnen Ihre – bedenken Sie, Sie sind der Guerilla und haben weniger zu verlieren. Das verschafft Ihnen einen Vorteil. Wenn der Große viel Zeit für die Verhandlungen aufwendet, wird er wahrscheinlich auch mehr tun, um Sie zufriedenzustellen, und der Deal wird über die Bühne gehen.

Nachfolgend drei Mittel, mit denen Sie große Tiere und Guerillas dazu bringen können, viel Zeit für eine Geschäftsverhandlung aufzuwenden:

- Überreden Sie sie, Ihrer Firma einen Besuch abzustatten und eine Besichtigungstour zu unternehmen. Das bietet Ihnen eine hervorragende Chance, sich im besten Licht darzustellen (Angriffstaktik 39: *Ich bin der Größte*).
- Lassen Sie ihnen eine Liste Ihrer zufriedenen Kunden zukommen. Tun Sie alles, was in Ihren Kräften steht, damit sie mit Ihren Kunden Kontakt aufnehmen, um mehr Informationen über Sie und Ihre Firma zu erhalten (Kooperationstaktik 8: *Vollständige Aufrichtigkeit*).
- Stellen Sie ihnen viele Fragen zu ihren Produkten oder Dienstleistungen. Und bitten Sie sie, ihre Antworten ausführlich zu erläutern (Defensivtaktik 22: *Beschaffe dir Informationen und überprüfe sie*).
Und wenn der Große Sie dazu bringt, einen großen Teil Ihrer Zeit aufzuwenden und Ihnen dann wesentlich weniger anbietet, als Sie erwartet haben, können Sie Folgendes probieren:
- *Biete der Gegenseite die Stirn – zwinge sie, Farbe zu bekennen* (Angriffstaktik 51). Erklären Sie Ihrem Gegenüber unverblümt: »Ich kann Ihr Angebot nicht akzeptieren.« Und so können Sie beweisen, dass es Ihnen nicht möglich ist, das Angebot anzunehmen:
- *Ich kann es mir nicht leisten – ich habe nicht das Geld dafür* (Defensivtaktik 32).

- Meine Firma erlaubt mir nicht, zu tun, was Sie möchten (Defensivtaktik 31: *Übertrieben penibel sein*).

Angriffstaktik 32: Lerne die Gegenseite kennen und lerne dich selbst kennen – Wissen ist Macht

Vor rund 2500 Jahren schrieb der chinesische General Sun Tsu: »Wenn du den Feind und dich selbst kennst, brauchst du den Ausgang von hundert Schlachten nicht zu fürchten.« So weit würden wir nicht gehen. Sie werden nicht *jede* Schlacht gewinnen. Zudem: Der Große ist nicht Ihr Feind. Sie brauchen ihn, und er braucht Sie. Wissen verleiht Ihnen eine große Macht. Und wenn Sie die Stärken des Großen und Ihre eigenen Stärken kennen, werden Sie häufiger der Gewinner sein.

Guerillas sollten Sun Tsus Werk *Über die Kriegskunst* lesen. Darin finden sich viele Perlen, wie etwa der Rat »Gib Unterwürfigkeit vor, um die Arroganz des Gegners anzustacheln.« Auch große Tiere werden einiges daraus lernen können. Das Werk kann ihnen helfen zu verstehen, wie Guerillas denken und handeln.

Und vergessen Sie nicht, auch sich selbst kennenzulernen. Entledigen Sie sich Ihrer *Schwachpunkte* (Vorbereitungstaktik 9). Wahrscheinlich haben Sie davon, wie wir alle, mehrere.

Fünf erfolgversprechende Guerilla-Konter

- Behalten Sie die Kontrolle darüber, welche Informationen Sie dem Großen zukommen lassen (Angriffstaktik 55: *Erkläre deinem Team, welche Informationen es der Gegenseite übermitteln darf*).
- *Klatsch und Tratsch* (Defensivtaktik 24) sind ein wirkungsvolles Mittel, um der Gegenseite Informationen zu entlocken. Hier aber haben Sie weniger Kontrolle, und das könnte gefährlich werden – Ihr Verhandlungspartner bekommt möglicherweise einen falschen Eindruck.
- Wenn Sie nicht mit Klatsch und Tratsch arbeiten wollen, könnten Sie stattdessen einen Versuchsballon starten (Angriffstaktik 119: *Sage »Was wäre, wenn ...«*. Sie sind schon auf der Siegesstraße, wenn der Große die Gegenfrage stellt: »*Wie?*«
- Vergessen Sie nicht, in Erfahrung zu bringen, was die Gegenseite

über Sie weiß (Defensivtaktik 22: *Beschaffe dir Informationen und überprüfe sie).*

- Das lässt sich sehr gut herausfinden, indem Sie sich in der Organisation des Großen Informationsquellen oder Zuträger verschaffen. Bauen Sie ein freundschaftliches Verhältnis zu ihnen auf.

Angriffstaktik 36: Mache die wichtigsten Berater der Gegenseite zu Helden

Bringen Sie so viel wie möglich über die wichtigsten Mitarbeiter des Großen und über deren Tätigkeit in Erfahrung. Viele von ihnen sind Fachleute für Technik. Sprechen Sie mit Ihren eigenen technischen Experten. Setzen Sie diese ein, um die Mitarbeiter des Großen davon zu überzeugen, dass die Annahme Ihres Angebots das Beste ist, was ihr Chef tun kann. Sorgen Sie dafür, dass sie emotional so weit mit Ihrem Projekt verbunden sind, dass sie ihrem Chef empfehlen, Ihr Angebot anzunehmen. Sie sind jetzt Ihre Verbündeten (Kooperationstaktik 5). Und sie werden Ihnen helfen, einen großen Sieg zu erringen.

Drei erfolgversprechende Guerilla-Konter

Folgendes können Sie tun, wenn sich der Große in Ihre Organisation einschleicht und Ihre Mitarbeiter dazu zu bringen versucht, Ihnen die Annahme seiner Offerte nahezubringen:

- Überprüfen Sie die Loyalität Ihrer Mitarbeiter. Beobachten Sie sie, um festzustellen, ob sich ihre Einstellung gegenüber dem mächtigen Verhandlungspartner verändert hat. Wenn ja, versuchen Sie den Grund dafür herauszufinden. Unternehmen Sie etwas dagegen, wenn es Ihnen einen Vorteil bringt (Defensivtaktik 22: *Beschaffe dir Informationen und überprüfe sie).*
- Falls nötig, schränken Sie die Kommunikationsmöglichkeiten Ihrer Mitarbeiter ein, damit diese dem Großen keine wichtigen Informationen zukommen lassen können (Angriffstaktik 55: *Erkläre deinem Team, welche Informationen es der Gegenseite übermitteln darf).*
- Suchen Sie sich ebenfalls Verbündete, die sich dem Großen gegenüber positiv über Sie äußern. Diese Person kann sich innerhalb oder außerhalb der Organisation des Verhandlungspartners befinden.

Angriffstaktik 41: Setze deine Macht voraus – stelle sie nicht absichtlich zur Schau

Versuchen Sie nicht, den Großen zu überwältigen. Er weiß, dass er mächtiger ist. Stattdessen sollten Sie *einfach voraussetzen,* dass Sie ebenfalls Macht besitzen. Dies lässt sich folgendermaßen bewerkstelligen:

- Verwenden Sie Worte, die Tatkraft und Autorität implizieren, anstatt weniger spezifische Ausdrücke. Sagen Sie zum Beispiel »Ich empfehle« statt »Ich glaube«.
- Je gepflegter und sauberer Sie aussehen und riechen, umso mächtiger werden Sie erscheinen.
- Wenn Sie ein Mann sind, tragen Sie einen teuren schwarzen oder dunkelblauen Anzug und eine hellrote Krawatte. Nach Ansicht von Kleidungsberatern sind Rot und Schwarz eine gute Kombination, die Macht ausstrahlt.
- Stecken Sie eine Hand in die Jackentasche und lassen Sie den Daumen herausragen. Den Daumen zu zeigen, ist ein subtiles Zeichen von Macht.
- Ein weiterer subtiler Machtindikator ist es, die Augenbrauen hochzuziehen, um Missbilligung oder Ungläubigkeit auszudrücken. Dies ist wesentlich effizienter als lautes Sprechen oder Schreien. Ihre Mitarbeiter anzubrüllen, wird nur kurzzeitig wirksam sein. Wenn Sie damit fortfahren, wird es normal werden und Ihre Mitarbeiter werden Sie bald ignorieren.
- Nehmen Sie möglichst wenige Dinge mit in die Besprechung. Die am wenigsten mächtige Person – die Sekretärin – hat die meisten Gegenstände in der Besprechung dabei. Die mächtigste Person im Raum muss überhaupt nichts bei sich tragen, denn sie besitzt die Macht, die abschließende Entscheidung zu treffen.

Im Abschnitt »Die Körpersprache der Beherrschung« in Kapitel 16 finden Sie weitere Informationen dazu, wie man die Gegenseite auf subtile Weise überwältigen kann. Dort werden 18 Gesten beschrieben, die Dominanz zum Ausdruck bringen.

Vier erfolgversprechende Guerilla-Konter

Folgendes können Sie versuchen, wenn der Große ein subtiles Macht-spielchen mit Ihnen treiben will:

* Beobachten Sie ihr Gegenüber genau, um zu erkennen, was er vorhat (Angriffstaktik 32: *Lerne die Gegenseite kennen und lerne dich selbst kennen – Wissen ist Macht*).

* Lassen Sie sich durch die Machtdemonstration des anderen nicht einschüchtern – auch wenn diese eher dezent erfolgt (Angriffstaktik 70: *Mutig sein, nicht ängstlich*).

* Sollen Sie es ihm gleichtun? Wenn Sie sich dafür entscheiden, versuchen Sie so viel wie möglich über seine Machtposition herauszubekommen. Überprüfen Sie die 95 Faktoren in Dons *Prism of Power* (Prisma der Macht), nachzulesen unter www.GuerrillaDon.com. Eine kürzere Version finden Sie in Kapitel 19 seines Buches *365 Powerful Ways to Influence*.

Folgendes sollten Sie vermeiden: Lassen Sie sich nicht in einen offenen Ego-Wettstreit mit ihm ein. Tun Sie einiges, was auch er getan hat, aber auf subtilere Weise (Defensivtaktik 16: *Manipuliere die Gegenseite mit deiner eigenen Körpersprache*).

Angriffstaktik 45: Zuerst den Großen erschrecken und ihm dann zu Hilfe kommen

Machen Sie Ihre Hausaufgaben. Finden Sie heraus, welche Probleme der andere hat. Erschrecken Sie ihn, indem Sie ihm ausmalen, welche unerfreulichen Dinge ihm blühen könnten, wenn er seine Probleme nicht löst. Und dann lassen Sie durchblicken, dass Sie ihn retten können durch Ihr Produkt oder Ihre Dienstleistung. Das ist nicht einfach. Sie müssen hier ein hohes Maß an Aufrichtigkeit an den Tag legen (Kooperationstaktiken 8 und 24 – *Vollständige Aufrichtigkeit* und *Wärme ausstrahlen*). Wenn Sie das nicht schaffen, wird er Ihnen nicht glauben. Diese Taktiken funktionieren sowohl gegenüber großen Tieren als auch gegenüber Guerillas.

Vier erfolgversprechende Guerilla-Konter

- Sagen Sie »Was, ich? Tut mir leid, das wusste ich nicht.« Dafür müssen Sie ein guter Schauspieler sein, sonst funktioniert es nicht (Angriffstaktik 11: *Sich dumm stellen*).
- *Reagiere überhaupt nicht, weder positiv noch negativ* (Defensivtaktik 11).
- Tun Sie das Gleiche, was der Große mit Ihnen anstellen möchte – *erschrecken Sie ihn, dann kommen Sie ihm zu Hilfe* (Angriffstaktik 45).
- Tun Sie so, als seien Sie unverwundbar und als könnte nichts Ihnen etwas anhaben (Schmutziger Trick 2: *Rede in den höchsten Tönen von dir selbst und sorge dafür, dass auch andere es tun*).

Angriffstaktik 58: Tuangou/Überrumpelung durch eine aufgewiegelte Menge/Flashmobs

Das ist eine natürliche Guerillataktik. Große Tiere verwenden sie fast nie. Und darum geht es hierbei:

Denken Sie an einen Bienen- oder einen Heuschreckenschwarm. Oder an ein Rudel hungriger Wölfe. Sie versuchen, diesem Schwarm oder diesem Rudel auszuweichen, und zwar so schnell es geht! In China bedeutet das Wort *tuangou* Anschaffung, Kauf. Die Sozialen Medien und das Internet bringen eine große Zahl gleichgesinnter Menschen auf die Beine. Diese Menschen versammeln sich an einem bestimmten Tag und zu einer bestimmten Zeit vor einem bestimmten Ladengeschäft. Sie treten als einheitliche Gruppe auf und verlangen vom Ladenbetreiber einen hohen Preisnachlass auf bestimmte teure Artikel. In China hat sich dieses Vorgehen bereits als sehr erfolgreich erwiesen. Mittlerweile gibt es auch in den USA mit groupon.com und livingsocial.com zwei ähnliche Internetseiten, die ebenfalls Erfolge verzeichnen können.

Nachfolgend drei weitere Beispiele:

- *Banzai-Läufe*, bei denen Gruppen von 20 bis 50 Mexikanern über die US-amerikanische Grenze stürmen. Die Grenzpolizei kann nicht alle von ihnen einfangen.
- *Schnellboote gegen Kriegsschiffe*. In Manövern, die im Persischen Golf abgehalten wurden, haben ungefähr 30 schnelle, kleine (und billige) Schnellboote binnen zehn Minuten 16 große (und teure) Kriegsschiffe der US-Marine versenkt. Allein durch ihre große Zahl waren

die Kriegsschiffe überfordert und hatten dem Angriff nicht viel entgegenzusetzen. Quelle: Marineoffizier Al Barrera, der an dem Manöver teilgenommen hat.

- *Flash Robs:* Das ist kein Schreibfehler. Wir meinen *Robs,* nicht *Mobs.* Im Jahr 2011 brachte die amerikanische Vereinigung des Einzelhandels diesen Begriff als Bezeichnung für geplante, vorbereitete Raubzüge auf. Einzelhandelsgeschäfte – Kaufhäuser wie Gemischtwarenläden gleichermaßen – können nicht mit Horden von Leuten umgehen, die ihr System überlasten, indem sie hereinstürmen, sich Waren greifen und schnell wieder flüchten. Durch Twitter, Facebook und SMS werden diese Gruppen zu einem bestimmten Laden geschickt, in dem der Massenraub stattfinden soll. Um den Schaden zu begrenzen, hat die Einzelhandelsvereinigung einen Forderungskatalog erarbeitet; Sie empfiehlt etwa, bestimmte Seiten in den Sozialen Medien polizeilich zu überwachen, teure Artikel in den hinteren Bereich eines Ladens zu verlagern, Kleidung auf Bügeln aufzuhängen, anstatt sie nur zusammenzufalten, und freie Sicht nach außen herzustellen, damit die Angestellten sofort die Polizei rufen können, wenn sie sehen, dass sich ein Mob formiert.

Zwei erfolgversprechende Guerilla-Konter

Da große Tiere der Adressat dieser Taktik sind, könnten sie vielleicht folgendermaßen reagieren, wenn Sie diese Taktik gegen sie anwenden:

- Sie werden vielleicht Informationen über Sie sammeln (Defensivtaktik 22: *Beschaffe dir Informationen und überprüfe sie),* um herauszufinden, was Sie mit dieser Vorgehensweise beabsichtigen. Da es beim Einsatz dieser Taktik häufiger zu einem hitzigen Schlagabtausch kommt, werden große Tiere vielleicht *versuchen, sich kurz zurückzuziehen* (Defensivtaktik 27). Das ist kein reines Zeitschinden. Es ist eine Frage des Überlebens und trägt dazu bei, dass man sich nicht gegenseitig anbrüllen muss. Das ist für beide Beteiligten von Vorteil.

- Große Tiere versuchen vielleicht auch eine Verschiebung zu erreichen (Defensivtaktik 27: *Zeit gewinnen),* aber wenn sie klug sind, wissen sie, dass das nicht funktionieren wird. Ein gewiefterer »Big

Dog« wird Ihnen einfach erklären, dass er mit Ihnen nicht weiter verhandeln möchte (Angriffstaktik 73: *Der Gegenseite ankündigen, dass man sich aus den Verhandlungen zurückziehen wird).*

Angriffstaktik 64: Die Leistung annehmen, erst danach darüber diskutieren

Guerillas, die häufig als Sieger aus Verhandlungen hervorgehen, überraschen den großen Gegenspieler gern damit, dass sie als Erste handeln. Die Idee besteht darin, das Angebot zuerst anzunehmen und erst dann darüber zu diskutieren, ohne dafür eine Entschuldigung anzuführen. Ja, damit schafft man vollendete Tatsachen. Aber dadurch ist der Deal nicht notwendigerweise abgemacht, denn der Große lässt Sie vielleicht mit Ihrer Aktion nicht durchkommen. *Andererseits ist es wesentlich einfacher, den Großen dazu zu bewegen, Ihnen im Nachhinein zu verzeihen, anstatt schon vorher seine Einwilligung zu erlangen.* Haben Sie also keine Angst.

Drei erfolgversprechende Guerilla-Konter

Wenn Sie mit anderen Guerillas – oder auch großen Tieren – zu tun haben, von denen Sie erwarten, dass sie diese Taktik einsetzen, können Sie Folgendes versuchen:

- Informieren Sie sich über die Erfolgsbilanz der Menschen, mit denen Sie verhandeln (Angriffstaktik 32: *Lerne die Gegenseite kennen und lerne dich selbst kennen – Wissen ist Macht).*
- Wenn Sie im Vorfeld nicht einschätzen können, was von der Gegenseite zu erwarten ist, versuchen Sie *eine gute Show abzuziehen, indem Sie sich wild und verrückt aufführen* (Angriffstaktik 18).
- Und wenn Sie genügend Geld und Zeit haben und es für aussichtsreich halten, können Sie die Gegenseite auch verklagen (Angriffstaktik 84: *Die Gegenseite einschüchtern durch Geld).* Aber vergeuden Sie nicht Ihre Zeit mit einer *unernst gemeinten Klage* (Schmutziger Trick 19).

Angriffstaktik 93: Die Gegenseite einschüchtern durch deine Unangreifbarkeit

Von großen Tieren lässt sich jeder ein wenig einschüchtern, aber manche große Tiere wirken bedrohlicher als andere. Dons Seminarteilnehmer nannten zehn Arten von Menschen, mit denen am schwierigsten zu verhandeln ist. Wenn Sie einen schnellen und unkomplizierten Deal machen wollen, sollten Sie sich von folgenden Leuten fernhalten:

- Alte Menschen – in ihrem Denken und Verhalten zu festgefahren.
- Inhaber von kleinen Firmen – zu herrisch.
- Menschen, die schon sehr lange für eine Firma arbeiten – zu selbstgefällig, zu unflexibel.
- Menschen mit angesehenen Berufen – zu hochnäsig.
- Berühmte Persönlichkeiten – dito.
- Politiker – neigen stark zum Lügen.
- Wer mit dem Chef schläft – Diese Personen sind in hohem Maße *unantastbar* (Angriffstaktik 93).
- Sehr gut aussehende Menschen – zu selbstsüchtig. Warum? Sie haben in ihrem Leben immer im Mittelpunkt gestanden und nutzen dies aus, um von anderen Menschen zu bekommen, was sie möchten.
- Rüpelhafte und ordinäre Menschen – widerwärtig und unausstehlich. Aber sie sind oft auch wohlhabender als andere, und dadurch werden sie zu attraktiven Zielen.

Nach Meinung von Dons Seminarteilnehmern sind auch die Angehörigen bestimmter Nationalitäten und ethnischer Gruppen schwierige Geschäftspartner. Informationen finden sich unter www.GuerrillaDon.com.

Warum verursacht diese Art von Leuten mehr Schwierigkeiten als andere potenzielle Kunden? Weil viele von ihnen lange Zeit im Mittelpunkt der Aufmerksamkeit standen oder immer noch stehen. Daher glauben sie, sie können alles bekommen, was sie wollen, ohne für Verstöße oder Missetaten zur Rechenschaft gezogen zu werden. Vor einigen Jahren sagte der Kongressabgeordnete Barney Frank, der von 1981 bis 2013 den Bundesstaat Massachusetts vertrat: »Wir Berufspolitiker sind gewöhnt an Zuneigung. Unzufriedenheit der Wähler verwirrt uns.« Ihr Selbstbewusstsein ist stark ausgeprägt.

Das bedeutet: Weil sie so lange unantastbar waren, glauben diese Leute, dass sie über *charismatische Macht* verfügen (Angriffstaktik 87), viele von ihnen aber bräuchten in Wirklichkeit eine charismatische Bypass-Operation. Daher setzen sie diese Einschüchterungstaktik so häufig ein. Unserer Meinung nach bereitet diese Art von Leuten nur Probleme. Warum sollte man sich das antun? Machen Sie lieber Deals mit Leuten, die nicht in diese Kategorien fallen.

Vier erfolgversprechende Guerilla-Konter
- Wer diese Taktik gegen Sie einsetzt, ist von Vornherein kein geeigneter Geschäftspartner für Sie. Verschwenden Sie Ihre Zeit nicht mit ihm – nehmen Sie Abstand von dem Deal (Angriffstaktik 68: »*Nehmen Sie's oder lassen Sie's bleiben«*).
- Wenn Sie andererseits den Großen bereits dazu gebracht haben, dass er *viel Zeit in den Deal investiert* hat, verfügen Sie über ein wirksames Druckmittel ihm gegenüber (Angriffstaktik 27).
- Auch Menschen, die unangreifbar sind, wissen den Wert der Zeit zu schätzen. Wenn Sie wirklich mit solchen Leuten Geschäfte machen müssen, streicheln Sie ihr Ego – *Mit Schmeicheleien, Schöntuerei und Charme arbeiten* (Angriffstaktik 60). Das wird sie davon ablenken, daran zu denken, wie viel Zeit sie schon in dieses Geschäft investiert haben.
- Unangreifbare Menschen sind besonders beeinflussbar durch Menschen, die *Wärme ausstrahlen* (Kooperationstaktik 24).

Angriffstaktik 100: Die Gegenseite ignorieren – sich taub stellen

Stellen Sie sich taub, wenn der Große Sie anschreit, und machen Sie einfach so weiter, wie Sie es sich vorgenommen haben, nicht wie er es sich vorstellt. Überall auf der Welt setzen große Tiere diese Taktik gern ein. Sie wird besonders gern genutzt im Nahen Osten, wo viele der wichtigen Entscheidungsträger viel Geld und Macht besitzen. Rechnen Sie damit, dass man Sie oft ignorieren wird, wenn Sie in diesem Teil der Welt Geschäfte machen. Lassen Sie sich von der ausgeprägten Gastfreundlichkeit der Araber nicht an der Nase herumführen. Sie ist nur oberflächlich.

Wenn sie mit Europäern und Amerikanern Geschäfte machen, schmeicheln sie dem Ego ihrer Besucher und heucheln Interesse (Schmutziger Trick 55: *Offenkundiges Lügen*). In der Regel aber haben sie kein echtes Interesse, denn sie besitzen bereits alles, was sie wollen. Sie sind reich und mächtig. Und sie haben Spaß, wenn sie sehen, wie sich ihre Besucher drehen und winden. Don ist aufgrund seiner Erfahrungen im Nahen Osten, wo er mehrere Jahre an Universitäten in drei Ländern Marketing lehrte, zu der Erkenntnis gelangt, dass dieses Mittel zu den zehn wichtigsten Verhandlungstaktiken der Araber gehört. Nähere Informationen hierzu finden Sie unter www.GuerrillaDon.com.

Don und Jay haben festgestellt, dass die meisten amerikanischen Guerillas anscheinend Angst davor haben, diese Taktik gegenüber einem Großen anzuwenden. Das ist nicht angebracht, denn sie funktioniert recht häufig. Warum? Einfach weil sie so unerwartet ist. Und wenn sie funktioniert, dann funktioniert sie sehr gut. Viele mächtige Platzhirsche werden verblüfft sein, wenn auch ein Guerilla mit dieser Taktik aufwartet, und wissen dann nicht, wie sie sich verhalten sollen. Sie übersehen dann häufig Ihr dreistes Auftreten, vor allem in Fragen, die sie für nicht besonders wichtig halten. Ignorieren Sie also, was die großen Jungs sagen, und machen Sie einfach so weiter, wie Sie es sich vorgenommen haben, nicht wie die Großen es von Ihnen erwarten. Dann werden Sie wahrscheinlich häufiger Erfolg haben, als Sie vermuten.

Zwei erfolgversprechende Guerilla-Konter

- Erwecken Sie den Eindruck, dass Sie gekränkt sind, wenn Sie ignoriert werden (Schmutziger Trick 55: *Offenkundiges Lügen*). Dadurch erlangen Sie die Aufmerksamkeit des Großen.
- Und vergessen Sie nicht den *chinesischen Favoriten, die Dreierregel* (Angriffstaktik 25). Geben Sie auf, wenn der andere auch Ihr drittes Angebot ignoriert – der Preis ist es wahrscheinlich nicht wert, dass Sie Ihre wertvolle Zeit und Ihre Mühe vergeuden.

Kapitel 7

Zwölf wirkungsvolle und selten eingesetzte Defensivtaktiken

In diesem Kapitel geht es um folgende Themen: Ablenkung; Engagement und Macht; Schweigen; Körpersprache; Zugeständnisse; Klatsch und Tratsch; Entschuldigungen; Themenwechsel; Verbündete.

Wir bevorzugen zwar Angriffstaktiken, aber man kann auch mit Defensivtaktiken erfolgreich sein – wenn man sie richtig einsetzt. Sie kennen vielleicht folgende drei Redensarten:

- Angriff ist die beste Verteidigung (Mao Zedong)
- Der beste Angriff ist eine gute Verteidigung (in verschiedenen Sportarten – und das ist auch Jays Goldene Regel Nr. 40 in Kapitel 18)
- Rückzug ist nur ein Vorrücken in anderer Richtung (Feldhandbuch der US-Armee)

Nachfolgend stellen wir jene zwölf Defensivtaktiken vor, die nicht sehr häufig eingesetzt werden. Große Tiere werden vielleicht überrascht sein, wenn Sie damit operieren, und das wird Ihnen einen großen Vorteil verschaffen.

Defensivtaktik 5: Lenke die Gegenseite ab, wenn sie übertrieben aggressiv ist, bringe sie aus dem Gleichgewicht – die japanische Art

Den Großen verunsichern, das sollte Ihnen eigentlich vertraut sein, siehe Angriffstaktik 1: *Mache plötzliche, unerwartete Schritte*. Aber was hat das mit den Japanern zu tun? Don wurde auf diese Taktik aufmerksam, als er das Buch *Gorin No Sho – Das Buch der Fünf Ringe – Feuer, Erde, Luft, Wasser und Geist* von Miyamoto Musashi las. Wenn man den Großen ablenkt, bringt man ihn aus dem Gleichgewicht, stört seinen Rhythmus.

»Mache dir seinen Rhythmus zunutze, wenn er verunsichert ist, dann wirst du siegreich sein«, empfahl Musashi.

Guerillas wenden diese Taktik hauptsächlich an, um den großen und mächtigen Verhandlungspartner vom Thema abzulenken. Warum muss man ihn ablenken? Weil man gewöhnlich auf einem bestimmten Gebiet Schwächen oder Unzulänglichkeiten hat und verhindern möchte, dass die Gegenseite das erkennt. Dies lässt sich durch folgende sechs Mittel erreichen:

- *Kleiden Sie sich schick* (Angriffstaktik 42) oder *kleiden Sie sich absichtlich salopp* (Angriffstaktik 43). Wenn man durch das eigene Erscheinungsbild Aufmerksamkeit auf sich zieht, kann man die Gegenseite häufig von dem ablenken, was man sagt.

- Bringen Sie eine sehr attraktive Assistentin mit (Schmutziger Trick 48: *Ungewöhnlich angenehme Unterbrechungen*).

- Schneiden Sie ein Thema an, das nichts mit dem Gegenstand der Verhandlungen zwischen Ihnen und dem Großen zu tun hat (Angriffstaktik 5: *Überrasche die Gegenseite durch neue Themen und Probleme allgemeinerer Art*).

- Meistern Sie eine unangenehme Situation, indem Sie vorgeben, nicht sprechen zu können. Schreiben Sie jede Antwort handschriftlich auf einen gelben Block.

- Als Don in der permanent vom Straßenverkehr verstopften Stadt Kuala Lumpur in Malaysia lebte, trug er stets die Visitenkarte seines Arztes in seiner Brieftasche. Häufig wurde er von Polizisten angehalten, wenn er auf dem Randstreifen fuhr. Bevor sie ihn zur Rede stellen konnten, kam er ihnen zuvor, indem er ihnen diese Visitenkarte zeigte und sagte: »Jantung, boom-boom, ospital, emergensi, bye-bye«. Dann fuhr er umgehend weiter. (Jantung bedeutet *Herz* auf Malaysisch. Laut seiner Aussage hat das immer funktioniert, und er ist sehr stolz, dass er darauf gekommen ist.

- Don hat auch mit folgender Taktik gute Erfahrungen gemacht: Bevor der Polizist etwas sagt, zieht er einen Stadtplan heraus und sagt: »Ich bin fremd in der Stadt. Ich muss in 20 Minuten im Büro des Bürgermeisters sein. Ein sehr wichtiger Termin. Ich komme mit diesem Plan nicht zurecht. Zeigen Sie mir bitte, wie ich dort hinkomme.«

Unter www.GuerrillaDon.com finden Sie 36 weitere Entschuldigungen und Ausflüchte. Manche davon bekommen Polizisten ständig zu hören. Aber sie funktionieren!

Vier erfolgversprechende Guerilla-Konter
Nehmen wir an, ein großes Tier oder ein anderer Guerilla möchte Sie ablenken. Mit folgenden Methoden können Sie dagegenhalten:

- Sobald Sie merken, dass Sie abgelenkt oder desorientiert sind, versuchen Sie, die Verhandlungen zu verzögern. Seien Sie ehrlich und erklären Sie dem Gesprächspartner: »Ich bin mir nicht sicher. Geben Sie mir etwas Zeit, um darüber nachzudenken.« Hier kommen zwei Taktiken zur Anwendung: die Defensivtaktik 27 (*Zeit gewinnen*) und die Kooperationstaktik 10 (*Zugeben, dass du etwas nicht weißt – es nicht verbergen*).

- Oder versuchen Sie es damit: »Ich muss mit meinem Vorgesetzten Rücksprache halten. Ich komme gleich wieder.« Das ist der Schmutzige Trick 5 (*Begrenzte Autorität – ich muss zuerst meine Mutter fragen*).

- Oder sagen Sie unverblümt: »Kehren wir zurück zum eigentlichen Thema.« Das ist die Angriffstaktik 52 (*Biete der Gegenseite die Stirn – Frage sie »Warum arbeiten Sie mit schmutzigen Tricks und wann werden Sie damit aufhören?«*).

- Lassen Sie sich niemals von der Gegenseite betrunken machen oder unter Drogen setzen (Schmutziger Trick 80: *Die Sinne und das Urteilsvermögen der Gegenseite abstumpfen*). Das ist eine sehr wirkungsvolle Ablenkungstaktik. Nehmen Sie sich also in Acht.

Defensivtaktik 9: Derjenige, dem die Beziehung am wenigsten bedeutet, hat die meiste Macht
Vergessen Sie diese Taktik nicht, wenden Sie sie häufig an. Versuchen Sie, teilnahmslos, indifferent und gleichgültig zu erscheinen. Versuchen Sie beim Großen den Eindruck zu erzeugen, dass er Sie mehr braucht als Sie ihn. Wenn Sie ihn in Wirklichkeit mehr brauchen als er Sie, dann müssen Sie ein guter Schauspieler sein, wenn Sie ihn hinters Licht führen wollen. Wenn der Deal für ihn wichtig ist und er glaubt, Ihnen sei es egal, was geschieht, weil Sie noch mehrere andere Optionen ha-

ben, dann befinden Sie sich in einer sehr machtvollen Position und werden als strahlender Sieger aus den Verhandlungen hervorgehen. Vielleicht können Sie den anderen sogar auf die Probe stellen, indem Sie das Gespräch abbrechen (Angriffstaktik 68: *»Nehmen Sie's oder lassen Sie's«*).

Warnung: Große Tiere fühlen sich einer Beziehung gewöhnlich weniger verbunden als Guerillas. Guerillas müssen also sehr gut schauspielern können, wenn sie diese Taktik erfolgreich anwenden wollen. Sind Sie ein guter Schauspieler?

Drei erfolgversprechende Guerilla-Konter

- Egal ob Sie es mit einem Großen oder einem Guerilla zu tun haben, beachten Sie Folgendes: Laufen Sie dem anderen niemals nach, wenn er weggeht. Und zwar wirklich niemals! Denn dadurch büßen Sie sämtliche Macht und Glaubwürdigkeit ein. Erinnern Sie den anderen vielmehr daran, dass Sie auch noch andere Optionen haben (Defensivtaktik 4: *Erinnere die Gegenseite an ihre Konkurrenz – sei sie echt oder gefühlt*).
- *Bieten Sie dem anderen die Stirn* (Angriffstaktik 52), indem Sie sagen: »Wenn Ihnen an meinem Angebot oder an mir nichts gelegen ist, warum haben Sie sich dann überhaupt die Zeit genommen, mit mir zu verhandeln?«
- Werfen Sie gutes Geld nicht schlechtem hinterher. Begrenzen Sie Ihre Verluste. Das ist einfach, denn Sie haben nichts als Ihre wertvolle Zeit zu verlieren. Erklären Sie dem anderen: »Ich möchte hier nicht länger meine Zeit vergeuden. Sie haben offensichtlich kein ernsthaftes Interesse.« Dann gehen Sie. Folgende zwei Taktiken kommen hier zur Anwendung: die Angriffstaktik 68 (*»Nehmen Sie's oder lassen Sie's«*) und die Unterwerfungstaktik 16 (*Die Niederlage akzeptieren und nehmen, was man kriegen kann*).

Defensivtaktik 10: Vollständige, totale Stille

Wie wir in Kapitel 2 ausgeführt haben, ist ein schlechter Verhandlungsführer, wer Schweigen und Stille als unbehaglich empfindet. Asiaten kommen mit Stille nicht nur gut zurecht, sie setzen sie auch als Waffe in

Verhandlungen ein. Don hat dies von mehreren japanischen und chinesischen Managern erfahren. »Wir verhandeln immer gern mit euch Amerikanern. Wir müssen nur den Mund halten. Amerikaner fangen immer gleich zu reden an, wenn wir schweigen, also hören wir zu, und wir hören aufmerksam zu. So erhalten wir eine Menge wertvolle Informationen.«

Gehen wir noch einen Schritt weiter: Wenn Sie reden, machen Sie ein Zugeständnis, ohne dafür im Gegenzug ebenfalls etwas zu erhalten. Warum? Weil das Weitergeben von Informationen ein Zugeständnis ist. Und zwar ein großes. Machen Sie niemals ein Zugeständnis, ohne selbst dafür etwas zu bekommen. Lernen Sie, still zu bleiben – geben Sie keine Informationen unnötigerweise preis. Folgende zwei Taktiken werden hier angewendet: die Defensivtaktik 42 (*Der Gegenseite besonders wichtige Informationen vorenthalten*) und die Angriffstaktik 32 (*Lerne die Gegenseite kennen und lerne dich selbst kennen – Wissen ist Macht*).

Und noch ein letzter Ratschlag für Verhandlungen mit Chinesen, Japanern oder Koreanern: Die mächtigste Person in der Gruppe – jene, die die Entscheidungen trifft – ist stets die Person, die am wenigsten sagt. Sie lässt die Untergebenen reden. Beobachten Sie aufmerksam die Körpersprache dieser Person (Defensivtaktik 15).

Vier erfolgversprechende Guerilla-Konter

- Wenn der Große diese Schweigetaktik Ihnen gegenüber versucht, schauen Sie ihn einfach teilnahmslos an und sagen Sie auch nichts (Defensivtaktik 10: *Vollständige, totale Stille;* Defensivtaktik 11: *Reagiere überhaupt nicht, weder positiv noch negativ*).
- Versuchen Sie, diesen passiven Ego-Wettstreit durch einige offene Fragen abzubrechen. Darauf kann der Große nicht einfach mit Ja oder Nein antworten. So könnte sich die Pattsituation auflösen (Defensivtaktik 41: *Immer noch mehr Informationen verlangen*).
- Halten Sie das Gespräch in Gang, indem Sie *aktiv zuhören* (Kooperationstaktik 15). Wie das geht, erklären wir in Kapitel 8.

Defensivtaktik 15: Beobachte die Körpersprache des Gegenübers sehr aufmerksam

Diese Taktik ist so wichtig, dass wir ihr das gesamte Kapitel 16 (Die Körpersprache des Guerillas) widmen werden. Sie werden dort erfahren, was jede einzelne Geste bedeutet. Beobachten Sie dann aufmerksam die Körpersprache der Person, mit der Sie verhandeln, und Sie werden bald wissen, was in ihrem Kopf vorgeht. Aber lassen Sie den anderen nicht wissen, dass Sie ihn beobachten, um wichtige Hinweise zu erhalten. Und machen Sie sich niemals Notizen. Beobachten Sie ihn einfach fünf Minuten lang. Ordnen Sie jede seiner Gesten in eine positive oder negative Kategorie ein. Wenn Ihr Gegenüber überwiegend positive Gesten macht, fahren Sie einfach fort, denn dann läuft es gut für Sie. Wenn seine Gesten überwiegend negativer Art sind, müssen Sie Ihre Argumentationsweise oder Ihr Auftreten ändern und es auf andere Weise versuchen, denn dann klappt Ihre Strategie nicht.

Ein erfolgversprechender Guerilla-Konter

- Fürs Erste möchten wir Ihnen nur eine Empfehlung geben: Machen Sie positive Gesten, wenn Sie bei Ihrem Verhandlungspartner den Eindruck erwecken möchten, dass Ihnen seine Aussagen gefallen. Machen Sie negative Gesten, wenn er glauben soll, dass Sie seine Aussagen ablehnen. Dadurch können Sie *den anderen durch Ihre eigene Körpersprache manipulieren*. Das ist die Defensivtaktik 16.

Defensivtaktik 16: Manipuliere die Gegenseite mit deiner eigenen Körpersprache

Das ist relativ einfach. Oder doch nicht? Wenn Ihr Gegenüber negative Gesten macht, lassen Sie sich nicht dazu verleiten, es ihm gleichzutun. Wenn Sie ebenfalls negative Gesten zeigen, wird sich im Verhandlungsprozess eine Abwärtsspirale entwickeln, die kaum mehr umzukehren sein wird. Widerstehen Sie also der Versuchung, negative Signale auszusenden. Machen Sie stattdessen positive Gesten. Dem anderen wird es schwerfallen, sich nicht ebenso zu verhalten. Und Sie werden automatisch positiv zu denken anfangen. Die Verhandlungen werden wieder eine Aufwärtstendenz nehmen.

Warum funktioniert diese selten eingesetzte Taktik so gut? Dafür gibt es zwei Gründe:

* Ähnliches zieht sich an. Gegensätze ziehen sich nicht an.

* In einer wissenschaftlichen Untersuchung wurde festgestellt, dass in 67 Prozent der Fälle ein Geschäftsabschluss zustande kam, wenn der Verhandlungsführer A angewiesen wurde, die Körpersprache des Verhandlungsführers B widerzuspiegeln. Aber nur in 12 Prozent der Fälle kam es zu einem erfolgreichen Abschluss, wenn Verhandlungsführer A die Körpersprache von Verhandlungsführer B *nicht* nachahmte.

Zwei erfolgreiche Guerilla-Konter

* Lernen Sie so viel wie möglich über Körpersprache (Defensivtaktiken 15–19). Dann können Sie feststellen, wann jemand – Freunde, Verwandte, Fremde, große Tiere oder auch Guerillas – seine Körpersprache einsetzt, um Sie zu manipulieren. Und Sie werden in der Lage sein, Ihre eigene Körpersprache einzusetzen, um die anderen zu beeinflussen – sei es in positiver oder negativer Weise.

* Gestalten Sie Ihre Verkaufspräsentation oder Ihre Vorschläge so, dass die Gegenseite denkt: »Mensch, wir haben wirklich vieles gemeinsam.« Warum? Lesen Sie, was wir darüber in Kapitel 16 schreiben.

Defensivtaktik 18: Nutze die Macht der Berührung – die Körpersprache der Berührung

Wie reagieren große Tiere oder andere Guerillas, wenn Sie sie berühren? Meistens kann man durch Berührung ein engeres Verhältnis zum anderen herstellen, daher empfehlen wir Ihnen das auch. Berührungen werden gewöhnlich nicht erwartet, und die meisten Menschen deuten sie als freundliche Geste. Aber Vorsicht! Übertreiben Sie es nicht. Diese Taktik kann auch nach hinten losgehen, vor allem wenn Sie es mit einem Angehörigen des anderen Geschlechts zu tun haben. Folgendes ist dabei zu berücksichtigen:

* Stupsen Sie andere Leute niemals mit dem Finger an, das ist eine feindselige Geste. Weder große Tiere noch Guerillas mögen das.

* Sie dringen immer in die Privatsphäre eines anderen Menschen ein,

wenn Sie ihn berühren. Überlegen Sie, was Sie an seiner Stelle empfinden würden.

- Aber wenn Sie und die andere Person befreundet und ungefähr im
selben Alter sind, ist eine Berührung wahrscheinlich akzeptabel.

Drei erfolgversprechende Guerilla-Konter

- Wenn der Große Sie mehrmals berührt, Sie aber nicht mit dem Finger stupst, ist er wahrscheinlich aufgeschlossen für Ihr Angebot. Falls
nicht, bedienen Sie sich *positiver Körpersprache,* um seine Stimmung
zu verbessern (Defensivtaktik 16).
- Wenn sich seine Laune gebessert hat, verstärken Sie dies, indem Sie
ihn ebenfalls ab und zu berühren (Defensivtaktik 18: *Die Kraft der
Berührung).*

Defensivtaktik 19: Nutze die Macht der Sitzordnung –
die Sprache der Büromöbel

In einem Büro gibt es viele machtbezogene Punkte. Wenn der Große sie
besetzt und Sie davon abhält, ebenfalls dort Platz zu nehmen, versucht er
Sie zu dominieren. In Kapitel 16 gehen wir ausführlich darauf ein. Wenn
Sie wollen, können Sie sich bereits jetzt die Zeichnungen 4 bis 8 in diesem Kapitel anschauen.

Ein erfolgversprechender Guerilla-Konter

Erscheinen Sie frühzeitig, wenn Sie sich zusammen mit mehreren anderen Menschen im Büro von jemandem treffen (Vorbereitungstaktik 2:
Bereite dich vor, übe und nutze deine Zeit effizient). Besetzen Sie Macht-
punkte in diesem Raum, bevor es ein anderer tut. Wenn Sie andererseits
aber nicht besonders auffallen wollen, dann wählen Sie die am wenigsten
mächtige Position im Raum. Wenn Sie als Einzelner dem Großen gegen-
übertreten, lassen Sie sich von ihm nicht in einer schwächeren Position
platzieren.

Defensivtaktik 20: Beobachte aufmerksam die Muster, nach denen von dir selbst und der Gegenseite Zugeständnisse gemacht werden, und halte sie fest

Wie die Körpersprache ist auch das Nachgeben, das Machen von Zugeständnissen, eine so wichtige Taktik, dass wir ihr ein ganzes Kapitel, nämlich Kapitel 17, widmen werden. In diesem Zusammenhang kann man viele wichtige Dinge lernen. Fürs Erste aber möchten wir hier nur die wichtigsten Punkte aufführen:

- Notieren Sie sich genau, *was* Sie und der Große jeweils zugestanden haben.
- Schreiben Sie auch auf, *wann* Sie und der Große Zugeständnisse gemacht haben.
- Vielleicht sollte der Große besser nicht mitbekommen, dass Sie sich Notizen machen. Vermeiden Sie jedenfalls alles, was ihn irritieren oder argwöhnisch machen könnte. Es wäre hilfreich, wenn Sie ihn mittlerweile schon ein bisschen besser kennen. Wenn nicht, könnten Sie etwas Falsches tun.
- Achten Sie auf bestimmte Muster, insbesondere auf die sieben Muster, die in Kapitel 17 beschrieben werden. Herauszufinden, nach welchem Muster der Große Zugeständnisse macht, verleiht Ihnen viel Macht, aber diese Taktik wird nicht häufig eingesetzt.

Vier erfolgversprechende Guerilla-Konter

Folgendes können Sie tun, wenn Sie merken, dass sich Ihr Gegenüber Aufzeichnungen macht und analysiert, nach welchem Muster Sie Entgegenkommen zeigen:

- Versuchen Sie mehrdeutig zu formulieren und unberechenbar zu erscheinen, damit es dem Großen schwerfällt, Ihre generellen Verhaltensmuster zu erkennen. Zwei Taktiken kommen hierbei zum Zug: die Angriffstaktik 1 (*Mache plötzliche, unerwartete Schritte)* und die Defensivtaktik 53 (Mit *kreativer Unklarheit* operieren).
- Erwecken Sie beim anderen den Eindruck, dass Ihnen Ihre Zugeständnisse wehtun, zeigen Sie also Schmerzen, wenn Sie glauben, es könnte funktionieren. Auch hier werden zwei verschiedene Taktiken eingesetzt: die Angriffstaktik 16 (*Zeigen, dass es einem wehtut, nachzu-*

geben) und der Schmutzige Trick 55: (*Offenkundiges Lügen, nicht überzogenes Sprücheklopfen).* Geben Sie nichts vorschnell preis.

- Beobachten Sie den Großen. Notieren Sie sich, was er tut. Wenn er zu schnell ein bestimmtes Zugeständnis macht, bedeutet ihm dieses vermutlich nicht sehr viel. Das heißt, Sie können wahrscheinlich noch mehr herausholen (Defensivtaktik 20: *Beobachte aufmerksam die Muster, nach denen von dir selbst und der Gegenseite Zugeständnisse gemacht werden).*

- Beobachten Sie seine Körpersprache aufmerksam, um herauszufinden, ob ihm seine Zugeständnisse viel oder wenig bedeuten (Defensivtaktik 15). Bewaffnen Sie sich mit dieser Information, dann werden Sie noch viel mehr über ihn herausbekommen. Gehen Sie mit dieser Information wie mit einer machtvollen Waffe um, denn genau das ist sie.

Defensivtaktik 24: Klatsch und Tratsch

Große Tiere wie auch Guerillas lassen sich leicht dazu bewegen, mit Klatsch zu operieren. Die Menschen glauben anscheinend Klatschgeschichten mehr als ihren eigenen Augen. In einer Studie der amerikanischen National Academy of Science wurde durch positiven Klatsch die Kooperationsbereitschaft anderer um 20 Prozent *erhöht.* Durch negativen Klatsch *verminderte* sich die Kooperationsbereitschaft dagegen um 20 Prozent. Das ist auch der Fall, wenn die Menschen über alle relevanten Informationen verfügen. Woran liegt das? Es hängt damit zusammen, dass ihnen Klatschgeschichten von anderen Menschen das Gefühl vermitteln, dass ihnen etwas Wichtiges entgangen ist.

Worin besteht dabei das Hauptproblem? Man muss sicherstellen, dass die Information, die man über Klatsch und Tratsch verbreitet, auch genau die Information ist, welche die anderen erhalten. Häufig wird die Information im Laufe dieses Prozesses verzerrt oder entstellt. Und der Prozess selbst lässt sich nicht kontrollieren.

Vier erfolgversprechende Guerilla-Konter

- Glauben Sie nicht alles, was Sie über große Tiere und andere Guerillas hören, vor allem wenn Ihnen diese Informationen über Klatsch und Tratsch zugetragen werden – das Gerücht kann auch absichtlich von Ihrem Gegenüber in die Welt gesetzt worden sein. Und Gerüchte entsprechen häufig nicht den Tatsachen (Vorbereitungstaktik 7: *Lasse dich nicht leicht überreden*). Auf www.GuerrillaDon.com finden Sie weitere Ausführungen zu Gerüchten – Sie erfahren, warum Leute sie verbreiten, unter welchen Bedingungen Gerüchte ihre Wirkung entfalten und unter welchen nicht, was Sie tun können im Hinblick auf Gerüchte, die Sie selbst betreffen, was Sie niemals bei Gerüchten tun sollten, und welche Art von Gerüchten sich am schnellsten verbreitet. Mit diesem Wissen können Sie Gerüchte sehr wirkungsvoll für sich einsetzen.

- Sprechen sie mit den Menschen, die Ihnen Informationen zutragen, und machen Sie sich ein persönliches Bild von ihnen. Achten Sie sorgfältig auf ihre Körpersprache (Defensivtaktik 15). Vielleicht arbeiten diese Leute für den Großen.

- Seien Sie äußerst kritisch gegenüber den Quellen einer Information. Überzeugen Sie sich, ob sie zuverlässig sind, und überprüfen Sie die Richtigkeit der Information (Defensivtaktik 22: *Beschaffe dir Informationen und überprüfe sie*).

- Sorgen Sie dafür, dass Ihre Mitarbeiter nicht der Gegenseite über Klatsch und Tratsch Informationen zukommen lassen (Verwenden Sie die Angriffstaktik 55: *Erkläre deinem Team, welche Informationen es der Gegenseite übermitteln darf*).

Defensivtaktik 47: Ausrede: »Der Hund hat meine Hausaufgaben gefressen«

Ja, diese Taktik wird zu selten verwendet. Die meisten Leute kennen sie, nutzen sie aber nicht häufig. Dass die Gegenseite in der Regel nicht damit rechnet, macht sie so wirkungsvoll. Sie wissen, wie es funktioniert: Wenn Sie etwas hinauszögern wollen, können Sie einen alten Trick von Schülern anwenden, die ohne ihre Hausaufgaben in der Schule erscheinen. Erklären Sie Ihrem Gegenüber, dass Sie durch einen Computerabsturz einen großen Teil Ihrer Daten verloren haben. Sagen Sie: »Diese Informationen sind von entscheidender Bedeutung für unsere Verhandlungen, ich muss sie erst aus dem Gedächtnis rekonstruieren.«

Vier erfolgversprechende Guerilla-Konter

- Achten Sie auf die Körpersprache der Person, die diese lahme Ausrede benutzt. So können Sie feststellen, ob sie lügt (Defensivtaktik 15).
- Wenn es offenkundig ist, dass der andere lügt, brechen Sie die Verhandlungen auf der Stelle ab (Angriffstaktik 68: »*Nehmen Sie's oder lassen Sie's bleiben«*).
- Oder *setzen Sie eine Frist.*
- In der Zwischenzeit halten Sie nach einem anderen Geschäftspartner Ausschau, mit dem Sie den Deal machen können, und teilen Sie dies auch der Gegenseite mit (Defensivtaktik 4: *Die Gegenseite an ihre Konkurrenz erinnern – sei sie echt oder gefühlt*).

Defensivtaktik 58: Eine Weile vom Thema abschweifen – sich entspannen durch Witze, Bemerkungen über Sport oder dergleichen

Diese Taktik mag als nicht besonders wirkungsvoll erscheinen, sie ist es aber. Sie ist eine gute Möglichkeit, Zeit zu gewinnen oder eine schwierige Situation besser in den Griff zu bekommen. Und sie funktioniert sowohl gegenüber großen Tieren als auch gegenüber anderen Guerillas. Dazu kommen folgende fünf Vorteile:

- Sie vermindert Feindseligkeit und Spannungen.
- Sie sorgt dafür, dass der Große aufmerksamer zuhört.
- Sie verbessert die Stimmung und die Atmosphäre.
- Sie erhöht häufig auch das gegenseitige Vertrauen.
- Und das Wichtigste ist: Weil Ihr Gegenüber nun glaubt, Sie wären sein Freund, wird er Ihnen einen besseren Deal ermöglichen – Ihnen also mehr Zugeständnisse machen.

Meiden Sie allerdings Religion oder Politik. Ganz gleich, was Sie sagen, Sie könnten jemandem zu nahe treten. Und auch über Sex zu sprechen, birgt unserer Meinung nach mehr negative als positive Aspekte.

Ein erfolgversprechender Guerilla-Konter

- Legen Sie sich ein paar Witze oder Scherze zurecht, die Sie bei Bedarf verwenden können (Vorbereitungstaktik 2: *Bereite dich vor, übe und nutze deine Zeit effektiv*).

Defensivtaktik 76: Suche dir Verbündete

Suchen Sie nach Menschen, die bereit sind, Ihnen zu helfen. Bitten Sie sie, Sie zu unterstützen, entweder direkt oder indirekt. Diese Menschen können innerhalb oder außerhalb der Organisation des Großen ansässig sein. Sie können auch innerhalb oder außerhalb Ihrer eigenen Firma sitzen. Wir empfehlen Ihnen sogar, noch einen Schritt weiter zu gehen – tun Sie sich mit dem Großen zusammen. Machen Sie ihn zu Ihrem Verbündeten (Kooperationstaktik 5: *Den bestmöglichen Verbündeten gewinnen – die Gegenseite*). Das können Sie am besten folgendermaßen erreichen: Erzählen Sie dem Großen nicht nur von Ihren zufriedenen Kunden, ermöglichen Sie es ihm auch, einige von ihnen kennenzulernen.

- Wenn Sie glauben, dass Ihr Gegenüber Leute aus Ihrer Firma dafür zu gewinnen versucht, ihn im besten Licht darzustellen, tun Sie Folgendes: Versuchen Sie herauszufinden, wie viel er über Ihre Organisation weiß und welche Ihrer Mitarbeiter er kennt (Angriffstaktik 32: *Wissen ist Macht*). Sprechen Sie mit den Mitarbeitern, die er kennt, und bringen Sie in Erfahrung, was genau vor sich geht.

- Lassen Sie nicht zu, dass die Gegenseite Verbündete in Ihrer Organisation gewinnt (Defensivtaktik 76: *Suche dir Verbündete und nutze sie*). Das heißt nicht, dass Sie zum Kontrollfreak werden müssen – es geht einfach nur darum, sicherzustellen, dass der andere keine Informationen über Sie erhält, die Sie nicht preisgeben wollen.

- Legen Sie genau fest, *wie viel die Mitarbeiter Ihres Teams über den Verhandlungsstand mitteilen dürfen* (Angriffstaktik 55). Das könnte allerdings schwierig durchzusetzen sein.

Kapitel 8

Donald Trump und Mao Zedong am Verhandlungstisch – Acht Kooperationstaktiken

In diesem Kapitel geht es um Folgendes: Geduld; zugeben, dass man etwas nicht weiß; zuhören; etwas auf dem Tisch übrig lassen (Bonus); dem anderen dazu verhelfen, gut auszusehen; ihm das Gefühl vermitteln, dass Sie derjenige sind, der verloren hat, und unverzichtbar werden.

Kooperationstaktik 1: Die Macht der Geduld

Es gibt keine machtvollen Unterwerfungstaktiken, die zu selten verwendet werden, daher haben wir kein Kapitel zu diesem Thema. Stattdessen geht es in Kapitel 8 um acht wirkungsvolle, aber nicht sehr häufig eingesetzte Kooperationstaktiken.

Wenn Sie es sich leisten können, länger am Verhandlungstisch auszuharren als die Person, mit der Sie verhandeln, werden Sie wahrscheinlich einen durchschlagenden Erfolg erzielen – vor allem wenn der andere es sich nicht erlauben kann, Sie »auszusitzen« (Angriffstaktik 27: *Dafür sorgen, dass die Gegenseite viel Zeit investiert).* Das gilt für große Tiere wie für Guerillas gleichermaßen. Nachfolgend fünf Vorteile, die man sich verschaffen kann, wenn man geduldiger ist als der Große:

- Er wird Ihnen wahrscheinlich mehr Zugeständnisse machen.
- Sie haben mehr Zeit abzuwägen, was für und was gegen sein Angebot spricht.
- Dadurch wird er von seiner *Wunschliste* weg- und zu seinen *realen Möglichkeiten* hingeführt.
- Sie erhalten wesentlich mehr Informationen von ihm.
- Sie bekommen das Gefühl, dass Sie mehr Kontrolle haben, weniger Stress ausgesetzt sind und nicht leicht überrumpelt werden können.

Vier erfolgversprechende Guerilla-Konter

- Warum sollten Sie sich mit Kontern beschäftigen, wenn Ihr Gegenüber Ihnen ohnehin gibt, was Sie wollen? In der Regel sollten Sie schlicht akzeptieren, was der andere tut (Unterwerfungstaktik 16: *Nehmen, was man kriegen kann – lasse es, wie es ist).*

- Aber wenn er Ihnen gegenüber allzu viel Geduld an den Tag legt, sollten Sie sich vergewissern, dass es ihm nicht in erster Linie darum geht, Zeit zu schinden (Defensivtaktik 22: *Beschaffe dir Informationen und überprüfe Sie – identifiziere Unsinn und lege ihn bloß).*

- Schließlich müssen Sie sich auch auf vernünftige *Termine und Fristen* mit ihm verständigen (Angriffstaktik 28).

- Vergessen Sie auch nicht, sich die Geduld des Großen zunutze zu machen, indem Sie Ihre Position überdenken und sich von sämtlichen Hindernissen befreien. Dann werden Sie bei der nächsten Begegnung mit dem anderen stärker sein (Vorbereitungstaktik 1: *Denke voraus – die Umstände ändern sich ständig).*

Kooperationstaktik 10: Zugeben, dass du etwas nicht weißt – es nicht verbergen

Diese Taktik ist besonders wirkungsvoll, weil kaum jemand damit rechnet. Erklären Sie dem Großen einfach, dass Sie nicht über ausreichend Informationen verfügen – und sagen Sie ihm, dass Sie sich diese erst beschaffen müssen. Teilen Sie ihm aber auch mit, wann Sie darüber verfügen werden. Und vergessen Sie Ihren selbstgesetzten Termin nicht (Angriffstaktik 28: *Nutze Termine und Fristen klug).* Der große Vorteil dieser Taktik: Der andere wird Sie wahrscheinlich wegen Ihrer Aufrichtigkeit schätzen. Vielleicht hilft er Ihnen sogar, die benötigten Informationen zu beschaffen, weil er Ihr Verbündeter wird (Kooperationstaktik 5: *Den bestmöglichen Verbündeten gewinnen – die Gegenseite).* Achtung: Diese Taktik klappt besser gegenüber großen Tieren als gegenüber anderen Guerillas.

Drei erfolgversprechende Guerilla-Konter

- Wenn Ihnen der Große eröffnet, dass er irgendetwas nicht weiß, seien Sie zunächst skeptisch (Vorbereitungstaktik 7: *Lasse dich nicht leicht überreden).*

- Beobachten Sie seine *Körpersprache,* um herauszufinden, ob er lügt (Defensivtaktik 15). Vielleicht versucht er Zeit zu gewinnen oder Sie zu Unachtsamkeiten zu verleiten.
- Und danken Sie ihm herzlich dafür, dass er Ihnen gegenüber so offen ist (Angriffstaktik 60: *Mit Schmeicheleien, Schöntuerei und Charme arbeiten).*

Kooperationstaktik 14: Das billigste Zugeständnis von allen – zuhören, aufmerksam zuhören

Wie arrogant sind Sie? Sie sollten jedenfalls nicht so arrogant und überheblich sein, dass Sie alleine das ganze Gespräch bestreiten. *Zuhören ist das billigste – und das wichtigste – Zugeständnis, das Sie dem anderen machen können.* Es zahlt sich in hohem Maße aus, denn *mehr Wissen* zieht *mehr Macht* nach sich (Angriffstaktik 32). Achten Sie darauf, ob die Gegenseite wichtige Details preisgibt. Das wird sie nicht leichtfertig tun, solange sie Ihnen nicht Vertrauen entgegenbringt. Vergessen Sie nicht, Sie müssen sich *das Recht erwerben, herauszufinden, welche Bedürfnisse die Gegenseite hat* (Vorbereitungstaktik 5). Und vergessen Sie auch nicht, sowohl die großen Tiere als auch andere Guerillas zu umschmeicheln, wenn Sie ihnen zuhören. Sie *beleidigen* sie, wenn Sie das nicht tun.

Manche Besprechungsorte sind zuhörerfreundlich, andere nicht. Der schlimmste Ort, an den sich Don erinnert, war das Pan-Afrique, ein Fünf-Sterne-Hotel in Nairobi in Kenia. Sein dortiges Seminar wurde im Nachtclub des Hotels durchgeführt. Von diesem Nachtclub aus konnte man auf den Pool blicken. Der Pool war an diesem Tag geschlossen. Warum? Weil an diesem Vormittag ein Filmteam einen Werbefilm drehte, in dem ausgesprochen hübsche Frauen im Bikini auftraten. 38 der 40 Seminarteilnehmer waren Männer. Don erntete einigen Widerspruch, als er schweren Herzens den Pförtner bat, weiße Tücher vor die Glasfenster zu hängen. Bei seinen nachfolgenden Seminaren stellte er sicher, dass sie stets in Räumen stattfanden, wo es keine Ablenkungen gab.

Zwei erfolgreiche Guerilla-Konter

- Seien Sie sehr vorsichtig, wenn Sie mit großen Tieren oder anderen Guerillas verhandeln, die gute Zuhörer sind (Vorbereitungstaktik 7:

Lasse dich nicht leicht überreden). Sonst erzählen Sie ihnen mehr, als Sie eigentlich beabsichtigten.

• Wenn Sie mit einem guten Zuhörer verhandeln, bekommen Sie andererseits eine schöne Gelegenheit, ihm jene Informationen zu vermitteln, die Ihre Absichten und Interessen im besten Licht erscheinen lassen (Kooperationstaktik 20: *Mentale Verführung).*

Kooperationstaktik 15: Aktives Zuhören erlernen und möglichst häufig praktizieren

Wenn die Verhandlungen ins Stocken kommen, verwenden Sie die Worte der Gegenseite, um jene Punkte herauszustellen, auf die Sie sich bereits geeinigt haben. Das funktioniert sowohl gegenüber großen Tieren als auch gegenüber anderen Guerillas.

Diese Taktik können Sie auch einsetzen, um mehr aus Ihrem Verhandlungspartner herauszuholen. Dabei sind folgende Punkte zu berücksichtigen:

• Beobachten Sie seine Körpersprache, während Sie reden. Daran erkennen Sie, ob der andere aufrichtig ist oder etwas zu verbergen versucht.

• Konzentrieren Sie sich auf ihn. Hören Sie ihm aufmerksam zu, aber lauschen Sie nicht nur seinen Worten. Lauschen Sie auch auf den Klang seiner Stimme.

• Versuchen Sie zu erspüren, welche Gefühle diesen Worten zugrunde liegen – das ist noch wichtiger.

• Wenn der andere eine Pause einlegt, beginnen Sie, seine Worte zu umschreiben. Das bedeutet nicht, dass Sie ihm zustimmen. Und es bedeutet auch nicht, dass Sie seine Aussagen wortwörtlich wiederholen sollen. Wenn Sie das tun, glaubt er vielleicht, dass Sie sich über ihn lustig machen wollen. Sagen Sie beispielsweise: »Sie sind anscheinend etwas verärgert. Liegt das daran, dass ...?«

• Wenn Ihnen seine Aussagen unklar erscheinen, stellen Sie ihm Fragen. Aber unterbrechen Sie ihn nicht.

• Versuchen Sie, sich durch Ihre eigenen Gefühle nicht beim Zuhören beeinflussen zu lassen.

- Empfinden Sie kurze Schweigepausen nicht als unangenehm. Rechnen Sie vielmehr damit. Stellen Sie viele offene Fragen.

Überlegen Sie auch nicht im Vorhinein, was Sie sagen sollen, wenn der andere zu sprechen aufhört. Konzentrieren Sie sich einfach weiter auf ihn.

Sie sind skeptisch, was die Erfolgsaussichten dieser Taktik betrifft? Eine Untersuchung, veröffentlicht in einer Fachzeitschrift, brachte folgende Ergebnisse: Wer bekommt die meisten Trinkgelder in einem Restaurant? Kellner A, der Ihre Bestellung aufnimmt, kurz bestätigt und dann weggeht? Oder Kellner B, der Ihre Bestellung aufnimmt und dann genau wiederholt, was jede Person am Tisch möchte, und erst dann weggeht? Die Antwort: Kellner B erhielt 70 Prozent mehr Trinkgeld. Aktives Zuhören zahlt sich aus, glauben Sie es uns!

Fünf erfolgversprechende Guerilla-Konter

- Wenn große Tiere oder andere Guerillas diese Taktik gegen Sie einsetzen, sollten Sie sich freuen. Kämpfen Sie nicht dagegen an (Unterwerfungstaktik 16: *Lasse es, wie es ist)*. Das zeigt, dass sich der andere um Sie kümmert und interessiert daran ist, was Sie zu sagen haben, und dass er diese Taktik verwendet, um mehr über Sie und Ihr Angebot in Erfahrung zu bringen.
- Aber seien Sie vorsichtig und zurückhaltend, wenn Sie etwas zu verbergen haben. Wenn der andere die Taktik des aufmerksamen Zuhörens verwendet, wird er Ihnen möglicherweise auf die Schliche kommen. Zeigen Sie Ihre Angst nicht (Angriffstaktik 70: *Mutig sein, nicht ängstlich)*.
- Sie können auch eine Verhandlungspause verlangen, um sich zu sammeln (Defensivtaktik 27: *Zeit gewinnen – sich kurz zurückziehen)*. Oder *Sie gehen auf die Toilette,* auch wenn Sie eigentlich nicht müssen (Defensivtaktik 50).
- Hören Sie aufmerksam zu, was der Große auf Ihre Ausführungen erwidert (Kooperationstaktik 14: *Zuhören, aufmerksam zuhören)*. Man kann ziemlich einfach feststellen, ob der andere mit der Technik des aufmerksamen Zuhörens operiert.

Nähere Erläuterungen zu dieser machtvollen Technik finden Sie unter www.GuerrillaDon.com.

Kooperationstaktik 16: Der Bonus – am Ende noch eine kleine Zugabe auf dem Tisch lassen

Das bedeutet nicht, dass Sie ein zusätzliches Zugeständnis machen sollten, *bevor* der Deal abgeschlossen ist. Vielmehr geht es darum, Ihrem Gegenüber etwa ein kleines, unerwartetes Geschenk zu machen, *nachdem* das Geschäft besiegelt und der Vertrag unterschrieben ist. Durch einen solchen Bonus kann man dem anderen auf nette und einfache Weise »Danke« sagen. Nachfolgend dazu zwei Beispiele, ein gutes und ein schlechtes:

- Gut: Ein sehr erfolgreicher Zahnarzt schenkt seinem Patienten einen Gutschein für ein Abendessen für zwei Personen in einem teuren Restaurant, nachdem er diesem Patienten seine Zahnimplantate eingesetzt hat.
- Schlecht: Die Präsentatoren der Preisträger bei den Oscar-Preisverleihungen erhalten kein Honorar, sondern nach dem Ende der Veranstaltung wird Ihnen ein kleiner Beutel mit Schmuck und anderen kostbaren Dingen überreicht. Als dies zum ersten Mal gemacht wurde, war es ungewöhnlich und die Präsentatoren waren sehr dankbar. Inzwischen aber wird es schlicht erwartet, und die Präsentatoren schimpfen später oft auf die Oscar Academy, weil sie sich zu wenig großzügig gezeigt habe. Berühmte Persönlichkeiten hatten schon immer ein starkes Anspruchsdenken, noch ausgeprägter aber ist es im Filmbereich. (Darauf gehen wir ausführlicher in Kapitel 14 ein, wo wir die Kooperationstaktik 4 vorstellen).

Gehen Sie behutsam mit dieser Taktik um, denn Sie erhalten dadurch vielleicht Ergebnisse, die Sie gar nicht erwartet haben. Damit meinen wir Folgendes:

- Der Wert eines Gegenstands wird von dem anderen niedriger eingestuft, wenn Sie ihm diesen Gegenstand als Geschenk anbieten.
- Dieser zusätzliche Bonus sollte nicht zu großzügig bemessen sein. Warum nicht? Weil Ihre Kunden dann vielleicht vermuten, dass mit

Ihrem Geschenk etwas nicht stimmen kann – dass es vielleicht überholt ist oder altmodisch.

- Manchmal sollte man das Wort »kostenlos« vermeiden. Viele Leute sehen nur Nullen vor sich, wenn sie dieses Wort hören. Besser ist, Sie sagen »Hier habe ich einen Gutschein über 100 Dollar, den Sie einlösen können, wenn Sie das nächste Mal in diesem Fünf-Sterne-Hotel absteigen.« Dann sehen die Leute die 100 Dollar vor sich.

Drei erfolgversprechende Guerilla-Konter

- Nehmen Sie das Geschenk dankbar an – Fragen Sie nicht: »Warum schenken Sie mir das?« Das ist die Unterwerfungstaktik 16 (*Lasse es, wie es ist*).
- Seien Sie aber auch auf der Hut. Fragen Sie Ihren Rechtsbeistand, ob man dieses Geschenk als Bestechung einstufen könnte. Wenn ja und wenn Sie dadurch in Schwierigkeiten kommen könnten, geben Sie es zurück (Defensivtaktik 33: *Ich möchte nicht gegen Gesetze verstoßen*).
- Zeigen Sie sich aber dankbar, auch wenn Sie das Geschenk zurückgeben wollen. Geben Sie es auf elegante und taktvolle Weise zurück.

Kooperationstaktik 18: Sicherstellen, dass auch die andere Seite am Ende gut aussieht

Wenn die Person, mit der Sie ein Geschäft abschließen wollen, nicht Inhaber der Firma ist, zeigen Sie ihr, wie sie sich gegenüber ihrem Vorgesetzten in ein besseres Licht rücken kann, wenn sie mit Ihnen einen Vertrag schließt oder Ihr Produkt oder Ihre Dienstleistung erwirbt. Der andere wird dies zu schätzen wissen, und auf diese Weise können Sie ein gutes Verhältnis zu ihm aufbauen. Außerdem können Sie ihm dadurch auch helfen, seine Schwäche zu überwinden und seine Stärken zu optimieren.

Zwei erfolgversprechende Guerilla-Konter

- Wenn der Große versucht, Sie gut abschneiden zu lassen, meint er es wahrscheinlich ehrlich. Wenn das der Fall ist, nehmen Sie sein Angebot an, aber nicht vorschnell (Angriffstaktik 24: *Verhindern, dass beim Käufer Reue aufkommt – nimm das Angebot der Gegenseite nicht zu früh an*).

- Und beobachten Sie stets die *Körpersprache*, um zu sehen, ob der andere aufrichtig ist (Defensivtaktik 15).

Kooperationstaktik 19: Dafür sorgen, dass die Gegenseite glaubt, du hättest verloren, auch wenn du klar gewonnen hast... denke an den Film *The Sting*

Am Ende eines bekannten Films aus den 1970er-Jahren, *The Sting*, wollen die Bösen die Helden umbringen und deren Geld rauben. Doch bevor es dazu kommt, stürmen FBI-Agenten das Haus und erschießen die Helden. Die Bösen flüchten, bevor die Polizisten sie entdecken – und müssen das Geld zurücklassen. Später kommt heraus, dass sich die Helden nur tot gestellt und mit den Polizisten zusammengearbeitet haben. Sie teilen das Geld untereinander auf, und die Bösen verfolgen sie nicht, weil sie glauben, dass sie tot sind.

Und das ist die Moral von dieser Geschichte: *Nimm dein Ego zurück* (Vorbereitungstaktik 10). Auch wenn Sie sich durchgesetzt haben, brüsten Sie sich nicht damit. Wenn der Große das Gefühl hat, dass Sie zu gut weggekommen sind, könnte er vielleicht versuchen, den Deal rückgängig zu machen. Schlimmer noch, er könnte sich an Ihnen zu rächen versuchen (Schmutziger Trick 6: *Räche dich – Vermiese der Gegenseite die Siegesfeier*). Wie man mit Leuten umgehen kann, die auf Rache sinnen, wird unter www.GuerrillaDon.com näher erläutert.

Drei erfolgversprechende Guerilla-Konter

- Werden Sie vorsichtig, wenn große Tiere oder andere Guerillas Ihnen erklären, dass es sie zu viel kosten würde, das vorgeschlagene Geschäft mit Ihnen zu machen – und dann dennoch den Vertrag unterzeichnen (Vorbereitungstaktik 7: *Lasse dich nicht leicht überreden*). Wahrscheinlich lügen sie – in Wirklichkeit haben sie mit dem Deal eine Menge Geld verdient.
- Seien Sie also nicht übereifrig – *akzeptieren Sie ein Angebot nicht vorschnell* (Angriffstaktik 24). Sie erreichen wahrscheinlich mehr, wenn Sie eine Weile warten (Kooperationstaktik 1: *Die Macht der Geduld*).
- Wenn Sie glauben, dass sich der andere in eine Sackgasse manövriert hat, helfen Sie ihm, wieder herauszufinden, indem Sie es ihm ermög-

lichen, das Gesicht zu wahren (Kooperationstaktik 17: *Wenn du dich auf der ganzen Linie durchsetzt, sorge dafür, dass die Gegenseite das Gesicht wahren kann).*

Kooperationstaktik 20: Mentale Verführung – werde unentbehrlich, indem du in übertriebenem Maße mit dem anderen kooperierst

Versuchen Sie, den Großen von sich abhängig zu machen. Bringen Sie ihn dazu, dass er Ihnen vertraut, indem Sie weit über das hinausgehen, was Sie tun müssen. Wenn Sie dies aber zu weit treiben und allzu erfolgreich damit sind, werden Sie ihn isolieren und das könnte beim anderen eine Art Belagerungsmentalität entstehen lassen, die Vorstellung, dass er von Feinden umzingelt ist. Übertreiben Sie es also nicht.

Drei erfolgversprechende Guerilla-Konter

Es ist schwierig, sich aus der Abhängigkeit vom Großen zu befreien, wenn man es einmal so weit hat kommen lassen. Mit folgenden Maßnahmen können Sie gegensteuern:

- Beobachten Sie, ob er zu häufig *weit über das hinauszugehen versucht, was er tun muss* (Kooperationstaktiken 20 und 22). Versuchen Sie den Grund dafür herauszufinden (Vorbereitungstaktik 7: *Lasse dich nicht leicht überreden).*

- Werden Sie auch vorsichtig, wenn der Große Ihr Vorgesetzter ist und Ihre Telefonate überwacht oder Besucher von Ihnen fernzuhalten versucht. In diesem Fall wendet er eine Variante des Schmutzigen Tricks 29 gegen Sie an (*Isoliere die Gegenseite).* Wenn Sie über starke, vertrauenswürdige *Türwächter* verfügen (Angriffstaktik 34), die sich für Ihre Interessen einsetzen, wird das wahrscheinlich nicht möglich sein. Nutzen Sie sie also.

- Es wird auch nicht möglich sein, wenn Sie im Grunde Ihres Herzens ein Skeptiker sind (Vorbereitungstaktik 7: *Lasse dich nicht leicht überreden)* und nicht leicht zu täuschen sind (Schmutziger Trick 76: *Die beiden Schwachpunkte: Sich die Gier und die Leichtgläubigkeit zunutze machen).*

Kapitel 9

Acht wirkungsvolle und *selten* verwendete schmutzige Tricks

In diesem Kapitel geht es um folgende Themen: Den Großen in die Enge treiben; zwei Vertragstricks; Lockvogeltaktik; Wissen vortäuschen; einschüchterndes Umfeld und Ambiente; den anderen in Verlegenheit bringen.

Schmutzige Tricks gehören zum alltäglichen Leben. Wir raten nicht dazu, mit schmutzigen Tricks zu arbeiten, Ihnen nicht und auch anderen nicht. Sie sind kontraproduktiv. Sie sind unfair. Manchmal sind sie sogar illegal. Derjenige, mit dem Sie einen Deal machen wollen, sei es ein Großer oder ein anderer Guerilla, mag sie nicht. Wenn er herausbekommt, dass Sie schmutzige Tricks anwenden, wird er es Ihnen mit hoher Wahrscheinlichkeit so schnell wie möglich heimzuzahlen versuchen. In diesem Buch geht es um seriöse Verhandlungstaktiken mit seriösen Leuten. Es geht nicht um betrügerische Maschen von Hochstaplern und Schwindlern. Auf www.GuerrillaDon.com finden Sie nähere Hinweise zu 76 verschiedenen Maschen und Gaunereien. Nur 14 davon werden in diesem Buch besprochen – die Schmutzigen Tricks 62–75. Siehe dazu Kapitel 4.

Wir behandeln schmutzige Tricks hier nur deshalb, weil sie häufig verwendet werden – vor allem von Guerillas. Sie müssen diese Tricks so schnell wie möglich erkennen und über ein großes Reservoir von Kontermöglichkeiten verfügen.

Um herauszufinden, ob jemand einen schmutzigen Trick gegen Sie verwendet, beschäftigen Sie sich noch einmal mit der Kooperationstaktik 20, die wir gerade dargestellt haben (*Mentale Verführung*). Dabei geht es darum, Vertrauen aufzubauen, indem man weit über das hinausgeht, was von einem erwartet wird und was man auf jeden Fall tun muss. Wenn Ihr

Motiv, sich durch übertriebene Kooperation unverzichtbar zu machen, darin besteht, Ihnen und der Gegenseite dazu zu verhelfen, mehr Gewinn zu erzielen, dann ist das eine kooperative Taktik. Wenn es Ihnen allerdings darum geht, den anderen von Freunden und Verwandten zu isolieren und seine Angelegenheiten selbst in die Hand zu nehmen, um weiterzukommen, dann ist es schlicht Manipulation – und das ist ein schmutziger Trick.

Ist Verführung an sich schon ein schmutziger Trick? Wir glauben nicht, dass es anstößig ist, andere Menschen zu verführen. Es ist vielmehr eine Achtungsbezeugung für sie. Sie schmeicheln ihnen und heitern sie auf. Und wenn die anderen auf Ihre Schmeicheleien nicht positiv reagieren, liegt es nicht daran, dass Sie etwas Falsches getan haben – Sie haben es nur falsch angepackt. Und wenn Sie einem anderen etwas zu verkaufen versuchen, werden Sie meistens erfolgreich sein, wenn Sie es auf die richtige Art tun, nicht auf die falsche.

Wir möchten uns kein Urteil über Ihre Motive anmaßen. Wir möchten Ihnen nur die 100 wirkungsvollsten Taktiken von Don vorstellen, durch die Sie andere Menschen wesentlich leichter oder schneller dazu bringen können, zu tun, was Sie wollen. Nennen Sie das, was Sie tun, wie Sie wollen – Verführung, Manipulation, Überredung, Beeinflussung, Verhandlung, einen Deal abschließen. Machen Sie es einfach nur gut, dann werden Sie auch mit dem Ergebnis sehr zufrieden sein. Und auch wir werden zufrieden sein, denn dann wissen wir, dass wir Ihnen helfen konnten, etwas zu erreichen, das für Sie wichtig war.

Betrachten wir nun die acht wirkungsvollsten schmutzigen Tricks, die eher selten verwendet werden.

Schmutziger Trick 1: Verhindere, dass die Gegenseite noch in letzter Minute abspringen kann

Halten Sie den anderen hin, bis die von Ihrem Gegenüber gesetzte Frist fast verstrichen ist – und dann fordern Sie wesentlich mehr Geld oder andere Zugeständnisse von ihm. Passen Sie auf, wenn er Sie bereits in einem frühen Stadium der Verhandlungen dazu zu bringen versucht, ihm zu vertrauen. Er wird sich in diesem Stadium übermäßig kooperativ zeigen, damit Sie den Eindruck bekommen, dass er für Sie unentbehrlich ist (Kooperationstaktiken 5 und 20: *Suche dir den bestmöglichen Verbündeten – die Gegenseite* und *Mentale Verführung*). Er möchte erreichen, dass Sie sich verpflichtet fühlen, das Geschäft abzuschließen, indem er es Ihnen unmöglich macht, sich noch anderweitig umzusehen. Nachfolgend zwei Beispiele für Spielchen dieser Art:

Ein gewiefter Einzelhändler überzeugt Sie, eine nicht rückzuerstattende Anzahlung zu leisten. Er ruft Sie an und sagt:»Das Gerät ist da.« Aber wenn Sie dann in seinen Laden kommen, um das Gerät abzuholen, sagt er, es sei nun doch nicht verfügbar. Er versucht, Ihnen das Produkt eines anderen Herstellers zu verkaufen – das natürlich teurer ist (Schmutziger Trick 16: *Als Verkäufer Lockangebote unterbreiten*).

Sie möchten eigentlich nicht, dass Ihr Verhandlungspartner erfährt, welchen Termin Sie sich selbst gesetzt haben, aber er bringt Sie dazu, dass Sie Vertrauen zu ihm aufbauen und ihm diesen Termin mitteilen. Dann verzögert er die Verhandlungen absichtlich bis kurz vor Ihren Termin (Defensivtaktik 27: *Zeit gewinnen – sich kurz zurückziehen*). Schließlich erklärt er Ihnen, dass er das Geschäft abschließen möchte, aber nur zu einem deutlich höheren Preis (abermals der Schmutzige Trick 16). Sie bezahlen notgedrungen diesen Preis, weil Sie nicht länger nach einem anderen Lieferanten Ausschau gehalten haben (Angriffstaktik 28: *Termine und Fristen*). Das ist wie bei einem Klempner, der Sie hinhält und erst kurz vor Ihrer wichtigen Party erscheint und dann mehr Geld verlangt.

Zwei erfolgversprechende Guerilla-Konter

- Erinnern Sie sich, dass der erste Trickser, von dem wir hier gesprochen haben, zwei Kooperationstaktiken (5 und 20) verwendete, um Ihr Vertrauen zu gewinnen. Das ist typisch. Seien Sie skeptisch, wenn sich jemand übertrieben kooperativ zeigt. Vertrauen Sie Leuten nicht zu sehr, die allzu entgegenkommend sind. *Lassen Sie sich nicht leicht überreden* (Vorbereitungstaktik 7). Vertrauen Sie auch Ihren Freunden nicht zu sehr.
- Und nehmen Sie sich natürlich vor *Betrugsmaschen* in Acht – *zahlen Sie niemals im Voraus.*

Schmutziger Trick 3: Verlange kurz vor der Vertrags-unterzeichnung noch einen Nachschlag

Sie beide haben sich geeinigt, und Sie haben schon den Stift in der Hand, bereit zur Unterschrift. Da halten Sie plötzlich inne und verlangen von der Gegenseite noch irgendein Zugeständnis.

Diese Zugabe muss eine Kleinigkeit sein, nichts Wichtiges. Wie alle schmutzigen Tricks ist auch dieser moralisch fragwürdig, aber er funktioniert fast immer. Ein Beispiel: »Ach, übrigens, können wir eine verlängerte Gewährleistungsfrist vereinbaren anstatt der üblichen – ohne Mehrkosten für mich?«

Fünf erfolgversprechende Guerilla-Konter

- Arbeiten Sie nicht mit *Sarkasmus* (Angriffstaktik 2) gegenüber jemandem, der diesen Trick gegen Sie versucht, insbesondere nicht, wenn es sich um einen älteren Menschen handelt. Sagen Sie zum Beispiel niemals zu einer älteren Person: »In Ihrem Alter sollten Sie keine solchen Spielchen mehr treiben.« Geben Sie sich stattdessen moralisch überlegen und sagen Sie: »Wir haben in gutem Glauben verhandelt und hatten uns schon auf die Vertragskonditionen verständigt. Wenn Sie mit einem bestimmten Punkt nicht zufrieden sind, hätten Sie mir das früher sagen sollen. Ich habe weder Zeit noch Lust, über diesen Punkt noch einmal neu zu verhandeln. Das hinterlässt bei mir einen schlechten Nachgeschmack.« Das ist der Schmutzige Trick 26 (*Selbstgefällig auftreten – sich mit einem Heiligenschein versehen*). Warten Sie dann ab, was geschieht. Wenn der andere auf seiner Forderung beharrt, können Sie die Angriffstaktik 68 verwenden und ihm erklären: »*Nehmen Sie's oder lassen Sie's bleiben.*«
- *Geben Sie also nicht nach* (Defensivtaktik 89). Bedenken Sie, wenn Sie seine Eskalationsstrategie akzeptieren, wird er es immer wieder versuchen.
- Bringen Sie so viel wie möglich über den anderen in Erfahrung (Angriffstaktik 32: *Lerne die Gegenseite kennen und lerne dich selbst kennen*). Schiebt er häufig Forderungen nach? Wenn ja, lassen Sie sich nicht dazu verleiten, einen Vertrag zu unterschreiben, bei dem Sie

nur Ihre Mindestziele erreichen. Stellen Sie sicher, dass Ihnen der Vertrag, den Sie unterschreiben, einen schönen Gewinn bringt.

• Seien Sie stets wachsam – Guerillas beherrschen das besser als große Tiere (Vorbereitungstaktik 7: *Lasse dich nicht leicht überreden*).

• Um das zu verhindern, rufen Sie in Gegenwart des Verhandlungspartners Ihren Vorgesetzten an und teilen Sie ihm mit, dass der Deal unter Dach und Fach ist (Schmutziger Trick 5: *Begrenzte Autorität – ich muss zuerst meine Mutter fragen*). Nachdem der andere eine Forderung nachgeschoben hat, erklären Sie ihm, dass Sie diese Erweiterung nicht akzeptieren können, weil Sie keine Schwierigkeiten mit Ihrem Chef bekommen wollen. Hier kommen zwei Taktiken zum Einsatz: die Angriffstaktik 86 (*Rechtliche Machtmittel*) und die Defensivtaktik 31 (*Übertrieben penibel sein*).

Schmutziger Trick 4: Unterschreibe einen Vertrag und nehme dann unverzüglich Nachverhandlungen auf

Eröffnen Sie die Verhandlungen wieder neu, nachdem Sie den Vertrag unterzeichnet haben. Wenn der Große das versucht, ist der unterschriebene Vertrag wahrscheinlich nicht viel wert, denn er wollte sich von vornherein nicht daran halten. Zumindest gilt dies in den meisten westlichen Ländern.

Erinnern Sie sich aber an die wichtigen Mentalitätsunterschiede, die wir in Kapitel 2 behandelt haben: In vielen nicht-westlichen Ländern betrachten viele Verhandlungsführer einen unterzeichneten Vertrag lediglich als den Beginn fortlaufender Verhandlungen, die so lange andauern, wie die geschäftliche Beziehung existiert. In westlichen Ländern dagegen verstehen die Verhandlungsführer einen unterschriebenen Vertrag als das Ende der Verhandlungen und erwarten, dass sich die Gegenseite an alle Einzelheiten des Vertrages hält. Nähere Informationen zu den nicht-westlichen Ländern, wo dieses Verhalten häufig anzutreffen ist, finden Sie unter www.GuerrillaDon.com.

Übrigens neigen auch Guerillas zu diesem Verhalten, es ist keine Taktik, die nur von Großen verwendet wird.

Fünf erfolgversprechende Guerilla-Konter

Wenn Sie aus einem westlichen Land kommen und beispielsweise mit einem chinesischen oder thailändischen Geschäftsmann verhandeln, sollten Sie sich dieser Mentalitätsunterschiede bewusst sein. Wenn auch der Geschäftspartner aus einem westlichen Land stammt, können Sie Folgendes versuchen:

- Beenden Sie die Verhandlungen und *gehen Sie weg* (Angriffstaktik 73). Achten Sie darauf, ob Ihr Gegenüber Sie aufzuhalten versucht. Wenn ja, braucht er den Deal nötiger als Sie, und das heißt, dass Sie mehr Macht haben.
- Erklären Sie dem anderen: »Ich habe meinem Vorgesetzten bereits mitgeteilt, dass der Vertrag unterschrieben ist, und er wird wütend auf mich werden, wenn ich jetzt mit dieser Änderung komme. Das werde ich nicht tun.« Schmutziger Trick 5 (*Begrenzte Autorität – ich muss zuerst meine Mutter fragen*).
- Zeigen Sie ihm, wie wütend Sie sind. Verwenden Sie eine abgemilderte Kombination der Angriffstaktik 101 (*So tun, als würde man die Fassung verlieren*) und des Schmutzigen Tricks 51 (*Der Gegenseite einen Heidenschrecken einjagen*).
- Und scheuen Sie sich nicht, das zu tun (Angriffstaktik 70: *Mutig sein, nicht ängstlich*).

Sie können auch von vornherein verhindern, dass die Gegenseite diese Taktik anwendet, indem Sie schriftlich eine hohe Sicherheitsleistung vereinbaren. Stellen Sie sicher, dass diese gleich nach Vertragsabschluss gezahlt wird. Weigern Sie sich, die Sicherheitsleistung zurückzuzahlen, wenn die andere Seite nachzuverhandeln versucht und Ihnen diese nachträglichen Forderungen gegen den Strich gehen (Vorbereitungstaktik 1: *Denke voraus – die Umstände ändern sich ständig*).

Schmutziger Trick 16: Als Verkäufer Lockangebote unterbreiten

Damit wird häufig in Anzeigen von Einzelhändlern gearbeitet. Wenn man dann das beworbene Produkt im Laden zum angegebenen niedrigen Preis zu kaufen versucht, erklärt der Händler, wie schlecht dieses

Produkt sei, und versucht einem etwas anderes zu verkaufen – das deutlich mehr kostet. Manchmal sagt der Verkäufer auch: »Tut mir leid, dieser Artikel ist ausverkauft. Versuchen Sie es mit diesem Ersatzartikel – der ist genauso gut.« Ein Autohändler sagt vielleicht: »Das Auto, das in der Anzeige angeboten wurde, steht ganz hinten auf dem Hof. Hinter zehn Reihen von Neuwagen. Es wird ungefähr eine Stunde dauern, bis wir es hervorholen und Ihnen für eine Probefahrt zur Verfügung stellen können.«

Dieser schmutzige Trick wird allerdings selten angewendet in Verhandlungen, in denen es um größere Geschäfte geht. Wird er doch eingesetzt, läuft es etwa folgendermaßen ab: Ein Guerilla zieht einen Großen als potenziellen Kunden an, indem er *sehr verlockende Zusagen macht* (Kooperationstaktik 13). Wenn der Große dann zum Kauf entschlossen ist, versucht der Guerilla ihn dazu zu bringen, auch etwas anderes zu akzeptieren, indem er sagt: »Dieser Artikel ist jetzt leider nicht mehr verfügbar.«

Drei erfolgversprechende Guerilla-Konter

- Versuchen Sie, so viel wie möglich über den Verkäufer in Erfahrung zu bringen (Defensivtaktik 22: *Beschaffe dir Informationen und überprüfe sie).* Meiden Sie ihn, wenn er mit Lockangeboten arbeitet.
- Drohen Sie nicht nur damit, dass Sie die Verhandlungen abbrechen und gehen (Angriffstaktik 73). Tun Sie es wirklich (Angriffstaktik 68: *»Nehmen Sie's oder lassen Sie's bleiben«).*
- Einige Verkäufer wurden anscheinend schon verklagt, die mit dieser Masche gearbeitet haben, was eine Abwandlung des Schmutzigen Tricks 19 ist (*Unernst gemeinte Klage, um die Gegenseite zu schikanieren).* Wir empfehlen diese Vorgehensweise allerdings nicht, und zwar aus folgenden Gründen:
  - Beweise dürften schwer aufzutreiben sein.
  - Der Schaden ist vernachlässigbar. Eine Klage verursacht nur Kosten und wäre Zeitverschwendung.
  - Und wenn Sie das versuchen, ist die Geschäftsbeziehung beendet. Wollen Sie das wirklich?

Schmutziger Trick 25: Sich als unantastbar darstellen – behaupten »Mir stehen Sonderrechte zu«

Viele Leute stellen diese Behauptung auf und erwarten besondere Vergünstigungen von der Gegenseite. Das ist Ihnen im Laufe Ihres Geschäftslebens vielleicht schon häufig passiert. Befassen wir uns also damit, wie ein Guerilla erfolgreich dagegen angehen kann.

Vier erfolgversprechende Guerilla-Konter

* Schauen Sie sich zunächst Ihren Verhandlungspartner genau an. In Kapitel 6 haben wir empfohlen, sich fernzuhalten von zehn Arten von großen Tieren und solchen, die es sein wollen: Alten Menschen, Leuten mit angesehenen Berufen, Politikern, berühmten Persönlichkeiten, sehr gutaussehenden Menschen sowie von Leuten, denen entweder die Firma gehört oder die schon sehr lange dort arbeiten (Angriffstaktik 93). Sie halten sich für unantastbar und sind zu anspruchsvoll und fordernd. Auch Polizisten und Leute, die grob und unhöflich sind, können Probleme bereiten. Darüber hinaus gibt es noch weitere Unantastbare, etwa Leute, die mit dem Vorgesetzten ein intimes Verhältnis haben, Angehörige von ethnischen Minderheiten, die in manchen Ländern gesetzlichen Schutz genießen usw. Diese Leute verlangen meisten etwas zu viel – und erwarten auch, dass sie es bekommen. Wenn Sie mit Leuten dieser Art Geschäfte machen, müssen Sie sehr, sehr vorsichtig sein. Sie falsch zu behandeln, kann Ihnen eine Menge Ärger einbringen.

* Informieren Sie sich über die gesetzlichen Bestimmungen, insbesondere im Ausland (Angriffstaktik 32: *Wissen ist Macht)*. In Malaysia zum Beispiel erhalten nur Firmen, die von Einheimischen kontrolliert werden, öffentliche Bauaufträge. Eine ausländische Firma muss also 50,1 Prozent ihrer Anteile an einen Malaien übertragen, der Freunde in der Verwaltung hat. Er wird der nominelle Chef des Unternehmens, muss überhaupt nichts tun und erhält dafür regelmäßig einen Scheck. In Saudi-Arabien dürfen Frauen keine Firma betreiben. Aber sie umgehen häufig diese Vorschrift, indem sie einen Vertrag mit einem Mann abschließen, der dadurch formell Inhaber der Firma wird. Die Frau leitet das Unternehmen, der Mann

muss nur einmal im Monat erscheinen, um seinen Scheck in Empfang zu nehmen.

- Wenn Sie unbedingt zu einem Geschäftsabschluss kommen wollen, sollten Sie es ebenso handhaben – selbst wenn der lokale Strohmann überhaupt keine Gegenleistung erbringen muss (Unterwerfungstaktik 16: *Die Niederlage akzeptieren und nehmen, was man kriegen kann – lasse es, wie es ist).* Tun Sie das aber nur, wenn bei dem Geschäft ein guter Gewinn lockt.

- Erinnern Sie sich? Wenn Ihr Gegenüber bereits *viel Zeit in den Deal investiert hat,* haben Sie ein starkes Druckmittel gegen ihn (Angriffstaktik 27). In diesem Fall können Sie seine Forderung nach besonderen Vorrechten einfach ignorieren. Drohen Sie ihm stattdessen mit dem Abbruch der Verhandlungen (Angriffstaktik 68: *Sage: »Nehmen Sie's oder lassen Sie's bleiben«).*

Schmutziger Trick 27: Großspurig auftreten – der Gegenseite den Eindruck vermitteln, dass man bereits viel über sie und ihr Unternehmen weiß

Überraschen Sie Ihr Gegenüber, indem Sie ihm zeigen, dass Sie Ihre Hausaufgaben gemacht haben. Dass Sie eine ganze Menge über ihn wissen. Werden Sie dabei so konkret wie möglich.

Das wird ihn nicht nur überraschen, es wird ihm auch schmeicheln. Warum? Weil er dann weiß, dass Sie ihn für so wichtig halten, dass Sie Nachforschungen über ihn anstellen. Auf der anderen Seite wird er sich vielleicht auch vor Ihnen fürchten. Vielleicht fragt er sich: »Will er, dass ich vor seiner Macht Angst habe, oder versucht er mich als Freund zu gewinnen?«

In Wirklichkeit möchten Sie die Person, mit der Sie Verhandlungen führen, beeindrucken, indem Sie ihr zeigen, dass Sie über ihre Schwächen und Stärken Bescheid wissen.

Und diese Taktik hat noch einen weiteren Vorteil – sie wird den anderen verunsichern. Sie können ihm einen Schock versetzen, wenn ihm klar wird, was Sie womöglich alles über ihn wissen.

Drei erfolgversprechende Guerilla-Konter

Welche Art von Informationen hat Ihr Gegenüber über Sie?

- Werden Sie vorsichtig, wenn er viel über Sie weiß – vielleicht kennt er sogar Ihre Grundkalkulation. Versuchen Sie dies durch Fragen herauszufinden (Defensivtaktik 22: *Beschaffe dir Informationen und überprüfe sie)*.
- Wenn er falsche Informationen hat, korrigieren Sie ihn höflich, insbesondere wenn Ihnen dies zum Vorteil gereicht. Das ist eine Verbindung der Angriffstaktik 60 (*Mit Schmeicheleien, Schöntuerei und Charme arbeiten)* und der Kooperationstaktik 17 (*Dafür sorgen, dass die Gegenseite das Gesicht wahren kann)*.
- Wenn er Sie mit richtigen Informationen über Sie und Ihre Firma konfrontiert, müssen Sie eine Entscheidung treffen. Sollen Sie sich durch das Gespräch durchmogeln und ihn zu überzeugen versuchen, dass er sich irrt? Das ist die Angriffstaktik 50 (*Bluffen – das nicht allzu offenkundige Lügen)* Oder sollen Sie *vollständig aufrichtig sein* (Kooperationstaktik 8) und ihm sagen, dass er recht hat? Wir schlagen Folgendes vor: Belügen Sie ihn nicht. Wenn er bereits eine Menge über Sie weiß, machen Sie ihn zu Ihrem Verbündeten (Kooperationstaktik 5: *Suche dir den bestmöglichen Verbündeten von allen – die Gegenseite)*.

Schmutziger Trick 38: Einschüchternde Atmosphäre, manipulative Musik

Ihre Erfahrungen bei Verhandlungen im Büro derjenigen Person, mit der Sie einen Deal abschließen wollen, können insgesamt eher angenehm oder eher unangenehm sein. Wenn Ihr Gegenüber Sie einzuschüchtern versucht, könnte er Folgendes probieren:

- Die Hintergrundmusik ist zu laut und gefällt Ihnen nicht. Nehmen wir an, er verwendet die Defensivtaktik 22 (*Beschaffe dir Informationen und überprüfe sie)*. Dadurch findet er heraus, dass Sie die Musik von Barry Manilow nicht mögen, und deshalb spielt er sie während der gesamten Zeit, in der Sie sich bei ihm aufhalten. In einem Einkaufszentrum in Christchurch in Neuseeland wurde einmal längere Zeit Manilow-Musik gespielt, um lärmende und randalierende

Teenager zu vertreiben. Die amerikanischen Verhörspezialisten in Guantanamo verwendeten die Melodie aus der Sesamstraße, und das Lied *The Real Slim Shady* von Eminem wurde in einem CIA-Gefängnis in Afghanistan gespielt.

- Sein Büro liegt über einem leicht vibrierenden Stromgenerator.
- Die Wände und der Fußboden sind schmutzig.
- Das Licht flackert.
- Außerdem lässt die Hygiene zu wünschen übrig – eine *schmutzige Besuchertoilette* (Schmutziger Trick 43).

Drei erfolgversprechende Guerilla-Konter

- Lassen Sie das Büro auf sich wirken, wenn Sie es zum ersten Mal besuchen. Stellen Sie fest, ob Sie sich wohlfühlen oder unbehaglich oder vielleicht sogar eingeschüchtert. Wenn Sie sich wohlfühlen, werden wahrscheinlich auch die Verhandlungen gut verlaufen. Wenn Sie ein unbehagliches Gefühl haben, wird wohl auch das Ergebnis unbefriedigend sein – solange Sie nicht den Besprechungsort wechseln. Vielleicht in Ihr eigenes Büro (Angriffstaktik 10: *Ortsbezogene Überraschungen).*
- Wenn das Verhalten des Großen Sie sehr stört, sagen Sie es ihm. Das ist die Angriffstaktik 52 (*Frage ihn »Warum wenden Sie schmutzige Tricks gegen mich an und wann wollen Sie damit aufhören?«*). Sagen Sie ihm, dass Sie geneigt sind, *die Besprechung abzubrechen* – und nennen Sie ihm auch den Grund (Angriffstaktik 73).
- Wenn alles nichts nutzt, gehen Sie einfach (Angriffstaktik 68*: »Nehmen Sie's oder lassen Sie's bleiben«*).

Wie sensibel sind Sie für Ihre Umgebung? Nehmen wir an, Sie sitzen in einem Einstellungsgespräch. Stellen Sie sich folgende Fragen: Wie reagieren Sie, wenn

- Sie das Büro des Personalchefs betreten und auf seinem Tisch liegt eine Aktentasche mit scharfen Kanten?
- Sie in das Büro von jemandem kommen und dort liegt nichts auf dem Tisch, nicht einmal ein Blatt Papier?
- Sie auf einem harten Stuhl sitzen?

- Sie in einem weichen, bequemen Sessel sitzen?
- Ihnen eine Tasse Kaffee oder Tee angeboten wird?
- Ihnen ein Glas Eistee oder ein kalter Softdrink angeboten wird?

In einem Artikel in einer Fachzeitschrift wurde dazu Folgendes festgestellt:
- Scharfe Kanten an Aktentaschen: die meisten Menschen werden dadurch aggressiver.
- Völlig leerer Schreibtisch: auf die meisten Leute wirkt dies einschüchternd.
- Harter Stuhl: die meisten Menschen sind dann schwerer zu beeinflussen.
- Weicher Sessel: die meisten Menschen sind dann leichter zu beeinflussen.
- Kaffee oder Tee: die meisten Menschen werden nachgiebiger und einfühlsamer.
- Eistee oder Softdrink: die meisten werden weniger nachgiebig und weniger einfühlsam.

Uns erscheinen diese Feststellungen durchaus einleuchtend.

Schmutziger Trick 77: Die Gegenseite in die Defensive drängen – sie absichtlich, aber nicht übermäßig in Verlegenheit bringen

In asiatischen Ländern kann man die Gegenseite leicht in Verlegenheit bringen, in den USA oder Europa ist es schwieriger. Ein leitender japanischer Manager bemerkte einmal gegenüber Don: »Amerikaner haben wenig Schamgefühl. Sie merken es nicht einmal, wenn sie sich blamieren. Sie sind wenig sensibel.« (Schmutziger Trick 81: *Unbewegtes Gesicht, dunkles Herz*). Dass diese Taktik von Amerikanern und Europäern so selten verwendet wird, liegt auch daran, dass sie, große Tiere wie Guerillas gleichermaßen, nur schwer in Verlegenheit zu bringen sind.

Vorsicht: Jemand ein wenig in Verlegenheit zu bringen, ruft die gewünschte Wirkung hervor, übertreibt man es aber, kann der Schuss nach hinten losgehen.

Zwei erfolgversprechende Guerilla-Konter

- Wenn Ihr Verhandlungspartner diese Taktik gegen Sie anzuwenden versucht, tun Sie so, als würden Sie sich davon überhaupt nicht irritieren lassen (Schmutziger Trick 55: *Lügen*). Das ist nicht leicht. Stellen Sie sich zum Beispiel vor, Sie suchen einen potenziellen Kunden zu Hause auf. Dessen Ehefrau empfängt Sie an der Tür mit Lockenwicklern in den Haaren und ohne Make-up. Dann erscheint Ihr Kunde im Bademantel über dem T-Shirt und der Unterwäsche. Würden Sie lässig darüber hinwegsehen und wie geplant mit der Besprechung beginnen? Oder würden Sie ihm sagen, dass Sie zu einem passenderen Zeitpunkt wiederkommen würden?

- Wir bevorzugen die Konfrontation – Sagen sie Ihrem Gegenüber: *»Sie arbeiten hier mit schmutzigen Tricks, und das mag ich nicht«* (Angriffstaktik 52).

Schluss und Ausblick

So viel zu den 50 wirkungsvollsten, aber eher *selten* verwendeten Taktiken. In den Kapiteln 10 bis 15 werden wir uns mit den 50 machtvollsten, aber *sehr häufig* verwendeten Taktiken beschäftigen. Sie werden feststellen, dass diese Taktiken immer wieder gegen Sie verwendet werden, achten Sie daher besonders auf die vorgeschlagenen Kontermöglichkeiten. Wir nutzen sie jedenfalls häufig.

Donald Wayne Hendons 50 wirksamste und *häufig verwendete* Beeinflussungstaktiken: Guerillas sollten sie nutzen, obwohl der Große damit rechnet, einfach weil sie so wirkungsvoll sind

Ein Großer ist leicht zu durchschauen. Die in den Kapiteln 10 bis 15 dargestellten 50 Taktiken werden von ihm bevorzugt eingesetzt. Der Große ist sehr berechenbar, und das hilft einem Guerilla wie Ihnen. Aber bedenken Sie auch: Warum werden diese 50 Taktiken so häufig verwendet, sowohl von den Großen als auch von Guerillas? Weil sie funktionieren. Sie sind höchst wirkungsvoll. Auch Sie sollten sie anwenden – und Sie sollten darauf vorbereitet sein, dass sie gegen Sie eingesetzt werden. Das erreicht man am besten, wenn man mehrere Konter vorbereitet hat, derer man sich bedienen kann, wenn der Große – oder ein anderer Guerilla – mit diesen Techniken aufwartet. In den folgenden sechs Kapiteln werden mehrere wirkungsvolle Kontermöglichkeiten vorgestellt, die Sie in Ihr Waffenarsenal aufnehmen können. Wie bereits in Kapitel 4 erwähnt, sollten Sie folgende drei Aspekte stets im Kopf behalten:

- Diese 50 Taktiken mögen zu häufig eingesetzt werden, dennoch sind sie sehr wirkungsvoll.

- Der Große rechnet wahrscheinlich damit, dass Sie diese Taktiken verwenden, aber Sie sind ja schließlich auch ein Guerilla. Guerillas denken unkonventionell. Viele Große sind nicht mehr so fantasievoll und einfallsreich, wie sie es früher waren, als sie noch nicht diese Größe erreicht hatten. Sie werden bald merken, dass Sie gegenüber einem Großen viel erreichen können, wenn Sie diese Taktiken auf fantasievolle Weise einsetzen.

- Und schließlich können Sie Ihre Kreativität steigern, wenn Sie wie ein Kind denken (Vorbereitungstaktik 4: *Überwinde die Lähmung durch zu langsames Denken, indem du von Kindern lernst*) und indem Sie sich mit Uneindeutigkeit abfinden (Vorbereitungstaktik 5: *Die richtige Einstellung – ich muss mir das Recht erwerben, die Bedürfnisse der Gegenseite besser kennenzulernen*). Beschäftigen Sie sich noch einmal mit diesen beiden Methoden. Sie werden in Kapitel 5 vorgestellt. Weitere Hinweise dazu, wie Sie kreativer werden und unkonventioneller denken können, finden Sie unter www.GuerrillaDon.com.

In Kapitel 10 werden zwei der 50 wirkungsvollsten und *häufig* eingesetzten taktischen Waffen dargestellt – zwei Vorbereitungstaktiken. In den Kapiteln 11 bis 15 geht es um folgende Themen:

- In Kapitel 11 werden 27 Angriffstaktiken behandelt.
- In Kapitel 12 geht es um zwölf Defensivtaktiken.
- In Kapitel 13 befassen wir uns mit drei Unterwerfungstaktiken.
- In Kapitel 14 untersuchen wir zwei Kooperationstaktiken.
- In Kapitel 15 behandeln wir vier schmutzige Tricks.

Beginnen wir mit den zwei kraftvollsten und *häufig* verwendeten Vorbereitungstaktiken.

Kapitel 10

Zwei wirkungsvolle und *sehr häufig* eingesetzte Vorbereitungstaktiken

In diesem Kapitel geht es um folgende Themen: Wie man Zugeständnisse macht und wann man die eigenen Forderungen auf den Tisch legt.

Vorbereitungstaktik 19: Wie man Zugeständnisse macht – 20 Dinge, die man tun kann, und 20, die man lassen sollte

Jeder macht Zugeständnisse, und daher wird diese Taktik sehr häufig eingesetzt. Hier würde es allerdings zu weit führen, die 40 Dinge aufzuführen, die man tun kann beziehungsweise unterlassen sollte; sie werden im Einzelnen in Kapitel 17 dargestellt. Ja, Zugeständnisse zu machen, ist eine wichtige Taktik und verdient es, in einem eigenen Kapitel behandelt zu werden. In Kapitel 17 finden Sie die Einzelheiten, hier wollen wir uns mit dem Kontern beschäftigen.

Erfolgversprechende Guerilla-Konter

Wenn der andere ein Zugeständnis macht, können Sie ihm entweder auch ein Stück entgegenkommen oder stur auf Ihrer Position beharren. Was Sie tun, hängt davon ab, wie viel oder was er zugesteht und was Ihre Ziele sind. Es gibt zahlreiche Kontermöglichkeiten, sicherlich mehr als 100. In diesem Zusammenhang möchten wir Ihnen einen besonders wichtigen Rat geben: Die meisten Verhandlungsführer halten nicht genau fest, welche Zugeständnisse sie selbst gemacht haben oder die Gegenseite gemacht hat. Darauf haben wir bereits in Kapitel 7 hingewiesen. Machen Sie also Aufzeichnungen und versuchen Sie herauszufinden, nach welchem Muster die Gegenseite Zugeständnisse macht. Und wenn Sie vermuten, dass Ihr Gegenüber herauszufinden versucht, wodurch Sie zu Zugeständnissen bewegt werden, empfehlen wir Ihnen Folgendes:

Probieren Sie die sechs Kontermöglichkeiten aus, die wir in Kapitel 7 beschrieben haben. Sie schließen auch die Angriffstaktiken 1 und 16, die Defensivtaktiken 15, 20 und 53 sowie den Schmutzigen Trick 55 mit ein. Bemühen Sie sich insbesondere, undurchsichtig und unberechenbar zu erscheinen, zeigen Sie, dass Ihnen Zugeständnisse wehtun, achten Sie darauf, zu welchen Zeitpunkten der andere Zugeständnisse macht, und beobachten Sie seine Körpersprache.

Vorbereitungstaktik 23: Zeige mir, was du hast, dann zeige ich dir, was ich habe

Erinnern Sie sich an die Taktik *Lerne die Gegenseite kennen und lerne dich selbst kennen – Wissen ist Macht* (Angriffstaktik 32), die wir in Kapitel 6 vorgestellt haben? Erinnern Sie sich an die Taktik *Vollständige, totale Stille* (Defensivtaktik 10) aus Kapitel 7? Sowohl Sie wie auch der Große denken das Gleiche: »Ich muss wissen, was der andere will. Ich darf nicht zulassen, dass er herausbekommt, was ich will – zumindest jetzt noch nicht. Ich bin im Vorteil, wenn er sich als Erster bewegt.« Das ist ein umgekehrter Ego-Wettstreit. Man könnte es auch als einen Wettstreit im Anstarren bezeichnen. Das Ziel besteht darin, wichtige Informationen so lange wie möglich vor dem anderen zu verbergen. Wer als Erster zu sprechen anfängt, macht ein Zugeständnis, ohne dafür eine Gegenleistung zu erhalten. Und das ist einfach töricht.

Nehmen wir an, Sie möchten, dass Ihnen der Große, von dem Sie etwas kaufen wollen, seinen niedrigsten Preis einräumt. Sie sitzen in seinem Büro und sagen zu ihm: »Ich habe mich umgesehen und ich kann diesen Artikel bei der Firma XY zu einem günstigeren Preis erhalten, als Sie verlangen. Ich würde ihn gerne von Ihnen kaufen, also nennen Sie mir bitte Ihren günstigsten Preis.« Der Große wird wahrscheinlich erwidern: »Was verlangt die Firma XY?« Sie können hart bleiben und Ihre Bitte wiederholen. Nun beginnt der Ego-Wettstreit. Wird der andere als Erster nachgeben und Ihnen einen niedrigeren Preis nennen? Das hängt weitgehend davon ab, wie sehr ihm daran gelegen ist, mit Ihnen ins Geschäft zu kommen. Er wird überlegen, ob Sie in der Vergangenheit ein guter Kunde waren, wie hoch die Wahrscheinlichkeit ist, dass von Ihrer Seite Anschlusskäufe kommen usw.

Vielleicht versucht er Sie weiter unter Druck zu setzen, indem er Belege verlangt – vielleicht ein schriftliches Angebot des anderen Lieferanten, eine Anzeige, einen Katalog des Konkurrenten etc. Der Ego-Wettkampf geht weiter. Was können Sie in diesem Fall tun?

Drei erfolgversprechende Guerilla-Konter
Sich schroff zu weigern, ihm den Preis des Konkurrenten zu nennen (Angriffstaktik 71: *Sei hartnäckig – Sage nein)* und dafür auch keine Begründung zu nennen, könnte die Situation noch verschlimmern. Stattdessen können Sie Folgendes tun:

- Bleiben Sie standhaft. Erklären Sie dem Großen: »Ich möchte Ihnen nicht sagen, was die Firma XY verlangt, denn ich möchte meine Geschäftsbeziehung zu ihr nicht gefährden. Ich nehme an, Sie haben dafür Verständnis?« Verwenden Sie die Defensivtaktik 3 (*Nutze den Sinn der Gegenseite für Ethik, Gerechtigkeit und Moral).*
- Erklären Sie dem anderen: »Ich würde es Ihnen gerne sagen, aber mir sind die Hände gebunden. Meine Unternehmensrichtlinien erlauben es nicht.« Das ist die Defensivtaktik 31 (*Übertrieben penibel sein).* Aber dieses Verhalten erscheint nicht besonders glaubwürdig. Sie müssen schon ein guter Schauspieler sein – oder ein guter Lügner –, damit diese Taktik funktioniert. Sind Sie das? *Offenkundiges Lügen, nicht nur überzogenes Sprücheklopfen –* das ist der Schmutzige Trick 55.

Nehmen wir an, der andere *zwingt Sie, Farbe zu bekennen* (Angriffstaktik 51) und sagt: »Ich glaube Ihnen nicht, denn ich kenne die Firma XY. Deren Kosten sind höher als unsere. Sie kann dieses hochwertige Erzeugnis wahrscheinlich nicht zu einem günstigeren Preis als wir anbieten.« Wie sollen Sie jetzt reagieren? Wir schlagen Folgendes vor:
Erzeugen Sie Schuldgefühle bei Ihren Gegenüber, indem Sie sagen: »Ich bin überrascht. Wie können Sie meine Aussagen in Zweifel ziehen, nachdem wir schon so lange Geschäftsbeziehungen unterhalten?« Das ist die hochwirksame Angriffstaktik 80: *Die Gegenseite einschüchtern durch die Erzeugung von Schuldgefühlen.*

Kapitel 11

27 wirkungsvolle und *sehr häufig* verwendete Angriffstaktiken

In diesem Kapitel geht es um folgende Themen: sich dumm stellen; Erstaunen; der beste Zeitpunkt zur Angebotsabgabe; Übereifer; Käuferreue; Termine; blinde Flecken; teile und herrsche; Arroganz; Ego; guter Junge, böser Junge; Köder; großer Topf; Wunschlisten und reale Möglichkeiten; Charme; Insiderinformationen; Druck und Dynamik; wann man am besten geht; wann man ein Nein akzeptiert; der angedrohte Rückzug; Einschüchterung (ohne Waffen); den Großen in die Defensive treiben; anknabbern; ein Blick auf die Erfolgsbilanz sowie damit verbundene Probleme – meine, Ihre, unsere.

Angriffstaktik 11: Sich dumm stellen, ist klug. Sage »Wer, ich? Tut mir leid, das wusste ich nicht.«

Es ist gut zu wissen, wann man sich dumm stellen muss. Noch besser ist es, zu erkennen, wann die Person, mit der man ein Geschäft machen möchte, sich absichtlich dumm stellt. Große Tiere wie auch Guerillas können diese Taktik auf zweierlei Weise anwenden:

- Sie ergreifen die Initiative. Sie tun etwas, das Ihnen einen Vorteil bringt, auch wenn es den unausgesprochenen, allgemein akzeptierten Verhandlungsgepflogenheiten widerspricht. Wenn man sie damit konfrontiert, geben sie sich unwissend – sie tun so, als wüssten sie von nichts.

- Eine andere Möglichkeit besteht darin, Ihnen eine Frage zu stellen, obwohl sie die Antwort bereits kennen. Warum tun die anderen das? Weil sie Ihre Aufrichtigkeit auf die Probe stellen möchten oder um die Richtigkeit ihrer Informationen zu überprüfen. Oder um zu sehen, ob Sie die Verhandlungen hinauszögern wollen, indem Sie mit der Frage »Was, ich?« operieren.

Drei erfolgversprechende Guerilla-Konter

- Beobachten Sie die *Körpersprache des Gegenübers* (Defensivtaktik 15). Wenn Sie die Körpersprache von Menschen deuten können, dann können Sie auch feststellen, wann Ihr Gegenüber sich absichtlich unwissend stellt. Dann ist Vorsicht geboten. Er möchte Sie wahrscheinlich auf die Probe stellen.

- Achten Sie darauf, was Sie dem anderen sagen. Vergessen Sie nicht: Jede Information, die Sie ihm geben, kann gegen Sie verwendet werden. Sie treten ihm einen Teil Ihrer Macht ab, ohne dafür eine Gegenleistung zu erhalten. Und das ist wirklich sehr töricht (Defensivtaktik 42: *Der Gegenseite besonders wichtige Informationen vorenthalten)*.

- Bleiben Sie stets wachsam. Handeln Sie entsprechend, wenn Sie misstrauisch werden – versuchen Sie mehr über den anderen in Erfahrung zu bringen. Finden Sie heraus, ob er diese Taktik häufig verwendet (Defensivtaktik 22: *Beschaffe dir Informationen und überprüfe sie)*.

Angriffstaktik 15: Sich überrascht geben

Unserer Erfahrung nach wird diese Taktik von großen Tieren wie von Guerillas gleichermaßen verwendet. Im Allgemeinen aber funktioniert sie besser, wenn Guerillas sie einsetzen. Man kann sie sowohl beim Kaufen als auch beim Verkaufen nutzen. Nehmen wir an, Sie wollen etwas kaufen. Der Verkäufer nennt Ihnen seinen Preis. Geben Sie sich überrascht, aber bringen Sie dies nicht nur durch Worte zum Ausdruck. Bedienen Sie sich Ihrer *Körpersprache* (Defensivtaktik 16). Versuchen Sie, ein guter Schauspieler zu sein und tun Sie so, als würde Ihnen dieser Preis wehtun (Angriffstaktik 16: *Zeigen, dass es einem wehtut, nachzugeben)*.

Don bedient sich häufig dieser Taktik, wenn er in Ländern der Dritten Welt etwas einkauft. Die Ladenbesitzer halten ihn für einen reichen Amerikaner und verlangen von ihm gewöhnlich einen höheren Preis, als sie normalerweise erzielen. Anstatt sich aber wie ein großer amerikanischer Zampano aufzuführen, verhält sich Don wie ein Guerilla. Er ruft nicht nur »Aieee«, sondern verzieht auch das Gesicht vor Schmerz. Das verwirrt die Ladenbesitzer. Dieses Verhalten funktioniert sehr gut im Ausland, nicht aber zu Hause in Amerika. Sich überrascht zu geben, ist wesentlich wirksamer, als über die Preisvorstellungen des anderen zu lachen. Das heißt, verzichten Sie auf den Schmutzigen Trick 31 (*Die Gegenseite verleumden und lächerlich machen*).

Vier erfolgversprechende Guerilla-Konter

* Schenken Sie der Vorführung der Gegenseite keinen Glauben (Vorbereitungstaktik 7: *Lasse dich nicht leicht überreden*). Geben Sie nicht nach.
* Egal ob Sie etwas kaufen oder verkaufen wollen, stellen Sie dem anderen eingehende Fragen, um herauszufinden, warum ihm Ihr Angebot nicht zusagt (Defensivtaktik 41: *Immer noch mehr Informationen verlangen*).
* Sagen Sie dem anderen nicht, warum Sie ihm genau dieses Angebot machen (Defensivtaktik 42: *Der Gegenseite besonders wichtige Informationen vorenthalten*).
* Warum nicht? Weil die Weitergabe von Informationen ein großes Zugeständnis darstellt. Machen Sie niemals ein Zugeständnis, ohne dafür eine Gegenleistung zu erhalten (Vorbereitungstaktik 19: *Wie man Zugeständnisse macht: 20 Dinge, die man tun kann, und 20, die man lassen sollte*).

Angriffstaktik 19: Unterbreite der Gegenseite dein bestes Angebot nicht zu früh

Legen Sie sich nicht zu früh fest. Vermitteln Sie dem Großen vielmehr das Gefühl, dass Sie ihm alles geben, was er verlangt. Aber anstatt zu tun, was er erwartet, legen Sie in allerletzter Minute ein derart attraktives Angebot auf den Tisch, dass ihm gar keine andere Möglichkeit bleibt, als es zu akzeptieren und seine vorhergehenden Forderungen zu vergessen. Mit anderen Worten, er wird Ihnen ein weiteres Zugeständnis machen. Das ist Guerilla-Verhandlungstaktik vom Feinsten. Sie können es auf dreierlei Weise umsetzen:

* Erklären Sie dem Verkäufer: »Ich verdopple die Größe des Auftrags, wenn Sie mir den gewünschten Preis einräumen.«
* Erklären Sie dem Verkäufer: »Ich akzeptiere Lieferungen von Ihnen auch in Ihren umsatzschwachen Zeiten. Dadurch können Sie Ihre Produktionsabläufe gleichmäßiger gestalten.«

- Erklären Sie dem Käufer: »Ich weiß, dass Sie knapp bei Kasse sind. Wenn Sie mein Angebot annehmen, komme ich Ihnen bei den Zahlungsmodalitäten entgegen.«

Im Bridge-Spiel spricht man in diesem Zusammenhang davon, dass man *das Ass ausspielt.*

Drei erfolgversprechende Guerilla-Konter

Nehmen wir an, der Große versucht diese Taktik gegen Sie anzuwenden. Was würden Sie tun? Es ist schwierig, an Kontermaßnahmen zu denken, wenn der andere so entgegenkommend ist. Doch nachfolgend zeigen wir drei Möglichkeiten, die Sie in Betracht ziehen können, sowie eine, die Sie sich gleich aus dem Kopf schlagen sollten:

- Akzeptieren Sie sein Angebot nicht zu früh (Angriffstaktik 20).
- Seien Sie skeptisch (Vorbereitungstaktik 7: *Lasse dich nicht leicht überreden).*
- Gewinnen Sie Zeit, indem Sie dem anderen erklären: »Das kommt wirklich unerwartet. Das muss ich zuerst mit meinem Vorgesetzten besprechen.« Das ist der Schmutzige Trick 5 (*Begrenzte Autorität – ich muss zuerst meine Mutter fragen).*
- Aber machen Sie dem anderen im Gegenzug niemals mehr Versprechungen, wenngleich Versprechungen leichter zu machen sind als Zugeständnisse. Wenn Sie dem Großen etwas versprechen, wird er noch mehr Zugeständnisse von Ihnen zu erlangen versuchen. Anders gesagt, verwenden Sie nicht die Kooperationstaktik 13 (*Verlockende Zusagen machen, anstatt nachzugeben).*

Angriffstaktik 24: Verhindere, dass beim Käufer Reue aufkommt – nimm das Angebot der Gegenseite nicht zu früh an

Guerillas handeln gern schnell. Das liegt in ihrer Natur. Aber seien Sie nicht übereifrig. Akzeptieren Sie das Angebot des Großen niemals voreilig. Selbst wenn es ausgezeichnet ist und Sie alles bekommen, was Sie wollten – oder vielleicht sogar mehr. Wenn Sie es zu schnell annehmen und ohne zu feilschen, wird wahrscheinlich zweierlei geschehen:

- Wenn Sie der Käufer sind: Sie werden instinktiv denken, dass mit dem Produkt, das Sie erworben haben, etwas nicht in Ordnung ist.

Sie werden einen Groll gegen den Verkäufer entwickeln. Und Sie werden später Ihren Kauf bereuen.

- Wenn Sie der Verkäufer sind: Sie werden glauben, dass Sie Ihr Produkt zu billig abgegeben haben, und vielleicht versuchen, das Geschäft rückgängig zu machen – je früher, umso besser.

Sowohl Käufer als auch Verkäufer werden ihr Tun bereuen. Aus irgendeinem Grund hat sich der Begriff *Käuferreue* eingebürgert, der sowohl auf den Käufer wie auch den Verkäufer bezogen wird. Er ist nicht zu verwechseln mit dem Begriff *Fluch des Gewinners,* der sich auf einen Bieterwettbewerb bezieht. Weil derjenige, der in einer Versteigerung den höchsten Preis bietet, bei unvollständiger Information gewöhnlich den Wert des angebotenen Gegenstands überschätzt, bezahlt er systematisch zu viel. Wenn ihm das bewusst wird, bereut er es.

Vier erfolgversprechende Guerilla-Konter

Die beiden wichtigsten Kontermöglichkeiten:

- Bleiben Sie skeptisch und fragen Sie sich: »Warum macht mir der andere ein so gutes Angebot, ein Angebot, das zu gut ist, um wahr zu sein? Er ist ja nicht dumm. Vielleicht möchte er verhindern, dass ich auch mit seinen Konkurrenten spreche und dann sein Angebot ausschlage. Oder vielleicht stimmt mit seinem Produkt oder seiner Dienstleistung etwas nicht.« Das ist die Vorbereitungstaktik 7 (*Lasse dich nicht leicht überreden*).
- Dieses Gefühl wird sich nach dem Kauf verstärken. Vermeiden Sie also das Aufkommen von Käuferreue, indem Sie sich nicht dazu verleiten lassen, sofort zuzugreifen. Erklären Sie dem anderen: »Ich muss eine Weile darüber nachdenken.« Das ist die Defensivtaktik 27 (*Zeit gewinnen – sich kurz zurückziehen*).

Auch diese beiden Konter können Sie versuchen:

- Zeigen Sie dem anderen durch Ihre *Körpersprache,* dass Sie nicht brennend interessiert sind (Defensivtaktik 16).
- Erklären Sie ihm: »Das klingt gut, aber ich muss mich zuerst mit meinem Vorgesetzten besprechen.« Das ist der Schmutzige Trick 5 (*Begrenzte Autorität*).

Angriffstaktik 28: Nutze Termine und Fristen klug

In Kapitel 17 (*Wie man als Guerilla Zugeständnisse macht*) wird ausführlich auf Termine und Fristen eingegangen. Hier nur ein kurzer Vorgriff. Bedenken Sie folgende drei Dinge:

- Es gibt zahlreiche Versionen der bekannten 80-20-Regel. In diesem Zusammenhang bedeutet die 80-20-Regel: 80 Prozent der entscheidenden Aktionen bei geschäftlichen Verhandlungen finden in den letzten 20 Prozent der Zeit vor dem Ende der Gespräche statt. Widerstehen Sie also der Versuchung, unnötigerweise zu früh zu viel preiszugeben.
- Wenn der Termin des Großen verhandelbar ist, meint er ihn nicht ernst.
- Machen Sie sich keine Sorgen wegen seines Endtermins. Sein Termin begrenzt seine Flexibilität. Das heißt, der andere muss sich eher Sorgen machen. Er muss seinen Termin einhalten, nicht Sie. Ohne einen feststehenden Endtermin sind Sie wesentlich flexibler! Sobald Sie seinen Termin kennen, wird er mehr Schwierigkeiten damit haben als Sie mit Ihrem Termin, den Sie stets für sich behalten sollten.

Vier erfolgversprechende Guerilla-Konter

Wenn Ihr Gegenüber herauszufinden versucht, welchen Termin Sie sich gesetzt haben, können Sie auf zweierlei Weise reagieren:

- Fast immer ist es besser, wenn Sie ihm Ihren Termin verschweigen. Hier kommen folgende zwei Taktiken zur Anwendung: die Angriffstaktik 28 (*Nutze Termine und Fristen klug*) und die Defensivtaktik 42 (*Der Gegenseite besonders wichtige Informationen vorenthalten*). Sie geben zu viel von Ihrer Macht preis, wenn Sie offenbaren, welchen Termin Sie sich gesetzt haben – ohne dafür eine Gegenleistung vom anderen zu erhalten. Das wäre ziemlich unklug. Denn der andere könnte dann auf Zeit spielen (Defensivtaktik 27). Und kurz vor dem Verstreichen Ihres Termins könnte er Druck auf Sie ausüben (Schmutziger Trick 66), um möglichst viele Zugeständnisse von Ihnen zu erhalten.
- Sie dürfen dem anderen Ihren Termin nur dann mitteilen, wenn Sie ihn als Ultimatum nutzen wollen (Angriffstaktik 67: *Nehmen Sie's*

oder lassen Sie's). Doch Vorsicht! Dieser Schuss geht oft nach hinten los. Der andere denkt vielleicht, dass Sie stark unter Druck stehen und unbedingt zu einem Abschluss mit ihm kommen wollen. Das wird ihn dazu veranlassen, mehr zu fordern.

Mit folgenden Mitteln können Sie mehr über die Terminfestlegungen der Gegenseite herausfinden:

- Testen Sie den Termin, den Ihnen der andere nennt, um herauszufinden, ob er belastbar ist. Stellen Sie fest, ob es noch zeitlichen Spielraum gibt (Defensivtaktik 22: *Beschaffe dir Informationen und überprüfe sie).*
- Finden Sie heraus, ob sein Termin von seinem Vorgesetzten und allen anderen Parteien akzeptiert wird. Wenn ja, dann ist dieser Termin wahrscheinlich ernst gemeint. Hier werden abermals die Defensivtaktik 22 und die Angriffstaktik 32 (*Wissen ist Macht)* verwendet.

Angriffstaktik 31: Finde die Schwachstellen der Gegenseite heraus und nutze sie aus

Bevor Sie mit dem Großen in Verhandlungen eintreten, sollten Sie so viel wie möglich über ihn in Erfahrung bringen (Angriffstaktik 32). Wenn Sie nicht viel über ihn wissen, beobachten Sie seine *Körpersprache* (Defensivtaktik 15), hören Sie aufmerksam auf seine Worte (Kooperationstaktik 14). So werden Sie bald herausbekommen, was er über sich selbst nicht weiß. Das ist für Sie eine wichtige Information. Sobald Sie seine Schwachstellen herausgefunden haben, können Sie entsprechend vorgehen:

- Wenn er eitel ist, schmeicheln Sie ihm. Große Tiere sind wesentlich eitler als Guerillas.
- Wenn er geizig ist, verdeutlichen Sie ihm, wie günstig Ihr Angebot ist.
- Wenn er vorschnell Schlussfolgerungen zieht, sorgen Sie dafür, dass er zu jener Schlussfolgerung gelangt, die Sie sich wünschen.
- Wenn er entscheidungsschwach ist, treffen Sie die Entscheidung für ihn.

Mit anderen Worten, wenn er dumm ist, zeigen Sie keine Gnade – sondern nutzen Sie das aus.

Drei erfolgversprechende Guerilla-Konter

Gehen Sie zuerst auf Nummer sicher – fällen Sie keine voreiligen Urteile über Ihr Gegenüber. Sie mögen vielleicht glauben, dass Sie die Schwachstellen des anderen erkannt haben, die meisten Leute aber irren sich diesbezüglich. Die Schwachpunkte anderer Menschen sind nur schwer zu erkennen. Erinnern Sie sich an die Vorbereitungstaktik 15: *Bereite dich vor, vertraue deinem Instinkt und packe es an).* Aber vertrauen Sie Ihrem Instinkt nur, wenn sich dies in der Vergangenheit bewährt hat.

Und zweitens: Kennen Sie Ihre eigenen Schwachpunkte? Wenn nicht, werden große Tiere und andere Guerillas sich das zunutze machen und Sie werden gar nicht begreifen, wie Ihnen geschieht. Folgendes können Sie tun:

- Bleiben Sie realistisch. Wir haben im Laufe der Zeit festgestellt, dass die größte Schwäche der meisten Guerillas darin besteht, dass sie zu zuversichtlich sind. Seien Sie ein Realist, kein Optimist. Mit anderen Worten, vermeiden Sie unbedingt die Defensivtaktik 63 (*Realitäten ignorieren, sich stattdessen auf unrealistische Möglichkeiten konzentrieren).* Verwenden Sie stattdessen die Angriffstaktik 32 (*Lerne die Gegenseite kennen und lerne dich selbst kennen).*
- Und dann versuchen Sie sich Ihrer eigenen Schwachpunkte zu entledigen. Sie können Ihre *Schwachstellen* wahrscheinlich selbst nur schlecht erkennen, seien Sie also vorsichtig, wenn Sie die Schwachpunkte des Großen einzuschätzen versuchen (Vorbereitungstaktik 9).

Angriffstaktik 35: Trete machtvoll auf – teile und herrsche

Viele Große treten gerne mit Teams an, wenn Sie mit kleinen Guerillas verhandeln. Die Gegenseite zahlenmäßig zu übertrumpfen, wirkt sehr einschüchternd. Wenn Sie also mit dem Team des Großen Gespräche führen, halten Sie Ausschau nach Leuten, die sich ernsthaft dafür interessieren, was Sie zu sagen haben. Das ist einfach, wenn Sie die *Körpersprache* beobachten (Defensivtaktik 15). Konzentrieren Sie sich auf diese

Personen. Überzeugen Sie sie und ziehen Sie sie auf Ihre Seite. Sie werden Ihnen helfen, Ihre Ideen dem Rest des Teams nahezubringen.

Aber wie können Sie sie überzeugen? Wenn Sie ein guter Verhandlungsführer sind, widmen Sie ihnen mehr Zeit als den anderen Mitgliedern des Teams; das funktioniert oft. Aber auch nicht zu viel Zeit, denn Sie dürfen sie nicht dem Rest der Gruppe entfremden.

Drei erfolgversprechende Guerilla-Konter

- Wenn Sie mit einem Team in die Verhandlungen gehen, lassen Sie nicht zu, dass die Gegenseite einzelne Mitglieder herauspickt und auf ihre Seite zieht. Seien Sie höchst wachsam. Beraten Sie sich häufig mit Ihrem Team. Beobachten Sie aufmerksam jene Mitglieder, die sich den Vorschlägen der Gegenseite übermäßig aufgeschlossen zeigen. Halten Sie engen Kontakt mit ihnen, sorgen Sie dafür, dass sie loyal bleiben (Angriffstaktik 54: *Kontrolle über den Verständigungsprozess ausüben*).

- Wenn sich dies schwierig gestaltet, ziehen Sie sich für eine Weile zurück, bemühen Sie sich aber hinter den Kulissen weiter darum, Ihre Ziele durchzusetzen (Schmutziger Trick 56: *Unaufrichtig den Rückzug ankündigen – Du bist weiterhin da, versteckst dich aber hinter Mittelsmännern*).

- Wenn alles nichts hilft, erlegen Sie den Mitgliedern Ihres Teams Kommunikationsbeschränkungen auf (Angriffstaktik 55: *Erkläre deinem Team, welche Informationen es der Gegenseite übermitteln darf*).

Angriffstaktik 38: Trete überheblich auf – überrumpele die Gegenseite, indem du deine Autorität spielen lässt

Das ist auf die Spitze getriebenes Machtbewusstsein, und dieses Vorgehen passt zu großen Tieren und solchen, die welche sein wollen. Man kann das überall beobachten:

- Im Militär gehen Offiziere auf diese Weise mit Rekruten um (Angriffstaktik 86: *Die Gegenseite durch rechtliche oder staatliche Machtmittel einschüchtern*).

- Verkehrspolizisten wenden diese Taktik gegenüber Rasern an (wiederum die Angriffstaktik 86).

- Hochtrabende Geistliche setzen sie anscheinend gegen jedermann ein (Schmutziger Trick 26: *Selbstgerecht auftreten)*. Gleiches gilt für berühmte Persönlichkeiten (Angriffstaktik 95) und Politiker.
- Chefs operieren damit gegenüber ihren Untergebenen (Angriffstaktik 90: *Die Gegenseite durch deinen Status in der Firma einschüchtern)*.
- Und große Tiere mit großen Egos verhalten sich fast gegenüber allen anderen auf diese Weise. Vor allem schüchtern sie damit anscheinend gern Guerillas ein.

Unser Rat: Verwenden Sie diese Taktik maßvoll. Schikanieren Sie Ihr Gegenüber nicht damit. Sie sind vielleicht nicht so mächtig, wie Sie glauben, vor allem wenn Sie einen großen *Schwachpunkt* haben (Vorbereitungstaktik 9). Verwenden Sie diese Taktik niemals, wenn Sie wütend sind. Aber wenn Sie mit dem anderen gar nicht ernsthaft verhandeln wollen, dann können Sie sie einsetzen. Sagen Sie zu ihm beispielsweise: »Für wen halten Sie sich denn, dass Sie glauben, Sie könnten so mit mir umgehen?«

Sechs erfolgversprechende Guerilla-Konter

Lassen Sie sich vom großen Tier nicht einschüchtern. Wenn Sie über die folgenden fünf Eigenschaften verfügen, können Sie dem Großen Paroli bieten. Nutzen Sie also diese Taktik, um sich einen Vorteil zu verschaffen.

- Sie üben einen angesehenen Beruf aus (Arzt, Universitätsprofessor). Doch Vorsicht, Ihr Beruf ist vielleicht doch nicht so prestigeträchtig, wie Sie annehmen. Nach Erhebungen von Meinungsforschern genießen beispielsweise Feuerwehrleute in der Bevölkerung ein höheres Ansehen als Parlamentsabgeordnete (Angriffstaktik 92: *Die Gegenseite einschüchtern durch deinen prestigeträchtigen Beruf)*.
- Sie sind ein anerkannter Experte auf Ihrem Tätigkeitsgebiet – besser noch ist, wenn Sie ein weithin bekannter Experte sind (Angriffstaktik 94: *Die Gegenseite einschüchtern durch dein Fachwissen)*.
- Sie sind eine *berühmte Persönlichkeit* (Angriffstaktik 95).
- Sie sind sein Vorgesetzter (Angriffstaktik 90: *Die Gegenseite einschüchtern durch deinen Status in der Firma)*.

- Sie haben ein intimes Verhältnis mit Ihrem/Ihrer Vorgesetzten (Angriffstaktik: *Die Gegenseite einschüchtern durch deine Unantastbarkeit*).

Wenn Sie keines dieser Merkmale aufzuweisen haben und mit einem einschüchternden großen Tier ernsthaft ins Geschäft kommen wollen, sollten Sie einen anerkannten Fachmann mitbringen und ihn die Verhandlungen führen lassen (Angriffstaktik 3: *Überrasche die Gegenseite durch deinen Experten*).

Angriffstaktik 39: Handele egoistisch – ich bin der Größte!

Verwenden Sie diese Methode, wenn Sie die Erwartungen des Großen dämpfen wollen. Er wird sich möglicherweise mit weniger zufriedengeben, als er kriegen könnte, wenn er das Gefühl bekommt, dass er mit einem Superstar Geschäfte macht. Beeindrucken Sie ihn also durch ihre Leistungen, vor allem wenn diese jüngeren Datums sind. Lange zurückliegende Leistungen sind nicht sehr eindrucksvoll.

Bei dieser Taktik ist dreierlei zu beachten:

- Wenn Sie ihn zu täuschen versuchen (Schmutziger Trick 55: *Offenkundiges Lügen, nicht nur überzogenes Sprücheklopfen*), wird er Sie wahrscheinlich durchschauen.

- Wenn Sie einfach nur prahlen, wird er vielleicht durch Ihr aufgeblasenes Ego abgestoßen werden (Schmutziger Trick 2: *Lege dir einen unzerstörbaren Ruf zu – rede in den höchsten Tönen von dir selbst und sorge dafür, dass auch andere über dich voll des Lobes sind*).

- Wenn er Ihnen Glauben schenkt, wird er vielleicht mehr von Ihnen verlangen und vielleicht auch mehr erhalten, vor allem wenn Sie eine Weihnachtsmann-Mentalität haben (Angriffstaktik 85: *Ich kann es mir leisten, etwas wegzugeben*).

Drei erfolgversprechende Guerilla-Konter

Wenn sich große Tiere und andere Guerillas aufführen, als wären sie die Größten, können Sie Folgendes tun, um sie wieder auf den Boden der Tatsachen zurückzuholen:

- Überprüfen Sie ihre Behauptungen, um festzustellen, ob sie Sie belügen oder nicht – und geben Sie ihnen das auch zu erkennen (Defensivtaktik 22: *Beschaffe dir Informationen und überprüfe sie – identifiziere Unsinn und lege ihn bloß).*

- Verhandeln Sie auf der Grundlage von konkreten Fragen, nicht auf der Basis von effekthascherischen Präsentationen (Angriffstaktik 33: *Handele logisch und folgerichtig – und sorge dafür, dass die Gegenseite das auch erkennt).*
- Beherrschen Sie Ihr Ego. Lassen Sie sich vom anderen nicht in einen Ego-Wettstreit darüber hineinziehen, wer der Größte ist (Vorbereitungstaktik 10: *Nimm dein Ego zurück).*

Angriffstaktik 44: Guter Junge, böser Junge

Diese Methode kennt jeder. Neben der Verwendung eines *Köders* (Angriffstaktik 47) und dem *Großen Topf* (Angriffstaktik 48) gehört sie zu den drei am häufigsten eingesetzten Verhandlungstaktiken – und wird von Großen wie von Guerillas gleichermaßen verwendet. Alle drei Methoden werden viel zu häufig eingesetzt, nichtsdestotrotz sind sie wirkungsvoll. Sogar sehr wirkungsvoll. Und deshalb werden sie auch so häufig verwendet.

Wenn die Gegenseite diese Taktik gegen Sie zur Anwendung bringt, operiert sie stets mit einem mindestens zweiköpfigen Team. Die eine Person, die den Bösen spielt, verhält sich im ersten Teil des Gesprächs sehr unvernünftig, während sich die andere, die den Guten darstellt, ruhig und besonnen gibt. Der Böse findet dann irgendeinen Vorwand, um den Raum zu verlassen. Während er draußen ist, erklärt Ihnen der Gute: »Ich kann meinen Partner dazu bringen, sich etwas entgegenkommender zu verhalten. Ich bin wirklich auf Ihrer Seite, nicht auf seiner. Er ist ein Arschloch.« Wenn Sie selbst diese Taktik anwenden, beachten Sie Folgendes: Diese Methode ist von anderen sehr leicht zu erkennen, selbst wenn Sie beide gute Schauspieler sind.

Drei erfolgversprechende Guerilla-Konter

- *Bieten Sie der Gegenseite die Stirn* (Angriffstaktik 51). Schauen Sie den beiden Personen auf der anderen Seite des Verhandlungstisches fest in die Augen und sagen Sie: »Mensch, das war die beste Böser-Junge-Guter-Junge-Vorstellung, die ich jemals gesehen habe. Davon kann ich lernen.« Oder seufzen Sie und sagen Sie: »Ach, kommen Sie, das war die schlechteste Guter-Junge-Böser-Junge-Nummer, die ich bisher erlebt habe.«

- Lächeln Sie, während Sie seufzen. Das zeigt den anderen, dass Sie nicht verärgert sind (Kooperationstaktik 24: *Strahle Wärme aus, bemühe dich dabei aber, ehrlich zu wirken).*

- Verwenden Sie niemals die Angriffstaktik 14 *(Ich glaube Ihnen, Sie Lügner).* Wenn Sie den anderen das Gefühl vermitteln wollen, dass Sie ihnen tatsächlich glauben, was sie ihnen vorspielen, werden sie Sie für dumm halten und wahrscheinlich noch mehr aus Ihnen herauszuholen versuchen, als ihnen bereits gelungen ist. Spielen Sie also das Spiel nicht mit.

Angriffstaktik 47: Verwende einen Köder, um die Gegenseite von deinen eigentlichen Absichten abzulenken

Wie gut können Sie schauspielern? Sie müssen schon sehr überzeugend sein, denn diese Taktik ist leicht zu durchschauen. Sie haben sie wahrscheinlich auch selbst schon häufig angewendet – Sie werfen ein paar weniger wichtige Ziele in den Topf (den Köder) und fügen Ihr wichtigstes Ziel (Ihr eigentliches Anliegen) hinzu. Sie schwindeln und versuchen Ihr Gegenüber glauben zu machen, dass auch die nicht vorrangigen Ziele für Sie wichtig sind. Zum geeigneten Zeitpunkt verzichten Sie auf einige oder alle diese nachrangigen Ziele – aber nicht auf jenes, das Sie eigentlich erreichen wollen. Mit anderen Worten, Sie zerstören den Köder, halten aber das eigentliche Ziel aufrecht.

Drei erfolgversprechende Guerilla-Konter

Wenn Ihr Gegenüber diese Taktik gegen Sie anwendet, können Sie sich folgendermaßen wehren:

- *Bieten Sie der Gegenseite die Stirn – Stellen Sie sie auf die Probe* (Angriffstaktik 51). Erklären Sie dem anderen, dass Sie wissen, dass er *lügt* (Schmutziger Trick 55).

- Verwenden Sie einen *eigenen Köder* – Schauen Sie, ob der andere dies als Ihr Zugeständnis akzeptiert, auch wenn er eigentlich etwas ganz anderes von Ihnen möchte.

- Wenn er hartnäckig ist und Sie auf keinen Fall nachgeben wollen, gehen Sie einfach weg (Angriffstaktik 68: *Sage »Nehmen Sie's oder lassen Sie's bleiben«*).

Angriffstaktik 48: Auf die Größe kommt es an – der Große Topf

Es ist naheliegend: Als Käufer fangen Sie unten an. Als Verkäufer beginnen Sie oben. Verschaffen Sie sich einen möglichst großen Verhandlungsspielraum. Stellen Sie gleich am Beginn der Gespräche viele Forderungen. Vielleicht auch unrealistisch hohe Forderungen. Auch wenn Sie mehrere Zugeständnisse machen, können Sie am Ende immer noch einen größeren Gewinn erzielen, als wenn Sie am Anfang zu tief eingestiegen sind.

Große Tiere und andere Guerillas erwarten schlicht, dass Sie mit dieser Taktik aufwarten. Enttäuschen Sie sie nicht. Wenn Sie sie nicht anwenden, wird der andere Sie nicht respektieren oder Sie für einen Lügner halten. Oder er wird denken, dass sie dumm und naiv sind.

Fünf erfolgversprechende Guerilla-Konter

Probieren Sie die folgenden fünf Guerilla-Konter aus und verwenden Sie dann denjenigen, der am besten funktioniert.

- Erklären Sie dem anderen, dass seine Vorstellungen unrealistisch sind und dass er *es doch eigentlich besser kann* (Defensivtaktik 87).
- Beleidigen Sie ihn aber nicht, indem Sie ihn einen Lügner nennen. Verwenden Sie die Angriffstaktik 60 (*Mit Schmeicheleien, Schöntuerei und Charme arbeiten*). Verzichten Sie auf den Schmutzigen Trick 31 (*Die Gegenseite demütigen und lächerlich machen*).
- Den Vorschlag der Gegenseite mit fröhlichem Lachen zu quittieren, ist in Ordnung, solange man es nicht übertreibt und *den anderen zu demütigen oder lächerlich zu machen versucht.* Das heißt, Sie sollten den Schmutzigen Trick 31 nur sehr zurückhaltend verwenden, vor allem wenn Sie mit großen Tieren verhandeln. Guerillas dagegen werden Sie vielleicht sogar bewundern, wenn Sie so locker auf ihren Vorschlag reagieren.
- Stellen Sie einen *eigenen großen Topf* auf den Tisch (Angriffstaktik 48).
- Das ist ein guter Zeitpunkt, um viele Dinge von Ihrer *Wunschliste* in Ihren großen Topf zu legen (Angriffstaktik 56).

Angriffstaktik 50: Bluffen – das nicht allzu offenkundige Lügen
Verhandlungsführer versuchen häufig ihr Gegenüber in die Irre zu führen und falsche Tatsachen vorzuspiegeln – was ihre finanzielle Ausstattung betrifft, ihre Termine, ihre Kenntnisse, ihre Referenzen und dergleichen. Bluffen ist Lügen, doch diese Art von Lügen wird in Verhandlungen schlicht erwartet. Und weil die Gegenseite das erwartet, müssen Sie auch kein besonders guter Schauspieler sein, um zu bluffen. Wenn Sie *nicht* bluffen, hält Sie Ihr Gegenüber vielleicht für schwach und versucht dies auszunutzen. Unser Rat: Scheuen Sie nicht zu bluffen! Doch bemühen Sie sich, dabei möglichst glaubwürdig zu erscheinen.

Eines wird von Verhandlungsführern oft übersehen: Die *Androhung* eines Bluffs ist genauso wichtig wie der Bluff selbst – gute Pokerspieler wissen das.

Zwei erfolgversprechende Guerilla-Konter
* *Zwingen Sie den anderen, Farbe zu bekennen,* wenn das Ihnen einen Vorteil bringt (Angriffstaktik 51).
* Und wenn Sie ihm auf den Zahn fühlen, lassen Sie ihn wissen, dass Sie es ihm nicht verübeln, wenn er blufft. Sagen Sie: »Na und?« Das zeigt, dass Sie sich weniger für Ihre Beziehung engagieren als er, was Ihnen wesentlich mehr Macht verleiht (Defensivtaktik 9: *Die Person, die sich der Beziehung am wenigsten verpflichtet fühlt, hat die meiste Macht*).

Angriffstaktik 56: Wunschliste versus reale Möglichkeiten
Verlangen Sie so viele verschiedene Dinge, dass Ihr Gegenüber seine eigenen Forderungen aus dem Blick verliert. Das ist etwa so, als würde man eine Schrotflinte (weiter Bereich) anstelle eines Gewehrs (enger Bereich – stärker fokussiert) benutzen.

Wenn Sie den anderen nicht sogleich überwältigen wollen, offenbaren Sie sich ihm nicht sofort – verteilen Sie Ihre Wunschliste über einen längeren Zeitraum (Angriffstaktik 103: *Zermürben – die Gegenseite erschöpfen, dazu bringen, sich zu verausgaben*).

Fünf erfolgversprechende Guerilla-Konter

- *Bieten Sie dem anderen die Stirn* (Angriffstaktik 51). Nach unseren Erfahrungen geht es in geschäftlichen Verhandlungen selten um mehr als vier Themen. Wenn der Große über mehr Themen sprechen will, erklären Sie ihm: »Sie wollen mir Ihre Wunschliste vortragen. Reden wir doch stattdessen lieber über Ihre realen Möglichkeiten.«
- Seien Sie aber nicht allzu streitlustig. Tragen Sie Ihr Anliegen mit einem wissenden Lächeln vor, damit der andere erkennt, dass Sie ihm sein Verhalten nicht abkaufen (Kooperationstaktik 24: *Strahle Wärme aus, bemühe dich dabei aber, ehrlich zu wirken*).
- Bitten Sie ihn, seine lange Liste nach Prioritäten zu ordnen (Vorbereitungstaktik 3: *Prioritäten setzen anhand der 80-20-Regel*).
- Legen Sie Ihre eigene Wunschliste vor. Das ist ein guter Konter. Hier kommen folgende zwei Taktiken zur Anwendung: die Angriffstaktik 56 (*Wunschliste*) und die Defensivtaktik 90 (*Debatte nein, Gegenangriff ja*).
- Wenn er Sie durch seine Wunschliste überrascht hat, bitten Sie um eine Unterbrechung, um Zeit zum Nachdenken zu bekommen (Defensivtaktik 27: *Zeit gewinnen – sich kurz zurückziehen*).

Angriffstaktik 60: Mit Schmeicheleien, Schöntuerei und Charme arbeiten

Denken Sie an die schmeichelnden, bezirzenden Worte, die wir beim Flirten verwenden. In geschäftlichen Verhandlungen müssen Sie auch das Ego des Gegenübers streicheln, vor allem wenn es sich um ein großes Tier handelt. Wenn der andere Sie für aufrichtig hält, könnte er geneigt sein, seine Verhandlungs-Bedürfnisse durch seine Ego-Bedürfnisse zu ersetzen. Ein Beispiel: »Sie sind der beste Redner, den ich kenne, und ich brauche einen sehr guten Redner für meine geplante Wohltätigkeitsveranstaltung. Aber ich kann in meinem Budget nicht genügend Geld lockermachen, um Sie zu bezahlen. Würden Sie vielleicht trotzdem sprechen?« Wie wollen Sie da widerstehen?

Vier erfolgversprechende Guerilla-Konter

- Sagen Sie: »Ich weiß, ich bin ein sehr guter Redner. Und deshalb verschleudere ich mein Talent nicht umsonst.« Hier werden die Angriffstaktik 39 (*Handele egoistisch – ich bin der Größte!*) und die Angriffstaktik 71 (*Sei hartnäckig – sage nein*) verwendet.
- Erklären Sie dem Großen freundlich: »Was können Sie mir außer Geld anbieten? Und erzählen Sie mir nicht, dass ich bei der Veranstaltung die Leute so beeindrucken werde, dass sie später meine Kunden werden. Das habe ich schon einmal von jemandem gehört.« Das ist die Angriffstaktik 62 (*Übertreiben, aber nicht zu stark*).
- Kommen wir noch einmal auf das Flirten zurück. Überall auf der Welt werden die Frauen verfolgt und umgarnt, und die Männer sind fast immer die Jäger. Viele Frauen reagieren auf Schmeicheleien, indem sie sich noch begehrenswerter darstellen. Dies tun sie, indem sie *die Männer auf ihre Konkurrenz aufmerksam machen* (Defensivtaktik 4). Und wenn sie keinen Verehrer haben, erfinden sie einen (Schmutziger Trick 55: *Offenkundiges Lügen, nicht nur überzogenes Sprücheklopfen*).

Angriffstaktik 61: Dem Großen klarmachen, dass du über eine Menge von Informationen verfügst, auch wenn das gar nicht der Fall ist

Bauen Sie eine Fassade auf. Bringen Sie Ihr Gegenüber dazu, zu glauben, dass Sie viel mehr Informationen besitzen, als es tatsächlich der Fall ist. Und zwar nicht nur Informationen über ihn und seine Firma. Wie können Sie das erreichen? Mit folgenden fünf Methoden:

- Geben Sie sich zuversichtlich (Angriffstaktik 39: *Handele egoistisch – ich bin der Größte!*)
- *Ziehen Sie sich gut an* (Angriffstaktik 42).
- Setzen Sie Ihre *Körpersprache* ein, um ihn zu manipulieren (Defensivtaktik 16).
- Wenn Sie herausragende Referenzen haben, wie etwa einen Doktortitel, nutzen Sie sie (Angriffstaktik 91: *Die Gegenseite durch deine Referenzen einschüchtern*).
- Und planen Sie voraus und überlegen Sie sich, wie Sie reagieren,

wenn er Sie konkret nach Ihren angeblichen Informationen fragt (Vorbereitungstaktik 2: *Wähle deine Kämpfe sorgfältig – bereite dich vor, übe und nutze deine Zeit effizient).* Wenn Sie ein schlechter Schauspieler sind, wird der andere Sie allerdings schnell durchschauen.

Drei erfolgversprechende Guerilla-Konter

- Wenn Sie Kontakte in seinem Unternehmen haben, nutzen Sie diese, um herauszufinden, ob er tatsächlich weiß, wovon er spricht oder ob er lügt (Defensivtaktik 76: *Suche dir Verbündete und benutze sie).*
- *Beobachten Sie seine Körpersprache,* um festzustellen, ob er lügt oder nicht (Defensivtaktik 15).
- Wenn Sie glauben, dass er lügt, *zwingen Sie ihn, Farbe zu bekennen* (Angriffstaktik 51).

Angriffstaktik 66: Schwung: Die Gegenseite stets unter Druck halten

Das ist eine sehr offensive Taktik, und sie funktioniert fast immer – gegenüber großen Tieren wie Guerillas gleichermaßen. Mit dieser Methode versucht man, eine unaufhaltsame Dynamik aufzubauen. Das lässt sich auf dreierlei Weise erreichen:

- Übernehmen Sie von Anfang an die Initiative.
- Vertreten Sie Ihre Themen mit Nachdruck.
- Verfolgen Sie stetig und entschlossen Ihre Ziele.

Vielleicht denken Sie: »Wenn ich das tue, könnte es zu Konflikten mit dem Verhandlungspartner kommen. Daher werde ich diese Taktik besser nicht einsetzen.« Wir sind dagegen der Auffassung, dass man Konflikte nicht scheuen sollte. Konflikte können sogar heilsam sein, wenn sie in einem begrenzten Rahmen bleiben. Begrenzte Konflikte sollte man willkommen heißen. Wenn Sie um jeden Preis auch den geringsten Konflikt zu vermeiden versuchen, setzen Sie sich selbst unter Druck und Ihre Durchsetzungsfähigkeit wird sich deutlich verschlechtern.

Ersparen Sie sich unnötigen Stress, vor allem wenn Sie ernsthaft ein Geschäft abzuschließen versuchen. Zu viel Stress ist ungesund. Zu großer Stress kann 45 negative Auswirkungen zur Folge haben – 18 davon beziehen sich auf den Körper, 17 auf das Denken und die Gefühle und 10 auf das Verhalten. Sie reichen von Bluthochdruck bis zu vermindertem Leistungsvermögen. Wenn Sie unter zu großem Stress stehen, werden Sie auch in Verhandlungen weniger erfolgreich sein. Nähere Erläuterungen dazu finden sich in Kapitel 2 von Dons Buch *365 Powerful Ways to Negotiate* oder unter www.GuerrillaDon.com. Auf dieser Internetseite finden Sie auch Hinweise zum Umgang mit Stress und Konflikten.

Sechs erfolgversprechende Guerilla-Konter

- Bleiben Sie standhaft und lassen Sie sich nicht vom Großen unter Druck setzen. Hier bieten sich zwei Taktiken an: die Angriffstaktik 71 (*Sei hartnäckig – sage nein*) und die Defensivtaktik 89 (*Unvernünftigen Forderungen nicht nachgeben*).
- Überprüfen Sie seine Haltung immer wieder gründlich. Sie kann sich auch ändern. Wenn Sie gut verhandeln, könnte es sein, dass der Große Ihre Bedürfnisse und Ziele am Ende berücksichtigt. Hier kommen ebenfalls zwei Taktiken zur Anwendung: die Angriffstaktik 32 (*Lerne die Gegenseite kennen und lerne dich selbst kennen – Wissen ist Macht*) und die Defensivtaktik 22 (*Beschaffe dir Informationen und überprüfe sie*).
- Betrachten Sie dies als eine Gelegenheit, den anderen unter den Bedingungen harter, nervenaufreibender Verhandlungen besser einschätzen zu lernen. Der Große mag ein »harter Hund« sein, er könnte sich aber auch als schnurrendes Kätzchen herausstellen. Durch die *Beobachtung seiner Körpersprache* (Defensivtaktik 15) werden Sie erkennen, ob er stark unter Druck steht oder nicht.
- Auch wenn Sie *aufmerksam auf seine Stimme hören,* können Sie entsprechende Rückschlüsse ziehen (Kooperationstaktik 14). Zittert seine Stimme? Fängt er plötzlich zu stottern an oder spricht er weitschweifig? Wenn das der Fall ist, steht er unter Stress.
- Lassen Sie niemals den Eindruck aufkommen, Sie stünden unter Druck. Geben Sie sich stets ruhig und zuversichtlich. Folgende zwei Taktiken bieten sich hier an: die Vorbereitungstaktik 31 (*Wenn du alles richtig gemacht hast, sind die Leute vielleicht unsicher, ob du über-*

haupt etwas gemacht hast) und die Angriffstaktik 41 (*Setze deine Macht voraus – stelle sie nicht demonstrativ zur Schau)*.

- Unabhängig davon, ob Sie es mit einem Großen oder einem anderen Guerilla zu tun haben, *erinnern Sie den anderen an seine Konkurrenz –* machen Sie ihm klar, dass Sie das, was Sie wollen, auch anderweitig erhalten können. Das ist ein sehr wirkungsvoller Konter (Defensivtaktik 4).

Angriffstaktik 68: »Nehmen Sie's oder lassen Sie's bleiben«

Lassen Sie Ihrem Gegenüber nur eine einzige Wahl. Wenn er Ihren Vorschlag oder Ihr Angebot nicht akzeptiert, erklären Sie ihm: »Dann kommen wir eben nicht ins Geschäft.« Warten Sie ab, was er dann tut. Wenn er seine Haltung nicht ändert, gehen Sie einfach. Wenn Sie sarkastisch sein wollen und nichts zu verlieren haben, erklären Sie ihm: »Nehmen Sie's oder lassen Sie's bleiben.« Aber zeigen Sie ihm nicht den Stinkefinger beim Hinausgehen. Das wäre nicht nur ordinär, sondern auch kontraproduktiv. Viele Verhandlungsführer verwenden die Aussage »Dann kommen wir eben nicht ins Geschäft« als *Bluff* (Angriffstaktik 50). Es ist ein Trick, um den anderen dazu zu bringen, sich in Richtung der gewünschten Position zu bewegen.

Manche Verhandlungsführer verwenden diese Taktik auch, um Verhandlungen, von denen sie sich nichts mehr erwarten, in eine Sackgasse zu bugsieren – sie langsam, aber sicher zum Scheitern zu bringen. Wenn also alles andere fehlschlägt und Sie kein Interesse mehr haben, die Beziehung mit dem anderen weiter aufrechtzuerhalten, können Sie diese Taktik zum Ausstieg nutzen.

Sechs erfolgversprechende Guerilla-Konter

Überhebliche große Tiere bedienen sich häufig dieser Taktik. Egal wer sie gegen Sie anwendet, lassen Sie beim anderen nicht den Eindruck entstehen, dass er Sie mithilfe dieser viel zu oft verwendeten Taktik manipulieren könnte. Dazu gibt es sechs Möglichkeiten:

- Ignorieren Sie, was der andere sagt (Defensivtaktik 11: *Reagiere überhaupt nicht, weder positiv noch negativ)*.

- Tun Sie so, als hätten Sie nicht gehört, was er gesagt hat (Angriffstaktik 100: *Die Gegenseite ignorieren – sich taub stellen).*
- *Arbeiten Sie mit »Falschgeld«* (Defensivtaktik 6). Mit anderen Worten, argumentieren Sie mit Prozentangaben statt mit Dollars oder Euro. Prozentzahlen lassen einen Geldbetrag kleiner erscheinen.
- *Erinnern Sie den anderen an seine Konkurrenz* (Defensivtaktik 4).
- Lassen Sie Ihre Fantasie spielen, um aus einer Sackgasse herauszukommen (Vorbereitungstaktik 4: *Überwinde die Lähmung durch zu langsames Denken, indem du von Kindern lernst).*
- Definieren Sie Ihre Position auf verständliche Weise neu (Angriffstaktik 102: *Flexible Beharrlichkeit).*

Angriffstaktik 72: Akzeptiere von der Gegenseite niemals ein Nein

Wenn Ihr Gegenüber »Nein« sagt, betrachten Sie dies als eine Gefährdung Ihrer Ziele. Deshalb sollten Sie ein »Nein« niemals hinnehmen. Doch überlegen Sie genau, wie Sie dem anderen mitteilen, dass sein »Nein« für Sie unakzeptabel ist.

Und hüten Sie sich insbesondere davor, ihm Vergeltung anzudrohen. Lassen Sie sich nicht dazu hinreißen. Denken Sie immer daran, dass Sie in einer Geschäftsbeziehung Drohungen nur einmal anwenden können, wenn Sie glaubwürdig bleiben wollen.

Und noch etwas anderes ist zu bedenken: Ihr Gegenüber will vielleicht nur Ihre Entschlossenheit testen, indem er Ihnen mehrmals eine Abfuhr erteilt. Lassen Sie nicht zu, dass er diesen Test gewinnt.

Vier erfolgversprechende Guerilla-Konter

Wenn der andere »Nein« sagt, gibt es folgende vier Möglichkeiten:
- Machen Sie ihm klar, dass Sie *bereit sind, wegzugehen* (Angriffstaktik 73).
- Wenn er weiter mit Ihnen diskutieren möchte, nachdem Sie ihm mitgeteilt haben, dass sein »Nein« für Sie nicht annehmbar ist, lassen Sie sich nicht beirren und gehen einfach (Angriffstaktik 68: *»Nehmen Sie's oder lassen Sie's bleiben«).* Wenn Sie das nicht tun, verlieren Sie jegliche Glaubwürdigkeit.

- Gehen Sie aber nur, wenn Ihnen diese Beziehung weniger wichtig ist als dem anderen (Defensivtaktik 9: *Derjenige, dem die Beziehung am wenigsten bedeutet, hat die meiste Macht*).
- Wenn Sie sich jedoch entschließen, das Gespräch nicht abzubrechen, müssen Sie sich eine Alternative einfallen lassen, die die Gegenseite dazu bewegt, von ihrer Position abzurücken (Vorbereitungstaktik 4: *Überwinde die Lähmung durch zu langsames Denken, indem du von Kindern lernst*).

Manchmal müssen Sie mit Drohungen arbeiten. Die folgende Taktik eignet sich gut als Drohung:

Angriffstaktik 73: Der Gegenseite ankündigen, dass du dich aus den Verhandlungen zurückziehen wirst

Dies kann man auf vier verschiedene Arten umsetzen, geordnet nach ihrer Wirksamkeit:

- Erklären Sie dem Großen: »Wir kommen nicht weiter. Ich sehe keinen Sinn mehr darin, das Gespräch fortzusetzen. Rufen Sie mich an, wenn Sie Ihre Meinung geändert haben.« Dann stehen Sie auf und gehen zur Tür, wenn Sie sich in seinem Büro befinden, oder bitten ihn, zu gehen, wenn er sich bei Ihnen aufhält. Wenn er sagt: »Einen Moment bitte«, und Sie aufzuhalten versucht, wissen Sie, dass ihm der Geschäftsabschluss wichtiger ist als Ihnen – und das bedeutet, dass Sie mehr Macht haben. Nutzen Sie diese Macht.
- Erklären Sie dem anderen: »Es ist schade, dass wir beide so viel Zeit vergeudet haben. Ich habe keine Lust, das noch weiter fortzusetzen.«
- Sagen Sie: »Ich gehe, wenn Sie mir nicht einen anderen Verhandlungspartner stellen.«
- Vielleicht erwägen Sie auch, auf Ihrer Seite eine andere Person in die Verhandlungen einzuführen. In diesem Fall sagen Sie: »Wir beide haben uns in eine Sackgasse manövriert. Vielleicht kann jemand anderes die verfahrene Situation auflösen. Wir beide schaffen es offensichtlich nicht. Ich werde meine Firma bitten, jemand anderen zu schicken, der die Gespräche mit Ihnen fortführt.«

Fünf erfolgversprechende Guerilla-Konter

Das Erste, was man unbedingt vermeiden sollte: Sagen Sie niemals »Warten Sie einen Moment« und versuchen den anderen aufzuhalten. Dadurch büßen Sie jegliche Macht ein.

Das Zweite, was man nicht tun sollte: Wenn Ihr Gegenüber Ihnen mitteilt, dass er müde sei und sich zurückziehen möchte, werden Sie nicht wütend auf ihn. Dadurch verschlimmert sich die Situation nur. Mit anderen Worten, meiden Sie die Angriffstaktik 101 (*So tun, als würde man die Fassung verlieren*) oder den Schmutzigen Trick 51 (*Der Gegenseite einen Heidenschrecken einjagen – dafür sorgen, dass sie dich fürchtet*).

Anstatt ungehalten zu werden, sagen Sie zu Ihrem Kontrahenten: »Erklären Sie mir bitte, warum Sie mir drohen. Ich verstehe das nicht.« Die Angriffstaktik 11 (*Sich dumm stellen*) eignet sich in diesem Fall am besten.

Wenn Sie diese Taktik aus bestimmten Gründen nicht anwenden wollen, können Sie folgende vier Möglichkeiten versuchen:

- Suchen Sie sich Unterstützung bei Mitarbeitern seiner Firma. Diese können den Verhandlungspartner vielleicht dazu bringen, sich wieder umgänglicher und kooperativer zu verhalten (Defensivtaktik 76: *Suche dir Verbündete und benutze sie*).
- Ignorieren Sie seine Drohung. Lassen Sie sich nicht dazu hinreißen, emotional zu reagieren. Tun Sie überhaupt nichts. Lassen Sie es einfach geschehen (Defensivtaktik 11: *Reagiere überhaupt nicht, weder positiv noch negativ*).
- *Beschaffen Sie sich Informationen und überprüfen Sie diese* (Defensivtaktik 22). Finden Sie heraus, ob der andere mit dem Abbruch der Verhandlungen droht, um Sie gegenüber Ihrem Vorgesetzten schlecht aussehen zu lassen. Wenn das der Grund ist und Sie ohnehin bereits Schwierigkeiten mit Ihrem Chef haben, sollten Sie vielleicht ernsthaft versuchen, die Beziehung zu Ihrem Gegenüber wieder in Ordnung zu bringen.
- Stimmen Sie ihrem Gegenüber zu. Es kann hilfreich sein, ein neues Gesicht in die Verhandlungen einzuführen, vor allem wenn tatsächlich gravierende Auffassungsunterschiede bestehen, die sich nicht ohne Weiteres beheben lassen. Erklären Sie dem anderen: »Nun, da

Sie eine weitere Person hinzuziehen wollen, werde ich es auch tun.« Hier kommen folgende zwei Taktiken zur Anwendung: die Angriffstaktik 73 (*Der Gegenseite ankündigen, dass du dich aus den Verhandlungen zurückziehen wirst*) und die Unterwerfungstaktik 6 (*Sich auf keinen Streit einlassen – stattdessen die andere Wange hinhalten*).

Angriffstaktik 78: Die Gegenseite einschüchtern durch Tradition, Bräuche und Konformität

Begrenzen Sie Ihren Verhandlungsspielraum. Tun Sie dies absichtlich. Erklären Sie dem anderen einfach: »So wird das in unserer Firma gehandhabt.« Verwenden Sie diese Taktik, wenn Sie eine Grenze festlegen wollen, bis zu der Sie sich von einem Großen oder einem anderen Guerilla maximal treiben lassen wollen. Manche Leute lassen sich dadurch einschüchtern. Andere nicht. Um herauszufinden, ob diese Taktik bei Ihrem Gegenüber wirkt, können Sie Folgendes versuchen:

- Er trägt ständig Anzug und Krawatte, auch am »Casual Friday«. Er tut das, auch wenn er sich in dieser Kleidung unwohl fühlt.
- Weibliche Verhandlungsführer, die auf keinen Fall als passiv oder feminin erscheinen wollen, lassen sich eindeutig davon beeindrucken.

Wenn Sie zum ersten Mal mit dem anderen verhandeln, deutet Folgendes darauf hin, dass er diese Taktik vor dem Vertragsabschluss gegen Sie zur Anwendung bringen könnte:

- Er erklärt Ihnen: »Es ist unvorstellbar, am Gründungstag unseres Unternehmens zu arbeiten. Das ist bei uns immer ein freier Tag.«

Menschen lassen sich durch die Kleidung von anderen einschüchtern. Eine amerikanische Untersuchung, die in einer Fachzeitschrift veröffentlicht wurde, ergab beispielsweise, dass viele Menschen, die in Führerscheinstellen oder in Sozialbehörden warten, nervös werden, wenn jemand in den Raum kommt, der eine ähnliche Mütze wie die US-Grenzpolizei trägt. Viele dieser Leute gehen weg, sodass die Warteschlange kürzer wird. Das können Sie sich zunutze machen, wenn Sie einmal bei der Führerscheinstelle vorsprechen müssen.

Fünf erfolgversprechende Guerilla-Konter

Warnung: Guerillas denken gewöhnlich unkonventionell und schenken dieser Taktik möglicherweise gar keine Beachtung, wenn sie gegen sie angewendet wird (Defensivtaktik 11: *Reagiere überhaupt nicht).* Ignorieren Sie aber niemals diese Einschüchterungstaktik!

Wenn der Große sie also gegen Sie verwendet, denken Sie daran: Er ist wahrscheinlich selbst eingeschüchtert und glaubt, das würde auch für andere gelten, auch für Sie. Er wird misstrauisch Ihnen gegenüber, wenn Sie seine Wertvorstellungen nicht teilen. Nutzen Sie die Kontermöglichkeiten also behutsam. Folgende kommen in Frage:

- Ahmen Sie nicht nur seine Körpersprache nach, sondern auch seine Kleidung (Defensivtaktik 16: *Die Gegenseite mit der eigenen Körpersprache manipulieren).*
- Suchen Sie sich Informationsquellen in seiner Firma, um herauszufinden, ob er Ihnen die Wahrheit sagt oder nicht. Folgende drei Taktiken können hier verwendet werden: die Defensivtaktik 76 (*Suche dir Verbündete und benutze sie),* die Defensivtaktik 22 (*Beschaffe dir Informationen und überprüfe sie)* und die Angriffstaktik 32 (*Wissen ist Macht).*
- Wenn der andere Ihnen nicht die Wahrheit sagt, können Sie zweierlei tun: Sie können ihm *offensiv entgegentreten* (Angriffstaktik 52) oder Sie können nachgeben und akzeptieren, was er Ihnen anbietet (Unterwerfungstaktik 16: *Die Niederlage akzeptieren).* Wir haben durch Konfrontation bessere Ergebnisse erzielt als durch Unterwerfung, doch Sie müssen selbst entscheiden, welches Verhalten in Ihrer konkreten Verhandlungssituation am sinnvollsten ist.

Angriffstaktik 80: Den Großen einschüchtern durch das Erzeugen von Schuldgefühlen

Wenn Ihr Gegenüber etwas tut, dessen er sich nicht voll bewusst ist, betrachten Sie dies als eine Gelegenheit, bei ihm Schuldgefühle zu erwecken, vor allem, wenn Sie ihm in der Vergangenheit schon hin und wieder einen Gefallen erwiesen haben. Doch bevor Sie mit harschen Worten dieses Verhalten anprangern, sollten Sie dem anderen die Chance geben, zu erkennen, was er getan hat, und sich dafür zu entschuldigen. Vielleicht haben Sie ihn verletzt, ohne es zu bemerken. Wenn Sie also ein gutes Verhältnis zu ihm haben und dieses auch bewahren wollen, geben Sie ihm die Chance, das Geschehene zu überdenken. Wenn er danach noch immer nicht davon abrücken will, können Sie schwere Geschütze auffahren. Wecken Sie Schuldgefühle durch diese einschüchternden Bemerkungen:

- Sie überraschen mich.
- Schämen Sie sich.
- Wie können Sie mir das antun, nach allem, was ich in den vergangenen Jahren für Sie getan habe?

Hier gibt es allerdings ein großes *Aber:* Wenn man einschüchternde Worte verwendet, verbaut man sich möglicherweise die Chance, mit der Gegenseite zu einer Vereinbarung zu gelangen. Bedenken Sie dies. Ist es das wirklich wert?

Drei erfolgversprechende Guerilla-Konter

Wenn der Große bei Ihnen Schuldgefühle wecken möchte, indem er Ihnen signalisiert, dass alles, was Sie tun, nicht dazu geeignet ist, ihn zufriedenzustellen, spielt er schlicht und einfach seine Macht aus. Er zeigt, dass er ein Kontroll-Freak ist. Er möchte, dass Sie ein schlechtes Gewissen bekommen – das verschafft ihm nicht nur ein gutes Gefühl, sondern verleiht ihm auch Macht über Sie. Wenn Sie mit solchen Leuten zu tun haben, können Sie Folgendes versuchen:

- Wir empfehlen, einfach zu gehen (Angriffstaktik 68: *»Nehmen Sie's oder lassen Sie's bleiben«*). Und bitte keine Schuldgefühle beim Hinausgehen.
- Aber wenn Sie ein Masochist sind (Unterwerfungstaktik 15: *Selbstzerstörung – Schauen Sie mich an, fangen Sie mich, halten Sie mich auf, retten Sie mich*) und diese Farce fortsetzen wollen, lassen Sie ihn weitermachen, indem Sie ihn *an seine Konkurrenz erinnern* (Defensivtaktik 4).
- Und schließlich: *Wählen Sie Ihre Ziele sorgfältig aus* (Vorbereitungstaktik 2). Vergeuden Sie nicht Ihre Zeit mit solchen selbstgerechten Menschen, die Ihnen ein schlechtes Gewissen einreden wollen, da-

mit sie selbst sich besser fühlen. Sie möchten nur ihr eigenes Ego pflegen – sie haben eigentlich gar kein Interesse, mit Ihnen ins Geschäft zu kommen.

Angriffstaktik 88: Den Großen einschüchtern durch Belohnung oder Bestrafung

Diese Methode haben Sie schon als Kind kennengelernt. Ihre Eltern haben bestimmt einmal zu Ihnen gesagt: »Wenn du dein Zimmer nicht aufräumst, darfst du eine Woche lang nicht fernsehen.« Später hat vielleicht Ihr Chef Ihre Vorgaben willkürlich erhöht und Ihnen mitgeteilt: »Wenn Sie diese Vorgaben nicht erfüllen, müssen Sie mit einer Kündigung rechnen.« Und es gibt so viele machtversessene große Tiere, die glauben, wenn sie Ihnen ein Zugeständnis machen, wäre das, als würde man einem struppigen Köter einen Knochen hinwerfen.

Auch Sie selbst haben diese Taktik schon häufig eingesetzt. Aber haben Sie sie auch in der richtigen Weise verwendet? Sie muss sehr sorgfältig eingesetzt werden. Wenn Ihr Gegenüber dadurch wütend auf Sie wird, müssen Sie aufpassen! Wenn das geschieht, wird in den Verhandlungen eine Abwärtsspirale in Gang gesetzt, die sich nur schwer wieder umkehren lässt. Seien Sie also geschickt. Es ist wesentlich besser, subtiler vorzugehen (Defensivtaktik 53: Mit *kreativer Unklarheit* operieren).

Drei erfolgversprechende Guerilla-Konter

Wenn der andere die Methode von Bestrafung und Belohnung als Drohung einsetzt, gibt es für Sie folgende Möglichkeiten:

*   *Bieten Sie ihm die Stirn* (Angriffstaktik 51). Wie geht das? Indem Sie ihm deutlich machen, dass Ihnen dieses Verhalten nicht gefällt, vor allem, wenn Sie sich ungerecht behandelt fühlen.
*   Wenn das nicht funktioniert, sollten Sie selber aktiv werden. *Belohnen oder bestrafen Sie ihn* (Angriffstaktik 88). So gehen beispielsweise Gewerkschaften vor. Sie streiken, obwohl ihnen das Management mit Gegenmaßnahmen droht. Die Firmenleitung schlägt zurück, indem sie sich mit anderen Unternehmen verbündet. Es kommt zu Aussperrungen (Defensivtaktik 75: *Schließe dich mit anderen zusammen – Aussperrungen, Streiks, Boykotte*).

- Wenn Sie glauben, dass Sie bereits einen Großteil Ihrer Forderungen durchgesetzt haben, können Sie auch erwägen, *nachzugeben und zu nehmen, was Sie kriegen können* (Unterwerfungstaktik 16).

Angriffstaktik 97: Die Gegenseite in die Defensive drängen – sie beschuldigen, negative Bemerkungen abgeben, etc.

Menschen, die diese Taktik verwenden, beginnen gewöhnlich mit vorwurfsvollen Fragen wie »Haben sie schon aufgehört, Ihre Frau zu schlagen?« Dann fügen sie eine Reihe negativer Aussagen an, die als ein Angriff gegen Sie persönlich als auch gegen Ihre Firma erscheinen. Sollten auch Sie diese Taktik verwenden? Nur dann, wenn Sie glauben, dass der Große schwach ist und schnell nachgeben wird.

Setzen Sie jedoch diese Taktik nur ab und zu für kurze Zeit ein und verwenden Sie in der Zwischenzeit andere Taktiken. Wenn Sie zu häufig damit arbeiten, entsteht der Anschein, als wollten Sie den anderen demütigen. Und wenn Sie das vorhaben, warum wollen Sie dann überhaupt Geschäfte mit ihm machen? Damit können Sie vielleicht die sadistische Seite Ihres Ego ausleben, aber nur schwerlich einen Geschäftsabschluss tätigen.

Es gibt viele machthungrige Egoisten und viele schwache Menschen, und deshalb wird diese Taktik so häufig verwendet. Es gibt viele Spinnen und viele Fliegen. Was sind Sie?

Fünf erfolgversprechende Guerillataktiken

Wenn es Ihnen nicht gefällt, was Ihr Gegenüber Ihnen entgegenhält, können Sie Folgendes tun:

- Reagieren Sie erwartungsgemäß und zeigen Sie Ihre Wut (Schmutziger Trick 51: *Der Gegenseite einen Heidenschrecken einjagen).*
- Oder reagieren Sie subtiler und sagen Sie etwa: »Ich habe noch nie meine Frau geschlagen und werde es auch nie tun. Ich verbitte mir solche Anschuldigungen. Jemand körperlich anzugreifen, ist ein schlimmes Verhalten.« Das ist die Angriffstaktik 52 (*Biete der Gegenseite die Stirn – Warum arbeiten Sie mit schmutzigen Tricks und wann werden Sie damit aufhören?).*
- Egal was Sie dem anderen erwidern, das Geschäft ist geplatzt. Be-

grenzen Sie daher Ihre Verluste und Ihren Zeitaufwand (Vorberei-tungstaktik 13: *Die Eskalationsbereitschaft – gutes Geld schlechtem hinterherzuwerfen, ist töricht)* und verlassen Sie schnell den Raum (Angriffstaktik 68: *»Nehmen Sie's oder lassen Sie's bleiben«).* Bedenken Sie, das Leben ist zu kurz, um sich mit Menschen zu befassen, die es einem vermiesen wollen. Und widerstehen Sie beim Hinausgehen der Versuchung, an der Türschwelle noch ein letztes Wort in den Raum hineinzurufen.

• Wenn andererseits der Abschluss eines Geschäfts für Sie wichtig ist, formulieren Sie Ihre Position noch einmal *kurz und eindringlich* (Ko-operationstaktik 11). Äußern Sie sich so eindeutig, dass die Gegen-seite Sie nicht missverstehen kann. Erklären Sie Ihre Haltung nicht übertrieben ausführlich und seien Sie auch nicht defensiv – wenn Sie das tun, laufen Sie geradewegs in die Falle. Und lassen Sie sich nicht in einen Ego-Wettstreit hineinziehen, indem Sie versuchen, das letzte Wort zu haben.

Angriffstaktik 103: Zermürben – Ihr Gegenüber erschöpfen, dazu bringen, sich zu verausgaben

Ringen Sie dem Gegenüber stückchenweise kleine Zugeständnisse ab. Tun Sie das so langsam, dass er gar nicht merkt, wie viel ihn all das kostet. Am Ende werden Sie alles bekommen, was Sie wollen. Sie werden nicht annähernd so viel erreichen, wenn Sie den anderen gleich mit Ihrer kom-pletten *Wunschliste* überrumpeln (Angriffstaktik 56). Mit folgenden drei Methoden können Sie ebenfalls die Gegenseite überwältigen: mit der Angriffstaktik 57 (*Verhandele dort, wo du am mächtigsten bist – in deinem eigenen Büro),* der Angriffstaktik 58 (*Tuangou/Überrumpelung durch eine aufgewiegelte Menge/Flashmobs)* und der Angriffstaktik 59 (*Dein Verhand-lungsteam ist größer als das der Gegenseite).*

Doch eigentlich wollen wir den anderen nicht überwältigen. Wir wollen ihn zermürben. Das haben wir schon als Kinder gelernt. Wir legten eine *flexible Beharrlichkeit* (Angriffstaktik 102) an den Tag, wir waren auf kreative Weise irritierend (Vorbereitungstaktik 4: *Lerne von Kindern).* Damit haben wir unsere Eltern auf die Probe gestellt, um herauszufinden, ob die Regeln, die sie uns gesetzt hatten, ernst gemeint waren oder übertreten werden konnten. Wir sind bis zum Äußersten gegangen. Und als wir selbst erwachsen waren, haben wir unsere Vorgesetzten auf diese Weise geprüft – wenn wir glaubten, dass wir uns das leisten könnten.

Kreative Wechselseitigkeit: Sich von Schuldgefühlen befreien

Die Zermürbungstaktik funktioniert so gut, weil sie verbunden ist mit der hochwirksamen Methode des *wechselseitigen Gebens und Nehmens* (Kooperationstaktik 4). Das kann man sich folgendermaßen vorstellen: Sie stellen absichtlich eine wesentlich überhöhte Forderung, die der Große zweifellos ablehnen wird. Dann beginnen Sie mit der Zermürbung, indem Sie Ihre Forderung auf ein vernünftigeres Maß herunterschrauben. Dieser zweiten Forderung wird er eher nachgeben, da sie wesentlich akzeptabler erscheint. Durch die Ablehnung Ihrer ersten überzogenen Forderung entstehen beim Gegenüber gewissermaßen Schuldgefühle. Diese Bringschuld, die der andere empfindet, wird erst verschwinden, wenn er Ihre zweite Forderung akzeptiert hat. Durch diese Befreiung von seinen Schuldgefühlen verbessert sich seine Stimmung, und Sie bekommen das, was Sie eigentlich wollten. Das ist die *kreative* Wechselseitigkeit. (In einem Kasten in Kapitel 14 werden wir das Thema *subtile* Wechselseitigkeit behandeln.)

Sechs erfolgversprechende Guerilla-Konter

Wenn Ihr Gegenüber Sie zu zermürben versucht, können Sie entweder *Nein* sagen oder ein Zugeständnis machen. Wenn Sie seine Forderung ablehnen, sollten Sie dies durch Zahlen belegen. Verwenden Sie die Defensivtaktik 32 – erklären Sie dem anderen, dass Sie an den Grenzen Ihrer Möglichkeiten angelangt sind und kein Geld mehr haben.

Wenn Sie sich für Zugeständnisse entscheiden, können Sie dies auf folgende Weise umsetzen:

- Notieren Sie sich jedes Mal, wenn Sie ein Zugeständnis machen, auf wie viel Geld Sie dadurch verzichten. Addieren Sie diese Beträge fortlaufend. So können Sie feststellen, wann Sie an Ihre Grenzen stoßen. Wenn der andere fragt, warum Sie ihm nicht mehr weiter entgegenkommen wollen, können Sie ihm Ihre Zahlen vorlegen (Vorbereitungstaktik 19: *Wie man Zugeständnisse macht – 20 Dinge, die man tun kann, und 20, die man lassen sollte).*

- Seien Sie sich bewusst, was Sie tun. Halten Sie fest, was Sie zugestehen und was der andere zugesteht. Behalten Sie Ihr *Muster der Angreifbarkeit* im Blick. Wie hat der andere Sie dazu gebracht, nachzugeben? Haben Sie überhaupt gemerkt, dass Sie einer seiner Forderungen nachgekommen sind? Waren Ihre Zugeständnisse wirklich so klein? Oder vielleicht doch um einiges größer, als Sie dachten? Das ist ebenfalls die Vorbereitungstaktik 19.

- Versuchen Sie es mit Logik: Lassen Sie den anderen wissen, dass Sie bereits eine Konzession nach der anderen gemacht haben und die Verhandlungen mittlerweile in eine Schieflage geraten sind. Sagen Sie ihm, dass nur noch er gewinnt und Sie verlieren (Angriffstaktik 33: *Handele logisch und folgerichtig – und sorge dafür, dass die Gegenseite das auch erkennt).*

- Wenn der Große von Ihnen ein bestimmtes, weitgehendes Zugeständnis verlangt, seien Sie ein guter Schauspieler. Tun Sie so, als seien Sie sehr überrascht. Wie wir in diesem Kapitel bereits erwähnt haben, ruft Don in solchen Situationen gerne »Aieeee!«. Dazu macht er einen entsetzten Gesichtsausdruck und presst sich die Hände an die Wangen. Alles gleichzeitig. Aus irgendeinem Grund funktioniert das – wahrscheinlich weil es so durchsichtig ist und so komisch (Angriffstaktik 15: *Sich überrascht geben).*

- Nachdem Sie den Überraschten gespielt haben, verlangen Sie einen Ausgleich – eine Gegenleistung für Ihr Zugeständnis. Bedenken Sie: Ein Versprechen ist keine Konzession. Versprechen sind leicht abzugeben, aber nur schwer einzuhalten. Hier kommen folgende zwei Taktiken zur Anwendung: die Defensivtaktik 88 (*Einen Ausgleich anbieten, aber nicht mit Zusagen vermischen)* und die Kooperationstaktik 13 (*Verlockende Zusagen machen, anstatt nachzugeben).* In Kapitel 17 erfahren Sie noch mehr über das Nachgeben.

- Vor allem: Bleiben Sie standhaft. Verhandeln Sie immer, nachdem Sie etwas aufgegeben haben, um eine Spur hartnäckiger (Unterwerfungstaktik 12: *Zähes Nachgeben).*

Angriffstaktik 104: Schauen wir uns seine Erfolgsbilanz an

Belegen Sie Ihre Aussagen durch die Vorlage von Fakten und Zahlen. Achten Sie darauf, dass diese Daten aussagekräftig sind und Ihrem Gegenüber zeigen, wie sehr auch ihm selbst diese Zahlen nutzen könnten. Bedenken Sie aber, dass er stets glauben wird, dass Sie nur jene Zahlen und Fakten vorlegen, die Ihre Darstellung bestätigen, und damit hat er auch recht. Fakten und Zahlen werden ihn nicht überzeugen, also verwenden Sie sie nicht als Krücke. Denken Sie daran: Zahlen führen keine Verhandlungen. Menschen tun das. Das heißt, Sie haben noch eine schwere Aufgabe vor sich.

Sechs erfolgversprechende Guerilla-Konter

- Überprüfen Sie die Daten des anderen sorgfältig, um herauszufinden, was davon Unsinn ist (Defensivtaktik 22: *Beschaffe dir Informationen und überprüfe sie).* Achten Sie besonders auf »*Falschgeld*« (Defensivtaktik 6). Lassen Sie sich von der Gegenseite nicht durch die Verwendung von Prozentzahlen blenden – denken Sie besser in Dollar oder in Euro.
- Lassen Sie die Daten der Gegenseite durch einen Fachmann überprüfen, vor allem wenn sie in hohem Maß technischer Natur sind. Hier kann man leicht in die Irre geführt werden (Angriffstaktik 37: *Ziehe bei Verhandlungen einen Fachmann oder Agenten zu Rate).*
- Beobachten Sie die *Körpersprache* des anderen (Defensivtaktik 15). Stellen Sie fest, ob er aufrichtig ist, wenn er seine Daten vorträgt, oder ob er lügt.
- Lassen Sie ihn nicht zu einfach davonkommen. Zwingen Sie ihn dazu, Sie durch seine Argumente zu überzeugen (Vorbereitungstaktik 7: *Lasse dich nicht leicht überreden).*
- *Erklären Sie ihm: »Das können Sie doch besser«* (Defensivtaktik 87) und *drohen Sie, die Verhandlungen abzubrechen,* wenn er sein Angebot nicht nachbessert (Angriffstaktik 73).
- Schweigen Sie und bleiben Sie passiv, auch wenn der andere sehr gesprächig und enthusiastisch ist. Hier werden die Defensivtaktik 10 (*Völlige, totale Stille*) und die Defensivtaktik 11 (*Überhaupt nicht reagieren*) verwendet.

Angriffstaktik 118: Machen wir mein Problem zu unserem Problem und schließlich zu Ihrem Problem

Diese Masche ist leicht zu erkennen: Einer Ihrer Mitarbeiter erklärt Ihnen:»Chef, wir haben ein Problem.« Aufpassen! Meistens bedeutet das, dass er etwas Bestimmtes nicht tun will. Er möchte Ihnen den Schwarzen Peter zuschieben. Auch Kunden und Lieferanten versuchen es mit dieser Taktik, vor allem wenn sie schon lange mit Ihnen und Ihrer Firma in Beziehung stehen und sie ihr Problem nicht in den Griff bekommen.

Drei erfolgversprechende Guerilla-Konter

Machen Sie sich niemals ein Problem eines Ihrer Geschäftspartner zu eigen – sofern Sie nicht damit rechnen können, dass es sich für Sie spürbar auszahlen wird. Stehen Sie andererseits immer jemandem zur Seite, der Ihre Hilfe und Ihren Zuspruch braucht. Wenn Sie sich sein Problem nicht zu eigen machen wollen, versuchen Sie es mit diesen drei Kontermöglichkeiten:

- Erklären Sie dem anderen:»Ich habe nicht die Kraft oder die Befugnis, das zu tun.« Hier werden die Defensivtaktik 30 (*Die Gegenseite an der Nase herumführen*) und der Schmutzige Trick 5 (*Ich muss zuerst meine Mutter fragen*) angewendet.

- Wenn Sie sich entscheiden, dem anderen aus der Patsche zu helfen, sollten Sie eine Gegenleistung verlangen (Defensivtaktik 88: *Eine Gegenleistung anbieten, aber nicht mit Zusagen vermischen*).

- Sagen Sie nicht:»Lassen Sie mich darüber nachdenken.« Das ist viel zu schwach. Dadurch werden seine Erwartungen erhöht, und alles, wodurch die Erwartungen eines anderen gesteigert werden, ist ein Zugeständnis. Machen Sie niemals ein Zugeständnis, ohne dafür eine Gegenleistung zu erhalten. Sagen Sie stattdessen:»Was wollen Sie für mich tun, wenn ich mich entscheide, darüber nachzudenken?« Das ist die Vorbereitungstaktik 19 (*Wie man Zugeständnisse macht – 20 Dinge, die man tun kann, und 20, die man lassen sollte*).

Kapitel 12

Zwölf wirkungsvolle und *sehr häufig* eingesetzte Defensivtaktiken

In diesem Kapitel geht es um folgende Themen: Machtlosigkeit und schleichende Lähmung; den Großen an seine Konkurrenz erinnern; »Falschgeld«; Erwartungen; absichtliches Vergessen; jemanden an der Nase herumführen; die Entschuldigung des Geldmangels; Information; Aufrichtigkeit; Nörgeln; Das-können-Sie-besser und Gegenleistung.

Defensivtaktik 1: Die Macht der Machtlosigkeit und der schleichenden Lähmung

Fühlen Sie sich häufig machtlos? Wenn ja, sind Sie kein geborener Guerilla. Guerillakämpfer sind sehr mächtig, auch wenn dies vielen Menschen nicht so erscheint, weil sie klein sind. Diese falsche Wahrnehmung sollten Sie sich zunutze machen. Wenn Sie entmutigt sind, weil es Ihnen nicht gelingt, den Großen umzustimmen, können Sie sich wieder aufmuntern, indem Sie an folgende elf Kraftquellen denken, über die sicherlich auch Sie verfügen. Wenn Sie diese kennen, werden Sie wieder zuversichtlicher werden, und wenn Sie mehr Zuversicht besitzen, werden Sie wahrscheinlich auch erfolgreicher sein.

Sie sind mächtiger, als Sie glauben – Ihre elf verborgenen Kraftquellen:

- Ohne den anderen auskommen. Geben Sie dem Großen zu verstehen, dass Sie auch ohne ihn und ohne seine Produkte oder Dienstleistungen auskommen können. Erinnern Sie sich: Wer sich einer Beziehung am wenigsten verbunden fühlt, hat die meiste Macht. Folgende zwei Defensivtaktiken kommen hier zum Zug: die Defensivtaktik 4 (*Erinnere die Gegenseite an ihre Konkurrenz)* und die Defensivtaktik 9 (*Derjenige, dem die Beziehung am wenigsten bedeutet, hat die meiste Macht).*

- Ihre Fähigkeit, Zugeständnisse zu machen (Vorbereitungstaktik 19: *20 Dinge, die man tun kann, und 20, die man lassen sollte*).
- Ihre Fähigkeiten als Verhandlungsführer. Beachten Sie: Diese spezielle Fähigkeit wird noch ausgeprägter sein, wenn Sie die in diesem Buch vorgestellten 365 Taktiken beherrschen.
- Sorgfältige Informationsbeschaffung. Dadurch können Sie den Großen und die Verhandlungssituation wesentlich besser einschätzen. *Wissen ist Macht* (Angriffstaktik 32).
- Nicht vergessen, auch sich selbst kennenzulernen – wenn Sie rückhaltlos aufrichtig sind gegenüber sich selbst und sich von Ihren blinden Flecken befreien, werden Sie noch machtvoller werden.
- Skeptisch sein, nicht leichtgläubig. Dadurch können Sie überprüfen, ob die Aussagen des Großen zutreffend sind (Vorbereitungstaktik 7: *Lasse dich nicht leicht überreden*).
- Wissen, wie man mit *Terminen und Fristen* umgeht – sowohl mit den eigenen als auch jenen der Gegenseite (Angriffstaktik 28).
- Imstande sein, Mehrdeutigkeit auszuhalten. Das Ungewisse, schwer Greifbare willkommen heißen (Vorbereitungstaktik 5: *Ich muss mir das Recht erwerben, die Bedürfnisse der Gegenseite besser kennenzulernen*).
- Gründlich vorbereitet sein (Vorbereitungstaktik 2: *Wähle deine Kämpfe sorgfältig aus – bereite dich vor, übe und nutze deine Zeit effizient*).
- Imstande sein, den Großen auszusitzen – die *Macht der Geduld* (Kooperationstaktik 1).
- Einen guten Ruf als Fachmann auf dem eigenen Gebiet zu haben, verleiht viel Macht. Wenn Sie ein Experte sind, nutzen Sie dies zu Ihrem Vorteil (Angriffstaktik 94: *Die Gegenseite einschüchtern durch dein Fachwissen*).

Und zu guter Letzt noch die Kraftquelle Nr. 12: Das ist die *Macht der Machtlosigkeit*. Sie ist eine der stärksten Kraftquellen, die die meisten von uns besitzen. Ja, Machtlosigkeit ist paradoxerweise etwas sehr Machtvolles. Wenn Ihre Position schwach ist – oder wenn Ihre Position zwar stark ist, Sie aber möchten, dass der Große glaubt, Sie seien schwach –, dann zeigen Sie ihm, wie viel *er* zu verlieren hat, wenn er Sie zu sehr ausnutzt. Hierzu zwei Beispiele:

- Wenn Sie mir nicht helfen, gehe ich pleite und Sie kriegen überhaupt nichts von mir. Wir werden beide verlieren.
- Ich kann es mir nicht leisten, Ihnen den geforderten Preis für die Reparatur des Getriebes zu zahlen. Ich werde jemand anderen beauftragen, den Wagen abzuschleppen und zur Autoverwertung zu bringen.

Viele Menschen nutzen diese Macht noch auf andere Weise. Don nennt dies *schleichende Lähmung*. Andere nennen es *kalkulierte Unfähigkeit*. Ein Beispiel: Ihr Chef tut so, als wüsste er nicht, wie man den Fotokopierer bedient. Er tut dies, um Ihre Aufmerksamkeit – und dadurch mehr Macht über Sie – zu erlangen.

Vier erfolgversprechende Guerilla-Konter

- Seien Sie skeptisch – denn Sie haben das schon so oft gehört (Vorbereitungstaktik 7: *Lasse dich nicht leicht überreden*). Und dann *zwingen Sie den anderen, Farbe zu bekennen* (Angriffstaktik 51).
- Lassen Sie beim Gegenüber nicht den Eindruck entstehen, dass seine Geschichte bei Ihnen eine Wirkung erzielt, sei es eine positive oder eine negative. Bleiben Sie einfach ruhig sitzen (Defensivtaktik 11: *Überhaupt nicht reagieren*). Und sagen Sie nichts (Defensivtaktik 10: *Vollständige, totale Stille*).
- Wenn Sie herausfinden wollen, ob der andere lügt oder nicht, *beobachten Sie seine Körpersprache* (Defensivtaktik 15). Und dann versuchen Sie sich aus anderen Quellen Informationen zu beschaffen, um seine Geschichte zu überprüfen (Defensivtaktik 22: *Beschaffe dir Informationen und überprüfe sie*).
- Machen Sie Ihre Firma für Ihre Ablehnung verantwortlich. Sagen Sie ihm: »Tut mir leid, aber unsere Unternehmensrichtlinien erlauben es mir nicht, hier zuzustimmen.« Das ist die Defensivtaktik 31 (*Übertrieben penibel sein*). Oder schieben Sie die Verantwortung Ihrem Vorgesetzten zu. Sagen Sie: »Mein Chef würde das nicht akzeptieren.« Das ist der Schmutzige Trick 5 (*Ich muss zuerst meine Mutter fragen*).

Ein Machtspielchen, das verloren geht

Nachfolgend ein fantasievolles Machtspiel, das nicht funktionierte. Niemand ist so machtlos wie Gefängnisinsassen. Aber wenn Menschen nichts mehr zu verlieren haben, sind sie bereit, alles zu versuchen. Im Jahr 2003 ließen vier Häftlinge in Oklahoma ihre Namen urheberrechtlich schützen, verklagten den Wärter, weil dieser ihre Namen ohne Erlaubnis verwendete, verlangten mehrere Millionen Dollar von ihm und beantragten die Pfändung seines Eigentums. Sie ließen die Autos des Wärters beschlagnahmen, seine Konten einfrieren und die Schlösser an seinem Haus austauschen: Dem Wärter teilten sie mit, sie würden ihm sein Eigentum zurückgeben, wenn er sie aus dem Gefängnis entlasse. Wir würden gerne wissen, auf welche Weise der Wärter sie bestraft hat.

Don schreibt Kolumnen für die Lokalzeitung seiner Heimatstadt, die *Mesquite Local News.* In einer dieser Kolumnen mit dem Titel *Influence by Cruelty* ging es darum, dass Polizeibeamte manchmal absichtlich Gefangene im Clark Detention Center in Las Vegas misshandeln. Nach Berichten früherer Insassen verwendeten die Polizisten hauptsächlich die Angriffstaktiken 38, 85, 86, 100 und 112 sowie die Defensivtaktik 42 und die Schmutzigen Tricks 2, 21, 30 und 50. Ferner setzten sie sechs Vorgehensweisen ein, die in Machiavellis Klassiker *Der Fürst* beschrieben wurden. Dons Artikel ist abrufbar unter www.mesquitelocalnews.com/viewnews.php?newsid=8455&id=149&mode=archive. In seinem nächsten Buch mit dem Titel *Vampire Negotiating: How to Suck the Blood Out of the Other Guy* wird er sich mit Grausamkeit und anderen schmutzigen Tricks befassen.

Defensivtaktik 4: Erinnere dein Gegenüber an seine Konkurrenz – egal ob sie echt ist oder gefühlt

Drängen Sie große Tiere und andere Guerillas, mit denen Sie verhandeln, in die Defensive. Sagen Sie Ihnen, dass Sie bessere Angebote von ihren Konkurrenten haben, auch wenn das in Wirklichkeit nicht der Fall ist. Eine etwas schwächere Variante besteht darin, dem anderen mitzuteilen, dass man erst eine Entscheidung fällen könne, wenn man mit seinen Konkurrenten gesprochen habe. Sehr häufig wird dies vorgeschoben, um sich den anderen vom Hals zu schaffen, wenn man kein Interesse an einer Zusammenarbeit hat – es ist nur etwas höflicher.

Diese Methode kann man am besten dann anwenden, wenn Ihr Gegenüber eine harte Linie zu fahren beginnt oder wenn sich der Anschein verstärkt, dass die Verhandlungen in einer Sackgasse enden werden.

Fünf erfolgversprechende Guerilla-Konter

Wenn ein Großer oder ein anderer Guerilla diese Taktik gegen Sie verwendet, können Sie folgendermaßen reagieren:

- Denken Sie daran, dass es nur eine milde Drohung ist. Lassen Sie sich nicht von Ihrem Ego zu einem Zornesausbruch oder einer Überreaktion hinreißen (Vorbereitungstaktik 10: *Behalte dein Ego im Griff*).
- Sagen Sie nichts Schlechtes über Ihren Konkurrenten (Vermeiden Sie den Schmutzigen Trick 29: *Die Gegenseite isolieren – durch Mundpropaganda abträgliche Gerüchte über die Gegenseite verbreiten*). Reden Sie stattdessen davon, wie toll Sie sind (Angriffstaktik 39: *Handele egoistisch – ich bin der Größte*).
- Erklären Sie dem anderen, Sie können es sich nicht leisten, seinen Forderungen nachzukommen (Defensivtaktik 32: *Ich habe kein Geld mehr*).
- Und sagen Sie dem anderen das nicht nur, beweisen Sie es ihm! Zeigen Sie ihm die entsprechenden Zahlen (Angriffstaktik 104: *Schauen wir uns die Leistungsbilanz an*).
- Wenn nichts anderes hilft und Ihnen die Zusammenarbeit mit dem anderen nicht allzu wichtig ist, lassen Sie sich nicht zu Abstrichen von Ihren Zielen verleiten (Vorbereitungstaktik 18: *Integrität – Verliere sie niemals*). Lassen Sie das Geschäft einfach sausen (Angriffstaktik 68: *»Nehmen Sie's oder lassen Sie's bleiben«*).

Defensivtaktik 6: Arbeite mit »Falschgeld«, nicht mit echtem Geld

Was ist echtes Geld und was »Falschgeld«?
- Prozentzahlen oder ganze Zahlen?
- Stückkosten oder Gesamtkosten?

Stückkosten und Prozentzahlen sind »Falschgeld«. Ganze Zahlen und Gesamtkosten sind echtes Geld. Warum ist dieser Unterschied so wichtig? Finden wir es heraus. Dazu drei Beispiele:

Erstes Beispiel: Der Verkäufer sagt: Ich verkaufe Ihnen dieses Produkt für 25 Cent pro Pfund. Der Große, der als Käufer auftritt, sagt: Ich gebe Ihnen 24 Cent pro Pfund. Warum wegen einem Cent das Geschäft platzen lassen? Guerilla-Verkäufer sollten folgende Überlegung anstellen: Bei diesem Deal geht es um eine Million Pfund. Das bedeutet, der andere verlangt von mir, dass ich meine Gewinnspanne von 200 000 Dollar auf 150 000 Dollar verringere. Ich würde 50 000 Dollar verlieren, wenn ich das täte. Besser, ich sage ihm, 25 Cent sind mein letztes Angebot.

Zweites Beispiel: Das funktioniert sogar im freigebigen Las Vegas. Casinos wissen, dass Spieler viel schneller 100 Dollar einsetzen, wenn sie einen 100-Dollar-Chip (»Falschgeld«) verwenden anstatt einen 100-Dollar-Geldschein (echtes Geld).

Drittes Beispiel: Das funktioniert auch beim Kauf eines Autos. Die Verkäufer möchten die Käufer dazu bringen, nur an die monatlichen Raten zu denken, nicht an den Gesamtpreis einschließlich der Zinszahlungen. Sie versuchen diese Information erst nach Unterzeichnung des Kaufvertrages herauszugeben – und auch nur dann, wenn man ausdrücklich danach fragt.

Wenn der andere mit »Falschgeld« statt mit echtem Geld operiert, dann ist er sich wohl bewusst, welche Verführungskraft Geld besitzt, das nicht in vollem Umfang real ist – wie beispielsweise ein 100-Dollar-Spielbankchip.

Fünf erfolgversprechende Guerilla-Konter

Wenn Ihr Gegenüber »Falschgeld« ins Spiel bringt, haben Sie fünf Kontermöglichkeiten:

*   Überprüfen Sie die Zahlenangaben in seinem Angebot sorgfältig (Defensivtaktik 22: *Beschaffe dir Informationen und überprüfe sie*).
*   Bringen Sie einen Experten mit, der Ihnen dabei hilft, vor allem wenn es sich um viele technische Daten handelt (Angriffstaktik 94: *Die Gegenseite einschüchtern, indem man einen Fachmann mitbringt*).
*   Beschäftigen Sie sich wieder mit mathematischen Grundbegriffen,

die Sie in der Schule gelernt haben – mit Durchschnittswert, Zentralwert, Modalwert, Jahreszins, jährlicher Zinseszins und dergleichen. Diese Art von kritischer Prüfung wird sich als hilfreich erweisen (Vorbereitungstaktik 2: *Wähle die Kämpfe sorgfältig – bereite dich vor, übe, nutze deine Zeit effizient*).

* Scheuen Sie sich nicht, mehr Zeit für die Prüfung des Angebots zu verlangen (Defensivtaktik 27: *Zeit gewinnen – sich kurz zurückziehen*).
* Wenn sein in »Falschgeld« abgegebenes Angebot Sie in realem Geld zu teuer zu stehen kommt, erklären Sie dem anderen einfach, dass Sie seinen Forderungen *nicht nachgeben* werden (Defensivtaktik 89).

Defensivtaktik 14: Halte die Erwartungen der Gegenseite niedrig

Wenn Sie Zugeständnisse machen, können Sie förmlich sehen, wie der Große »Blut leckt«. Er erwartet dann noch mehr von Ihnen. Mit folgenden sechs Maßnahmen können Sie seine Erwartungen dämpfen:

* Gehen Sie es langsam an, selbst wenn Sie das Angebot des Großen annehmen wollen – und sogar sehr gern annehmen.
* Lassen Sie ihn hart ringen um Ihre Zugeständnisse.
* Geben Sie nicht zu schnell nach. Lassen Sie sich Zeit.
* Scheuen Sie sich auch nicht, etwas zurückzunehmen, wenn er Sie zu sehr drängt.
* Anstatt ein großes Zugeständnis zu machen, weichen Sie nach und nach ein klein wenig zurück. Mit anderen Worten, verwenden Sie die Angriffstaktik 103 (*Zermürbung*) in umgekehrter Weise. Viele Untersuchungen haben es bestätigt: Jene Seite, welche die größten Zugeständnisse macht, ist fast immer der Verlierer.
* Und sagen Sie zu dem anderen niemals: »Ich werde darüber nachdenken.« Das ist in Wirklichkeit ein Zugeständnis und steigert stets die Erwartungen der Gegenseite. Sagen Sie stattdessen: »Was bieten Sie mir, wenn ich mich entschließe, darüber nachzudenken?« Das nennt man *zähes Nachgeben* (Unterwerfungstaktik 12).

Sechs erfolgversprechende Guerilla-Konter

Wenn der Große etwas zurücknimmt, was er Ihnen bereits eingeräumt hat, können Sie dies als Hinweis darauf betrachten, dass die Verhandlungen ernsthaft vom Scheitern bedroht sind. Zumindest möchte er, dass Sie genau das denken. Wie können Sie darauf reagieren?

- *Zwingen Sie ihn, Farbe zu bekennen* und fragen Sie ihn, warum er das tut (Angriffstaktik 51).

- Erklären Sie ihm, dass die Rücknahme eines Zugeständnisses, das er Ihnen bereits gemacht hat, ein schmutziger Trick ist. Versuchen Sie es mit der Angriffstatik 52 (*Frage ihn:* »*Warum arbeiten Sie mit schmutzigen Tricks und wann werden Sie damit aufhören?*«).

- Wenn er Ihnen allerdings ständig weit weniger zugesteht, als Sie verlangen, müssen Sie zu der Erkenntnis gelangen, dass er nicht nur Ihre Erwartungen dämpfen möchte. Er treibt auch keine Spielchen. Er kämpft vielmehr mit harten Bandagen. Unter diesen Umständen sollten Sie die Verhandlungen beenden (Angriffstaktik 68: »*Nehmen Sie's oder lassen Sie's bleiben*«).

- Andererseits könnte nun der Zeitpunkt gekommen sein, an dem Sie ein Zugeständnis machen können, falls die drei folgenden *wenn* gegeben sind:
  - Wenn es der Große tatsächlich ernst meint und nicht blufft.
  - Wenn Ihre Erwartungen nicht mehr so hoch sind wie am Beginn der Verhandlungen.
  - Wenn Sie den Deal wirklich machen wollen.

- Aber passen Sie auf: Ihr Zugeständnis sollte Ihnen nicht allzu viel bedeuten, ihm allerdings schon (Unterwerfungstaktik 1: *Alle Konzessionen, die von dir und der Gegenseite gemacht werden, mit einem Geldwert beziffern*).

- Und sorgen Sie schließlich dafür, dass Sie eine Gegenleistung für Ihr Entgegenkommen erhalten. Etwas Echtes, keine Versprechungen (Defensivtaktik 88: *Eine Gegenleistung anbieten, aber nicht mit Zusagen vermischen*).

Defensivtaktik 29: Die Macht des Unvorbereitetseins – absichtlich etwas vergessen

Betrachten wir hier einmal, wie der Große diese Taktik gegen Sie einsetzen könnte:

Gewiss, Sie sind mächtig, wenn Sie bestens vorbereitet in die Verhandlungen gehen. Doch manche Leute werden noch mächtiger, wenn sie unvorbereitet sind, vor allem wenn ihnen die Geschäftsbeziehung nicht so viel bedeutet wie dem Verhandlungspartner. Man kann leicht erkennen, dass ihre mangelnde Vorbereitung nur eine Lüge ist, wenn sie diese Entschuldigung zu häufig anführen und sie dadurch unglaubwürdig wird. So vergessen sie beispielsweise, einige wichtige Dinge zu den Verhandlungen mitzubringen – ihr Scheckheft, ihre Kreditkarte, Dokumente und dergleichen. Dann kann in der Regel Folgendes geschehen: »Ja, ich weiß, wir haben uns auf einen Preis von zwei Millionen für die Immobilie geeinigt, aber mein Partner hat mich gerade darauf hingewiesen, dass noch 20 000 Kreditgebühren hinzukommen. Tut mir leid.«

Was können Sie in dieser Situation tun?

Fünf erfolgversprechende Guerilla-Konter

Wie lange wollen Sie sich diesen Unsinn bieten lassen? Wir schlagen Folgendes vor:

- Seien Sie skeptisch (Vorbereitungstaktik 7: *Lasse dich nur schwer überreden*).
- Wenn Ihre Vermutungen richtig sind, zeigen Sie absichtlich Ihre Wut (Schmutziger Trick 51: *Der Gegenseite einen Heidenschrecken einjagen – dafür sorgen, dass sie dich fürchtet*).
- Scheuen Sie sich nicht, den anderen einen Lügner zu nennen (Angriffstaktik 51: *Biete der Gegenseite die Stirn – zwinge sie, Farbe zu bekennen*).
- Brechen Sie die Verhandlungen mit ihm ab. Gehen Sie einfach (Angriffstaktik 68: *»Nehmen Sie's oder lassen Sie's bleiben«*).
- Und verzichten Sie darauf, sich zu *rächen* (Schmutziger Trick 6), indem Sie das nächste Mal ebenfalls völlig unvorbereitet am Verhandlungstisch erscheinen – das ist die Mühe nicht wert.

Defensivtaktik 30: Die Gegenseite an der Nase herumführen

Die Defensivtaktiken 29 und 30 sind eng miteinander verbunden. Wenn der Große häufig etwas Wichtiges vergisst, wird er wahrscheinlich diese Ausweichtaktik gegen Sie verwenden. Das könnte er folgendermaßen anstellen:

- Er ist immer beschäftigt und nicht da, wenn Sie ihn anrufen oder persönlich aufsuchen.
- Er ruft nicht zurück und beantwortet Ihre E-Mails nicht.
- Seine Sekretärin teilt Ihnen mit, er sei krank.

Dieses Verhaltensmuster ist leicht zu erkennen, vor allem wenn der andere Ausweichen mit Vergesslichkeit kombiniert.

Drei erfolgversprechende Guerilla-Konter

Wie lange sollen Sie sich ein solch unverschämtes Verhalten bieten lassen? Wir schlagen Folgendes vor:

- Zeigen Sie absichtlich Ihre Wut (Schmutziger Trick 51: *Der Gegenseite einen Heidenschrecken einjagen – dafür sorgen, dass sie dich fürchtet*).
- Scheuen Sie sich nicht, den anderen einen Lügner zu nennen (Angriffstaktik 51: *Biete der Gegenseite die Stirn – zwinge sie, Farbe zu bekennen*).
- Und geben Sie sich nicht mit Leuten ab, die immer wieder fadenscheinige Ausflüchte anführen wie beispielsweise »Ich bin krank und kann deshalb heute nicht mit Ihnen sprechen«. Stehen Sie auf, gehen Sie und machen Sie nie wieder Geschäfte mit diesen Leuten (Angriffstaktik 68: *»Nehmen Sie's oder lassen Sie's bleiben«*).

Defensivtaktik 32: Ich kann es mir nicht leisten – ich habe kein Geld mehr

Das ist eine Methode von höchster Schlichtheit. Wenn Sie die Verhandlungen beenden wollen, fassen Sie sich ein Herz und erklären Sie dem anderen: »Meine Möglichkeiten sind erschöpft. Ich habe keinen finanziellen Spielraum mehr. Ohne Geld kann ich mit Ihnen keinen Vertrag abschließen.« Tatsächlich versuchen Sie mit dieser Vorgehensweise, die Kosten des Projekts zu mindern und auf das von Ihnen gewünschte Niveau herabzudrücken. Auch wenn Sie in Wirklichkeit das Geld haben, können Sie damit Erfolg haben, weil Sie dadurch den Gesprächsprozess vorübergehend aufhalten, ohne dafür die Verantwortung zu übernehmen. Das ist eine subtile Taktik, aber sie funktioniert!

Drei erfolgversprechende Guerilla-Konter

- Versuchen Sie möglichst gleich zu Beginn der Verhandlungen herauszufinden, wie groß das Arbeitsbudget des Großen ist. Hierzu bieten sich zwei Methoden an: die Angriffstaktik 32 (*Lerne die Gegenseite kennen und lerne dich selbst kennen – Wissen ist Macht*) und die Defensivtaktik 22 (*Beschaffe dir Informationen und überprüfe sie*). Dadurch sparen Sie sich Zeit und den Aufwand, der erforderlich ist, wenn Sie einen Vorschlag nach dem anderen vorlegen, die allesamt die Möglichkeiten der Gegenseite überschreiten.

- Wenn das Budget der Gegenseite knapp bemessen ist, bringen Sie in Erfahrung, ob dies ein vorübergehender oder ein dauerhafter Zustand ist. Wenn es vorübergehend ist, können Sie es beispielsweise im nächsten Jahr erneut versuchen. Hier kommen ebenfalls die oben genannten Taktiken zur Anwendung – die Angriffstaktik 32 und die Defensivtaktik 21.

- Verwenden Sie ein Schaubild der Amortisationsdauer, um den anderen von der Lukrativität Ihres Angebots zu überzeugen. Sorgen Sie dafür, dass er sofort begreift, dass er mehr Geld zurückbekommen wird, als ihm an Aufwendungen entstehen werden (Angriffstaktik 33: *Handele logisch und folgerichtig – und sorge dafür, dass die Gegenseite das auch erkennt*). Die Mitarbeiter Ihrer Buchhaltung können Ihnen dabei helfen.

Defensivtaktik 42: Der Gegenseite besonders wichtige Informationen vorenthalten

Bestimmte Dinge sollen nicht alle erfahren, und dafür gibt es gewichtige Gründe:

- Wenn es Ihnen zum Nachteil gereichen würde, wenn eine andere Person die Information besitzen würde.

- Wenn Sie sich bedroht fühlen würden, wenn der andere etwas über

Sie wissen würde, ohne dass Sie ebenfalls Informationen über ihn erhalten. Fast alle Leute, die wir kennen, haben anscheinend diesen psychologischen Komplex.

- Wenn Sie herausfinden wollen, für wie mächtig oder machtlos Sie vom anderen eingeschätzt werden:
  - Sie sind mächtig: Wenn er viel Zeit aufwendet, um diese Informationen über Sie herauszubekommen, dann ist diese Taktik für Sie wirkungsvoll.
  - Sie sind schwach: Wenn ihm dies anscheinend nicht wichtig ist, werden Sie wahrscheinlich nicht viel von ihm erhalten.

Drei erfolgversprechende Guerilla-Konter

Zum einen müssen Sie sich im Klaren sein, dass Ihnen der Große niemals alles erzählen wird, was Sie von ihm wissen wollen. Wenn Sie den Einruck haben, dass er Ihnen wichtige Informationen vorenthält, können Sie Folgendes probieren:

- Bohren Sie weiter, graben Sie weiter. Wenn Sie hartnäckig sind und es nicht allzu auffällig betreiben, werden Sie am Ende bekommen, was Sie wollen (Defensivtaktik 21: *Erscheine so harmlos wie der TV-Inspektor Columbo*).
- Bleiben Sie skeptisch, wenn Ihnen der andere erklärt, dass er Ihnen so viele Informationen gegeben hat, wie er konnte (Vorbereitungstaktik 7: *Lasse dich nicht leicht überreden*).
- Suchen Sie sich Freunde in seiner Firma. Diese werden Ihnen vielleicht die Informationen beschaffen, die Sie brauchen (Defensivtaktik 76: *Suche dir Verbündete und benutze sie*).

Defensivtaktik 49: Aufrichtig sein – aber nur so lange, wie es einem selbst nicht schadet

Keiner möchte derjenige sein, der als Erster alle seine Karten auf den Tisch legt, und daher wird die Kooperationstaktik 8 (*Vollständige Aufrichtigkeit – die eigenen Grundannahmen offenlegen*) nur sehr selten verwendet. Weder Sie noch der Große rechnen damit. Zudem wird man durch zu große Aufrichtigkeit auch sehr verletzlich. Wenn also der Große Worte wie »offen gesagt« oder »ehrlich gesagt« verwendet, möchte er wahrscheinlich darüber hinwegtäuschen, dass er in Wirklichkeit nicht aufrichtig Ihnen gegenüber ist. Wenn Sie diese Worte hören, werden Sie misstrauisch! Wir raten Ihnen davon ab, sie zu verwenden. Und seien Sie besonders wachsam, wenn der Große sie benutzt.

Das Hauptproblem bei dieser Taktik besteht darin, dass sie die Erwartungen der Gegenseite erhöht – der andere wird von Ihnen erwarten, dass Sie immer mehr Informationen preisgeben. Das kann für Sie bald zu einer *abschüssigen Ebene* werden. Richtig eingesetzt, ist diese Taktik aber sehr wirkungsvoll. Folgende vier Aspekte sind dabei zu beachten:

- Wenn Sie dem Großen alles offenlegen, was für und was gegen Ihr Angebot spricht, wird er unterschwellig erkennen, dass Sie ein aufrichtiger und vertrauenswürdiger Mensch sind. Und das bedeutet, dass Sie mehr Überzeugungskraft haben, wenn Sie ihm Ihre echten Stärken darlegen.
- Räumen Sie nur kleinere Schwächen ein. Wenn Sie dem anderen von Ihren großen Unzulänglichkeiten berichten, schaden Sie sich selbst. Mit anderen Worten, wenn Sie nur Ihre kleineren Schwächen zugeben, können Sie ihn dazu bringen, zu glauben, dass Sie keine großen Fehler haben.
- Hören Sie nicht auf, nachdem Sie ihm eine Ihrer Schwächen offenbart haben. Fügen Sie sofort eine Ihrer Stärken hinzu, die mit der genannten Schwäche verbunden ist und diese neutralisiert.
- Überzeugen Sie schließlich ihren Gegenüber davon, dass Sie ihm gegenüber fast vollkommen aufrichtig sind, durch den Einsatz Ihrer *Körpersprache* (Defensivtaktik 16) und durch das Anführen von Referenzen (Defensivtaktik 77: *Suche dir angesehene Verbündete und benutze sie*).

Vier erfolgversprechende Guerilla-Konter

- Freuen Sie sich nicht nur über die Information, die Ihnen der Große zukommen lässt – nutzen Sie sie auch zu Ihrem Vorteil! Aber seien Sie skeptisch und überprüfen Sie, ob sie zutreffend ist, bevor Sie entsprechend handeln (Vorbereitungstaktik 7: *Lasse dich nicht leicht überreden*).

- Wenn der andere erwartet, dass Sie die Karten auf den Tisch legen, halten Sie zunächst noch einige zurück. Erst wenn er völlig aufrichtig Ihnen gegenüber ist, rücken Sie mit weiteren Informationen heraus (Kooperationstaktik 4: *Wechselseitigkeit*).

- Geben Sie aber nicht alle Ihre Geheimnisse preis (Unterwerfungstaktik 12: *Zähes Nachgeben – härter feilschen, wenn du etwas aufgegeben hast*).

- Stellen Sie Nachforschungen an und finden Sie heraus, welchen Ruf der andere hat (Defensivtaktik 22: *Beschaffe dir Informationen und überprüfe sie*). Wenn er allgemein als fair gilt, seien Sie ehrlich ihm gegenüber – aber nur soweit Sie sich dadurch nicht selbst schaden.

Defensivtaktik 71: Ständige Nörgelei – Negativität auf niedriger Stufe

Wir haben festgestellt, dass die meisten Nörgler Guerillas sind, keine großen Tiere. Nörgelei ist etwas Subtiles, Unterschwelliges, und die meisten großen Tiere fühlen sich damit nicht wohl. In Kapitel 11 haben wir bei der Vorstellung der Angriffstaktik 97 (*Die Gegenseite in die Defensive drängen*) von Leuten gesprochen, die einem das Leben vergällen. Auch der Nörgler macht den anderen das Leben schwer, doch er tut es auf subtilere Weise. Für sensible Menschen ist eine Begegnung mit dieser Art von Guerilla stets unangenehm, weil er stets etwas an den anderen auszusetzen hat, ständig klagt und im Allgemeinen negativ gestimmt ist. Er ist gern pingelig, fordernd und nur schwer zufriedenzustellen. Ständiges Nörgeln ist seine Art, sich durchzusetzen.

Aber passen Sie auf: Wenn er das häufig tut, haben Sie es mit einem Quälgeist zu tun – einer Art von Rabaukentum, mit dem Sie sich vielleicht schon in der Schule auseinanderzusetzen hatten. Hüten Sie sich vor solchen Leuten. Wenn die glauben, dass Sie schwach sind, werden sie über Sie herfallen. Sie brauchen für ihr Überleben Opfer so notwendig wie der Mensch den Sauerstoff.

Fünf erfolgversprechende Guerilla-Konter

Wie soll man mit solchen Leuten umgehen?

Es ist sehr einfach, wenn dieser Mensch in der eigenen Firma arbeitet und man regelmäßig mit ihm zu tun hat:

- Melden Sie ihn als Erstes Ihrem Vorgesetzten sowie der zuständigen Person in der Personalabteilung (Angriffstaktik 74: *Der Gegenseite erklären, dass du über ihren Kopf hinweg handeln wirst*). Wenn es in Ihrem Unternehmen Richtlinien über den Umgang mit Mobbing gibt, muss der Betreffende vielleicht mit seiner Kündigung rechnen.
- Sorgen Sie anschließend dafür, dass er in der Firma *zur Rede gestellt wird* – und zwar so schnell wie möglich (Angriffstaktik 52). Drängen Sie darauf, dass die Sache nicht auf die lange Bank geschoben wird, denn dadurch würde es nur schlimmer werden.
- *Hören Sie sich an Ihrem Arbeitsplatz um* (Defensivtaktik 24). Vielleicht erfahren Sie dann, ob die betreffende Person Rachegedanken gegen Sie hegt.
- Und schützen Sie sich nach der Arbeit. Man kann nicht wissen, auf welche Ideen er kommt, wenn er sich rächen will (Defensivtaktik 27: *Sich kurz zurückziehen*).

Und was ist, wenn dieser Mensch in einer anderen Firma arbeitet? Hören Sie auf, sich mit ihm oder ähnlichen Leuten zu beschäftigen (Angriffstaktik 68: *»Nehmen Sie's oder lassen Sie's bleiben«*). Das Leben ist zu kurz. Suchen Sie sich möglichst schnell andere Verhandlungs- oder Geschäftspartner.

Defensivtaktik 87: Das können Sie besser!

Fordern Sie Ihr Gegenüber offen auf, Ihnen ein besseres Angebot zu machen. Sorgen Sie aber dafür, dass ihm bewusst ist, welche Vorteile ein besseres Angebot auch für ihn haben würde. Mit anderen Worten, stützen Sie Ihr Anliegen, indem Sie mit *Wechselseitigkeit* operieren (Kooperativtaktik 4). Etwa indem Sie ihn um Barzahlungsrabatt bitten. Oder indem Sie ihm mitteilen: »Ich hole die Ware selbst ab. Sie brauchen sie mir nicht schicken. Reduzieren Sie den Preis um den Betrag, den die Versandkosten ausmachen würden.«

Sie werden überrascht sein, wie häufig diese Taktik gegenüber Vertriebsleuten funktioniert. Ein Verkäufer wird häufig seinen Preis senken oder zumindest einen zusätzlichen Bonus anbieten, wenn Sie ihn fragen: »Ist das Ihr letztes Angebot?«

Vier erfolgversprechende Guerilla-Konter

- Geben Sie Ihrem Gegenüber keine Informationen, solange Sie nicht sicher wissen, woran ihm wirklich gelegen ist – vielleicht geht es ihm um mehr als nur einen niedrigeren Preis (Defensivtaktik 25: *Wahre deine Geheimnisse – entwickele eine Festungsmentalität*).

- Und bedenken Sie: Wenn Sie Informationen preisgeben, machen Sie der Gegenseite ein Zugeständnis. Gestehen Sie niemals etwas zu, wenn Sie dafür keine Gegenleistung erhalten (Vorbereitungstaktik 19: *Wie man Zugeständnisse macht – 20 Dinge, die man tun kann, und 20, die man lassen sollte*).

- Erklären Sie dem anderen: »Das ist mein günstigster Preis für dieses Modell, aber wenn Sie diese spezielle Eigenschaft nicht benötigen, kann ich Ihnen einen anderes Modell anbieten, das 500 Dollar weniger kostet.« Das ist die Defensivtaktik 88 (*Eine Gegenleistung anbieten, aber nicht mit Zusagen vermischen*).

- Behalten Sie stets Ihr Ziel im Auge – um die Verhandlung erfolgreich zu bestehen. Bleiben Sie standhaft und geben Sie nicht zu schnell nach (Unterwerfungstaktik 12: *Zähes Nachgeben – härter feilschen, wenn du etwas aufgegeben hast*).

Defensivtaktik 88: Eine Gegenleistung anbieten, aber nicht mit Zusagen vermischen

Was ein Tauschgeschäft ist, weiß jeder. Doch es ist komplizierter, als eine Gegenleistung zu erhalten für ein Zugeständnis, das man macht. Welcher Art ist diese Gegenleistung? Wenn jemand – ein großes Tier oder ein anderer Guerilla – Ihnen *eine Zusage macht im Austausch für ein Zugeständnis* (Kooperationstaktik 13), können Sie ihm erwidern: »Ich vermische niemals Zusagen mit Zugeständnissen. Das sollten Sie auch nicht tun. Zusagen sind leicht abzugeben, aber schwer einzuhalten. Ich möchte nicht Ihre Erwartungen auf ein gefährlich hohes Niveau steigern. Also werde ich Ihnen nichts versprechen, selbst wenn ich weiß, dass ich es einhalten könnte. Stattdessen werde ich Ihnen etwas Reales geben – ein Zugeständnis, das Sie in Geld messen können. Verhalten Sie sich bitte ebenso.«

Merken Sie sich die Worte, die Sie gerade gelesen haben. Dann versuchen Sie sie umzusetzen. Es funktioniert tatsächlich!

Fünf erfolgversprechende Guerilla-Konter

- Beachten Sie: Sie sind nicht verpflichtet, ebenfalls ein Zugeständnis zu machen, wenn Ihr Verhandlungspartner das tut. Sie stehen nicht unter Druck, also entspannen und freuen Sie sich (Vorbereitungstaktik 12: *Beruhige und entspanne dich*).
- Versuchen Sie Ihr Gegenüber dazu zu bringen, als Erster ein Zugeständnis zu machen. Das verschafft Ihnen einen großen Vorteil (Vorbereitungstaktik 19: *Wie man Zugeständnisse macht – 20 Dinge, die man tun kann, und 20, die man lassen sollte*).
- Machen Sie kein einzelnes großes Zugeständnis, das Sie viel Geld kostet, sondern stattdessen mehrere kleinere Konzessionen (Defensivtaktik 14: *Halte die Erwartungen der Gegenseite niedrig*).
- Wenn Ihnen das, was der andere zugestanden hat, nicht gefällt und Sie keine Gegenleistung erbringen wollen, sagen Sie beispielsweise: »Ich werde es prüfen« oder »Ich werde darüber nachdenken«. Das ist die Defensivtaktik 27 (*Zeit gewinnen*). Beachten Sie jedoch, dass Sie damit die Erwartungen des anderen erhöhen und sich die Verhandlungen dadurch erschweren. Verwenden Sie also den Satz »Lassen Sie mich darüber nachdenken« sehr behutsam.
- Versuchen Sie »*Falschgeld*« auszugeben und dafür echtes Geld zu bekommen (Defensivtaktik 61).

Und wenn Sie Kapitel 17 (*Wie man als Guerilla Zugeständnisse macht*) gelesen haben, können Sie weitere Taktiken von Don ausprobieren.

Kapitel 13

Drei wirkungsvolle und *sehr häufig* eingesetzte Unterwerfungstaktiken

In diesem Kapitel geht es um folgende Themen: Entscheidungen, die mit Emotionen verbunden sind; sich in der Mitte treffen und eine Niederlage akzeptieren.

Unterwerfungstaktik 3: Umgarnen und umschmeicheln – der Gegenseite mehrere Möglichkeiten anbieten, durch die sie emotional einbezogen wird

Wenn Sie Verkäufer sind, bieten Sie dem Gegenüber mehrere Artikel an und bitten Sie ihn, jenen zu nehmen, der ihm am meisten zusagt. Besser noch ist es, ihm mehrere Ihrer Produkte für eine kostenlose Probe zur Verfügung zu stellen. Je mehr Zeit er damit verbringt, Ihre Produkte oder Dienstleistungen zu testen, umso enger ist seine emotionale Bindung an das Geschäft, das er mit Ihnen abschließt.

Aber bieten Sie ihm auch nicht zu viele Alternativen. Warum nicht? Weil es ihn ermüden könnte, wenn er unter zu vielen Möglichkeiten auswählen muss. Und wenn er müde wird, testet er nicht weiter und seine Kaufmotivation lässt nach. In einer Untersuchung im *Journal of Personality and Social Psychology* wurde festgestellt, dass nur drei Prozent der Kunden in einem Supermarkt ein Glas Marmelade kaufen, wenn 24 Geschmacksrichtungen im Angebot sind, aber 30 Prozent, wenn es nur sechs Geschmacksrichtungen gibt.

Zwei erfolgversprechende Guerilla-Konter – und einer, den man meiden sollte

- Um die Beziehung in der richtigen Bahn zu halten, *erbringen Sie eine Gegenleistung* und bieten Sie dem anderen ebenfalls mehrere Alternativen an (Kooperationstaktik 4).

- Wenn Sie Käufer sind, akzeptieren Sie dankend das Angebot des Verkäufers, vor allem wenn es eine kostenlose Probe beinhaltet (Kooperationstaktik 24: *Strahle Wärme aus, bemühe dich dabei aber, aufrichtig zu erscheinen).*
- Verhalten Sie sich aber nicht wie ein gieriges Kind in einem Süßwarenladen. Verlangen Sie nicht immer noch mehr (Verwenden Sie nicht die Angriffstaktik 103: *Zermürben – die Gegenseite erschöpfen, dazu bringen, sich zu verausgaben).* Die Gegenseite könnte Sie dann für einen Schnorrer halten.

Unterwerfungstaktik 14: Sich in der Mitte treffen

Sich in der Mitte zu einigen, erscheint auf den ersten Blick sehr vernünftig. Aber häufig endet dieses Vorgehen in einer gegenseitigen Blockade. Bedenken Sie stets: *Wer dies als Erster vorschlägt, begeht einen dummen Fehler. Warum? Weil diese Person am wenigsten zu verlieren hat.* Lassen Sie sich also nicht dazu verleiten, warten Sie, bis Ihr Gegenüber diese Lösung ins Gespräch bringt. Und dann schlagen Sie zu, aber natürlich auf eine rücksichtsvolle und höfliche Weise!

Chinesische Kaufleute verwenden diese Taktik häufig, doch nicht auf die Art und Weise, wie westliche Verhandlungsführer sie einsetzen würden. Nach einigem Feilschen um den Preis zieht der Kaufmann zwei Blätter Papier heraus und erklärt Ihnen: »Ich schreibe Ihnen meine Zahlen auf. Sie zeigen mir Ihre Zahlen. Und dann können wir verhandeln.« Das ist häufig sehr wirkungsvoll. Wir sind überzeugt, diese Taktik wird Ihnen zusagen.

Ein erfolgversprechender Guerilla-Konter

Wenn der andere vorschlägt, sich in der Mitte zu treffen, entgegnen Sie ihm: »Das kann ich nicht machen. Sie gewinnen mehr, wenn wir uns in der Mitte treffen, und ich habe dabei mehr zu verlieren – viel mehr. Aber um Ihnen zu zeigen, dass ich durchaus kompromissbereit bin, biete ich Ihnen an, Ihnen zu 20 Prozent entgegenzukommen. Sie werden zugeben müssen, dass das ein faires Angebot ist.« Bemühen Sie sich, aufrichtig und herzlich zu sein – *strahlen Sie Wärme aus,* mit anderen Worten (Kooperationstaktik 24).

Unterwerfungstaktik 16: Die Niederlage akzeptieren und nehmen, was man kriegen kann – lasse es, wie es ist

Nur sehr selten werden Sie alles bekommen, was Sie wollen. Sie werden Ihre Idealvorstellung nicht durchsetzen können. Es ist jedoch schwierig zu ermitteln, wann der beste Zeitpunkt ist, um zu akzeptieren, was die Gegenseite einem bietet. Glücklicherweise gibt es hierfür eine Faustregel, die Sie in Kapitel 6 kennengelernt haben, wo wir die Angriffstaktik 27 (*Lerne von Autohändlern – sorge dafür, dass die Gegenseite viel Zeit investiert*) vorgestellt haben. Wenn Ihnen Ihre Zeit weniger wertvoll ist als dem Verhandlungspartner seine Zeit, akzeptieren Sie nicht, was er Ihnen anbietet. Feilschen Sie um mehr. Wenn aber Ihre Zeit kostbarer ist als seine, akzeptieren Sie sein Angebot und nehmen Sie, was Sie kriegen können.

Handeln Sie logisch und vernünftig? (Die Angriffstaktik 33 lautet: *Handele logisch und folgerichtig – und sorge dafür, dass die Gegenseite das auch erkennt.*) Die meisten Leute tun das nicht. Sie werden emotional und werfen gutes Geld schlechtem hinterher und *steigern ihr Engagement ständig,* auch wenn sie wissen, dass es aussichtslos ist (Vorbereitungstaktik 13).

Fünf erfolgversprechende Guerilla-Konter

Wenn Sie noch mehr herausschlagen wollen, können Sie folgende fünf Methoden versuchen:

- Geben Sie sich *erstaunt,* wenn Ihnen die Gegenseite ihr Angebot vorlegt. Geben Sie ihr zu verstehen, dass Sie kaum glauben können, was für ein schlechtes Angebot Ihnen vorgelegt wird (Angriffstaktik 15).
- Sagen Sie: »*Schauen wir uns die Erfolgsbilanz an.*« Stützen Sie Ihr Angebot mit Fakten und Daten (Angriffstaktik 104).
- Appellieren Sie an seine *Logik* (Angriffstaktik 33) und sagen Sie: »Was würden Sie an meiner Stelle tun?«
- Bleiben Sie standhaft. Behaupten Sie sich. Das erzeugt Druck auf die Gegenseite. Hier kommen zwei Taktiken zur Anwendung: die Defensivtaktik 89 (*Unvernünftigen Forderungen nicht nachgeben*) und die Angriffstaktik 66 (*Die Gegenseite stets unter Druck halten*).
- Ignorieren Sie einfach die Forderungen der Gegenseite, denn Sie beide wissen, dass sie unvernünftig sind (Defensivtaktik 11: *Reagiere überhaupt nicht*).

Kapitel 14

Zwei wirkungsvolle und *sehr häufig* eingesetzte Kooperationstaktiken

In diesem Kapitel geht es um Wechselseitigkeit und Versprechungen.

Kooperationstaktik 4: Wechselseitiges Geben und Nehmen – wenn du mir den Rücken kratzt, kratze ich dir deinen

Meistens erwarten große Tiere oder andere Guerillas, mit denen man geschäftliche Verhandlungen führt, eine Gegenleistung, wenn sie selbst etwas gegeben oder zugestanden haben, andernfalls sind sie enttäuscht oder verärgert. Somit geraten Sie unter starken Druck, ebenfalls etwas zu geben. Doch wenn dadurch eine Verpflichtung entsteht, die keiner von Ihnen beiden eingehen möchte, sollten Sie das besser nicht tun.

Subtile Wechselseitigkeit

Was Sie gerade gelesen haben, ist stark vereinfacht. Bei Wechselseitigkeit geht es um weit mehr. Nachfolgend drei subtile Möglichkeiten, wie Sie Ihren Verhandlungspartner dazu bewegen können, Ihnen wesentlich mehr zu geben als Sie ihm:

- Sorgen Sie dafür, dass er glaubt, Ihr Wohlwollen sei für ihn *von entscheidender Bedeutung*.
- Je *unerwarteter* diese Geste erfolgt, umso besser.
- *Personalisieren* Sie Ihre Forderungen so weit wie möglich.

Das klingt einfach, ist aber auf subtile Weise kompliziert. Um Ihnen zu verdeutlichen, was wir meinen, möchten wir ein Beispiel aus einer Fachzeitschrift heranziehen:

Sie speisen in einem gehobenen Restaurant. Alle Gäste erhalten nach Beendigung ihrer Mahlzeit ein Pfefferminzbonbon. Dies kann das Restaurant auf viererlei Arten bewerkstelligen. Bei welcher davon erhält die Bedienung das meiste Trinkgeld?

- Die Bonbons werden an der Tür verteilt. Die Gäste nehmen sie mit, wenn sie hinausgehen. Der Kellner bringt sie nicht mit der Rechnung an den Tisch.
- Wenn der Kellner die Rechnung bringt, reicht er jeder Person am Tisch ein Bonbon.
- Der Kellner gibt jeder Person am Tisch zwei Bonbons.
- Der Keller gibt jeder Person am Tisch ein Bonbon. Dann geht er. Kurz darauf kommt er zurück, greift in seine Tasche, zieht weitere Bonbons heraus und gibt jeder Person ein zweites Bonbon.

Antwort: Beispiel Nr. 1 hatte keine Auswirkung darauf, wie viel Trinkgeld der Kellner erhielt. In Beispiel Nr. 2 stieg das Trinkgeld nur um drei Prozent, im dritten Beispiel um 14 Prozent und im vierten Beispiel um 23 Prozent.

Woran lag das? Drei Gründe gibt es dafür:

- Es war sowohl *unerwartet* wie auch *bedeutsam:* Zwei Pfefferminz-Bonbons erscheinen bedeutsam, eines wird ohnehin erwartet.
- Die *Personalisierung:* Die Gäste denken »Mensch, der Kellner muss mich wirklich sehr mögen, also gebe ich ihm ein größeres Trinkgeld.«

Eine Warnung: Übertreiben Sie diese Taktik nicht. Bei Menschen, die Geschenke erhalten oder denen ein Gefallen erwiesen wird, lässt im Laufe der Zeit die Dankbarkeit nach. Wenn sie zu häufig beschenkt werden, beginnen sie diese Geschenke als ein Recht anstatt als eine großzügige Geste zu betrachten. Sie denken: »Nehmen Sie mir meine Rechte nicht. Wenn Sie das tun, werde ich mit Ihnen nicht mehr zusammenarbeiten.« Sie denken nicht: »Danke für all die Geschenke, die Sie mir im Laufe der Jahre gemacht haben. Ich freue mich darüber und werde weiter mit Ihnen zusammenarbeiten.« Wir haben bereits in Kapitel 8 den Zusammenhang von Dankbarkeit und Rechten behandelt. Siehe dazu die Kooperationstaktik 16 (*Der Bonus – am Ende noch eine kleine Zugabe auf dem Tisch lassen*).

In Kapitel 11 haben wir, nebenbei bemerkt, in einem Kasten das Thema *kreative Wechselseitigkeit* behandelt. Wechselseitigkeit geht also weit darüber hinaus, sich gegenseitig den Rücken zu kratzen.

Zwei erfolgversprechende Guerilla-Konter

Es ist gefährlich, sich nicht auf wechselseitiges Geben und Nehmen einzulassen. Jeder – große Tiere, andere Guerillas, Ihre Ehefrau – erwartet eine Gegenleistung, wenn er oder sie etwas gibt. Sie wollen die Person, mit der Sie Geschäfte machen möchten, gewiss nicht enttäuschen. Jedenfalls nicht, wenn Sie eine längerfristige Geschäftsbeziehung anstreben. Andererseits ist es nicht gut, sich eine Verpflichtung aufzuhalsen, die keiner von Ihnen wirklich möchte. Wenn Sie also nicht ernsthaft zu wechselseitigem Geben und Nehmen bereit sind, versuchen Sie es mit folgenden Taktiken:

- Erklären Sie dem Großen: »Ich weiß es wirklich zu schätzen, was Sie für mich getan haben. Ich wünschte, ich könnte Ihnen dafür eine Gegenleistung bieten, aber ich möchte die Grenzen nicht überschreiten, die mein Chef mir gesetzt hat.« Das ist eine Kombination aus zwei Kontertaktiken: der Defensivtaktik 32 (*Ich kann es mir nicht leisten – ich habe kein Geld mehr*) und dem Schmutzigen Trick 5 (*Begrenzte Autorität – ich muss zuerst meine Mutter fragen*).
- Seien Sie ein guter Schauspieler. Versuchen Sie, ein gewisses Unbehagen zu zeigen (aber keinen Schmerz), wenn Sie eine Gegenleistung erbringen, auch wenn Sie dem anderen nur sehr wenig geben (Vorbereitungstaktik 19: *Wie man Zugeständnisse macht – 20 Dinge, die man tun kann, und 20, die man lassen sollte*).

Kooperationstaktik 13: Verlockende Zusagen machen, anstatt nachzugeben

Wenn Sie Versprechungen machen, tun Sie dies nicht nur, um Zeit zu gewinnen. Das ist ein schlechter Grund. Der Große wird am Ende herausbekommen, dass Sie nicht aufrichtig sind. Er wird Ihnen nicht vertrauen. Und dadurch geraten Ihre Verhandlungen auf die abschüssige Bahn.

Nachfolgend sechs wichtige Grundsätze. Befolgen Sie sie, dann werden Sie Ihre Versprechen nicht nur leicht einhalten können, auch der andere wird ein gutes Gefühl bei der Sache haben, und in Ihren Verhandlungen wird es wieder besser vorangehen.

- Zwei Arten von Versprechen funktionieren am besten:
  - Dinge, die für Ihr Gegenüber besonders wichtig sind.
  - Dinge, die Sie tatsächlich tun können.
- Geben Sie nur Versprechen ab, die Sie auch einhalten können. Versprechen nicht einzuhalten, führt zu Verstimmungen bei Ihrem Gegenüber.
- Sie brauchen dreierlei, um ein Versprechen einhalten zu können:
  - genügend Zeit
  - genügend Autorität
  - genügend Ressourcen
- Bauen Sie Klauseln in den Vertrag ein, die Ihnen bei bestimmten Ereignissen Anpassungen oder Nachbesserungen ermöglichen. Das erlaubt es Ihnen nicht nur, den Deal mit Versprechen zu besiegeln, sondern auch, nötigenfalls Änderungen durchzuführen.
- Besonders wichtig: Versprechen keine Zugeständnisse. Zugeständnisse lassen sich in Euro und Cent messen. Versprechen sind nur Worte. Und deshalb werden sie so leicht abgegeben und sind so schwer einzuhalten. Siehe die Defensivtaktik 88. Aus diesem Grund arbeiten die Menschen auch viel häufiger damit als mit Zugeständnissen.

Acht erfolgversprechende Guerilla-Konter

Wenn Ihnen Ihr Gegenüber etwas verspricht, können Sie Folgendes tun:

- Nehmen Sie nicht naiverweise an, dass er seine Versprechen einhalten wird. Bewahren sie sich eine gesunde Skepsis, vor allem in der Anfangsphase der geschäftlichen Verhandlungen (Vorbereitungstaktik 7: *Lasse dich nicht leicht überreden*).
- Stellen Sie sicher, dass Sie beide genau wissen, was er Ihnen und was Sie ihm versprochen haben. Halten Sie alles schriftlich fest. Sie beide sollten die schriftlichen Zusagen mit ihren Initialen abzeichnen (Angriffstaktik 54: *Kontrolle über den Verständigungsprozess ausüben*).
- Stellen Sie den anderen auf die Probe: Lassen Sie sich nur ein einziges Versprechen von ihm geben. Überprüfen sie, ob er es einhält. Wenn ja, besteht eine hohe Wahrscheinlichkeit, dass er auch andere Ver-

sprechen erfüllen wird (Defensivtaktik 22: *Beschaffe dir Informationen und überprüfe sie – identifiziere Unsinn und lege ihn bloß*).

- Achten Sie darauf, ob er *verlockende Zusagen* macht (Kooperationstaktik 13). Erinnern Sie sich: Sie müssen Ihrem Gegenüber für seine Versprechen nicht auch etwas geben. Warum nicht? Weil ein Versprechen kein Zugeständnis ist.

Nehmen wir an, Sie verhandeln zum ersten Mal mit dem anderen. Er verspricht Ihnen etwas, das Sie wollen – viele Aufträge in der Zukunft. Aber er tut das nur, wenn Sie ihm im Gegenzug auch etwas bieten – einen sofortigen kräftigen Preisnachlass. Dergleichen kommt häufiger in Verhandlungen mit einem anderen Guerilla vor als in Verhandlungen mit einem Großen. In diesem Zusammenhang gibt es folgende vier Möglichkeiten:

- Bleiben Sie skeptisch und lassen Sie sich nicht dazu verleiten, ihm einen großen Rabatt einzuräumen (Vorbereitungstaktik 7: *Lasse dich nicht leicht überreden*).
- Versuchen Sie ihm stattdessen einen kleineren Rabatt anzubieten (Unterwerfungstaktik 11: *Das bedingte Angebot*).
- Erklären Sie ihm: »Das kann ich nicht machen. Es widerspricht den Richtlinien meiner Firma.« (Defensivtaktik 31: *Übertrieben penibel sein*).
- Wenn er weiter darauf beharrt, halten Sie seine Hoffnung aufrecht, indem Sie ihm erklären: »Bevor ich das mache, muss ich erst mit meinem Chef Rücksprache halten.« Schmutziger Trick 5 (*Begrenzte Autorität – ich muss zuerst meine Mutter fragen*).

Kapitel 15

Vier wirkungsvolle und *sehr häufig* verwendete schmutzige Tricks

In diesem Kapitel geht es um begrenzte Autorität; darum, den anderen durch einen Wutausbruch zu erschrecken; um Lügen und um die beiden großen Schwachpunkte – Gier und Leichtgläubigkeit.

Schmutziger Trick 5: Begrenzte Autorität – ich muss zuerst meine Mutter fragen

Das ist eindeutig die schlimmste Form des *An-der-Nase-Herumführens* (Defensivtaktik 30). Sie verhandeln in gutem Glauben mit Ihrem Gegenüber. Und wenn Sie dann zur Unterschrift bereit sind, erklärt er Ihnen: »Ich muss erst noch mit meinem Vorgesetzten Rücksprache halten.« Autohändler operieren fast immer mit diesem Trick. Sie kennen nun Ihre Preisvorstellungen und Ihre Schmerzgrenze – alle Ihre Geheimnisse –, Sie aber haben keine Ahnung von den Geheimnissen des Chefs des Verkäufers. Stellen Sie es sich so vor: Der Verkaufsleiter kommt herein und ist voll angezogen, Sie aber sitzen nackt und verletzlich da. Sie haben einen enormen Nachteil. Der Verkaufsleiter erklärt Ihnen: »Tut mir leid, aber mein Verkäufer hat hier seine Kompetenzen überschritten.« Dann setzt er noch eins obendrauf: »Bedauerlicherweise ist mein Verkäufer zu weit gegangen.«

Sieben erfolgversprechende Guerilla-Konter

Folgende drei Kontermöglichkeiten können Sie gegen eine Person ausprobieren, die diesen schmutzigen Trick gegen Sie anwendet, nicht aber gegen deren Vorgesetzten:

- Bringen Sie mehr über die Person in Erfahrung, mit der Sie verhandeln. Stellen Sie im Vorhinein fest, ob sie diesen schmutzigen Trick häufig verwendet (Angriffstaktik 32: *Lerne die Gegenseite kennen und lerne dich selbst kennen – Wissen ist Macht*). Dazu ein Hinweis: Guerillas verwenden diesen Kniff wesentlich häufiger als große Tiere. Warum? Weil große Tiere nicht zugeben wollen, dass sie doch nicht so groß sind, wie sie gern erscheinen wollen.

- Egal ob Sie mit einem anderen Guerilla oder einem Großen einen Deal machen wollen, empfehlen wir Ihnen, mit einer solchen Person sehr vorsichtig zu verhandeln. Um herauszufinden, ob der andere diesen schmutzigen Trick gegen Sie anwenden wird, stellen Sie ihm gleich zu Beginn der Verhandlungen folgende Frage: »Sind Sie bevollmächtigt, diesen Vertrag abzuschließen?« Das ist die Defensivtaktik 22 (*Beschaffe dir Informationen und überprüfe sie – identifiziere Unsinn*).

- Wenn der andere dies verneint, Sie aber dennoch lieber mit ihm als mit seinem Vorgesetzten verhandeln wollen, lassen Sie sich von ihm schriftlich bestätigen, dass er nur begrenzte Handlungsvollmacht besitzt (Angriffstaktik 54: *Kontrolle über den Verständigungsprozess ausüben*).

Wenn Sie dagegen lieber mit seinem Vorgesetzten verhandeln möchten, können Sie Folgendes tun:

- Erklären Sie Ihrem Gegenüber: »Ich habe Vollmacht, den Vertrag abzuschließen. Daher möchte ich mit Ihrem Vorgesetzten sprechen. Dadurch können wir uns eine Menge Zeit sparen.« Das ist die Angriffstaktik 51 (*Biete der Gegenseite die Stirn – zwinge sie, Farbe zu bekennen*).

- Don hat mit dieser Methode gute Ergebnisse erzielt: »Sie sind also nicht befugt, das Geschäft unter Dach und Fach zu bringen? Nun, dann werde ich Folgendes tun: Ich werde einen meiner Untergebenen beauftragen, mit Ihnen zu verhandeln. Auch er hat nicht die Befugnis, einen Vertrag abzuschließen. Nachdem Sie beiden kleinen Jungs eine Weile miteinander gespielt haben, können Sie Ihren Chef einschalten, ich komme dann auch zurück, und wir zwei großen Jungs machen den Deal. Ich möchte keine Zeit verschwenden, indem ich weiter mit Ihnen verhandele.« Das ist der schmutzige Trick 31 (*Die Gegenseite demütigen*). Seltsamerweise hat Don damit Erfolg, denn hier kommt auch *Sarkasmus* ins Spiel. (Angriffstaktik 2). Vielleicht klappt es deshalb bei ihm, weil er dabei lächelt (Kooperationstaktik 24: *Strahle Wärme aus, bemühe dich dabei aber, ehrlich zu wirken)*. Verwenden Sie diese Taktik also mit Vorsicht. Sie ist ein wenig grob. Wollen Sie grob sein? Oder wollen Sie eine Menge Zeit vergeuden und an der Nase herumgeführt werden?

- Wenn Sie bereits wissen, dass der Chef Ihres Verhandlungspartners die letzte Entscheidung hat, tun Sie Folgendes: Bringen Sie seinen Vorgesetzten dazu, schriftlich alles zu bestätigen, worauf Sie und der Untergebene sich geeinigt haben (Angriffstaktik 54: *Kontrolle über den Verständigungsprozess ausüben)*. Stellen Sie sicher, dass der Vorgesetzte dies nach jeder einzelnen Vereinbarung tut und nicht erst alles am Schluss absegnet. Das ist mühsam, doch es könnte auch den Untergebenen ermüden, sodass er seinen Chef hinzuzuziehen versucht. Dadurch kann man sich viel Zeit sparen.

Und schützen Sie sich schließlich gegen diese Taktik, indem Sie ein *bedingtes Angebot* machen (Unterwerfungstaktik 11), das von einer bestimmten Voraussetzung abhängig ist. Abhängig wovon? Von der Zustimmung durch *Ihren* Chef. Dadurch erkaufen Sie sich Zeit und erzeugen Spannung. Wenn Sie mit allem durchkommen, was Sie angekündigt haben, wird sich der Untergebene wohlfühlen, weil Sie damit die Spannung auflösen. Auch wenn Sie nicht alles durchbekommen, wird er es Ihnen hoch anrechnen, dass Sie es wenigstens versucht haben. Ein weiterer Punkt für Sie.

Schmutziger Trick 51: Der Gegenseite einen Heidenschrecken einjagen – dafür sorgen, dass sie dich fürchtet

Wenn Sie wirklich wütend sind, können Sie manchmal auch die Fassung verlieren – Sie können schreien, brüllen, fluchen und mit den Fäusten auf den Tisch hämmern. Sie können zum Gegenüber sagen:

- Ihr Angebot ist eine Beleidigung.
- Halten Sie mich für dumm?
- Glauben Sie, ich habe Geld zu verschenken?

Sie müssen sich danach nicht immer sofort auf die Zunge beißen. Ein solches Verhalten hat durchaus seine Vorteile: Wenn es plötzlich und unerwartet kommt, kann es dafür sorgen, dass der Große unsanft in die Wirklichkeit zurückgeholt wird. (Guerillas verwenden diese Methode nur selten gegenüber anderen Guerillakämpfern.) Im Allgemeinen aber ist es kontraproduktiv, die Fassung zu verlieren, denn es führt dazu, dass auch der andere zornig wird.

Wenn Sie im Grunde nicht wütend sind, aber dennoch diese Taktik einsetzen wollen, müssen Sie ein guter Schauspieler sein. Der Schmutzige Trick 55 ist das *offenkundige Lügen*. Es darf allerdings nicht als offenkundig erscheinen. Die meisten Leute aber können nicht gut schauspielern. Verwenden Sie diesen schmutzigen Trick daher nur im äußersten Notfall. Wenn Sie es tun, müssen Sie sicherstellen, dass Ihr Verhalten glaubwürdig wirkt.

Wenn Sie der Gegenseite auf etwas dezentere Weise Ihre Verärgerung zeigen wollen, können Sie eine der 18 Gesten verwenden, die in der Körpersprache Dominanz signalisieren und die wir in Kapitel 16 beschreiben.

Wer diese Taktik regelmäßig verwendet, verliert sein Gesicht, und schließlich kümmert er sich gar nicht mehr darum, ob er sein Gesicht verliert oder nicht. Das ist das Gegenteil der Kooperationstaktik 17 (*Dafür sorgen, dass die Gegenseite ihr Gesicht wahren kann*).

Drei erfolgversprechende Guerilla-Konter

* Bleiben Sie gelassen, wenn Ihr Verhandlungspartner die Beherrschung verliert (Angriffstaktik 70). Geben Sie dem Großen nicht das Gefühl, dass es ihm gelungen ist, Sie einzuschüchtern. Bleiben Sie aber auch nicht teilnahmslos sitzen. Das bedeutet, Sie sollten die Defensivtaktik 11 (*Überhaupt nicht reagieren*) nicht verwenden. Zeigen Sie dem anderen, dass Sie verärgert sind.

* Akzeptieren Sie sein aufdringliches Verhalten nicht. Gehen Sie einfach weg (Angriffstaktik 68: »*Nehmen Sie's oder lassen Sie's bleiben*«). Das ist besser, als die Situation eskalieren zu lassen, indem Sie dem anderen *Gewalt androhen* (Angriffstaktik 77). Lassen Sie sich von seiner Unbeherrschtheit also nicht zu falschen Reaktionen verleiten, auch wenn es guttun mag, ebenfalls seinem Ärger Luft zu machen.

* Wenn Sie ein verstecktes Aufzeichnungsgerät zu der Besprechung mitgebracht haben und sich rächen wollen, rufen Sie den anderen

später an und teilen ihm mit, dass Sie die Aufzeichnung gerade an seinen Vorgesetzten geschickt haben (Schmutziger Trick 6: *Rache; tun Sie das aber nur, wenn es legal ist*). Es ist schon vorgekommen, dass die betreffende Person anschließend in ihrer Firma aus ihrer Position entfernt wurde, woraufhin das Geschäft mit dem Nachfolger zum Abschluss gebracht wurde.

Schmutziger Trick 55: Offenkundiges Lügen, nicht nur überzogenes Sprücheklopfen

Wir alle haben als Kinder gelogen. Und wir lügen auch heute noch. Manchmal handelt es sich um Notlügen, die keine echten Konsequenzen haben. Hier jedoch geht es um schlimme, schmutzige Lügen, die anderen Menschen wehtun.

Und natürlich übertreibt jeder gern (Angriffstaktik 39: *Handele egoistisch – ich bin der Größte!*). Beachten Sie den Unterschied zwischen einer Übertreibung und einer Lüge. In einer Übertreibung steckt etwas Wahres und manchmal wird sie zu einer künftigen Wahrheit, Lügen aber sind vollkommen falsch. Sie werden niemals wahr werden.

Über Lügen und Lügner müssen Sie folgende vier Dinge wissen:

*   Lügen erhöhen die Erwartungen anderer. Das ist ungünstig, wenn Sie Ihr großspuriges Gerede durch nichts stützen können. Das wird die anderen verstimmen und sie brechen vielleicht das Gespräch ab.
*   Manche Menschen, wie beispielsweise Politiker, sind gewohnheitsmäßige Lügner. Sie lügen so viel, dass sie oft den Unterschied zwischen Wirklichkeit und Fiktion nicht mehr erkennen. Gewohnheitsmäßige Lügner sind schwerer zu entlarven, denn wenn sie lügen, glauben sie, dass sie die Wahrheit sprechen. Ihre Körpersprache signalisiert Aufrichtigkeit. (Beachten Sie Dons Buch *Hey, Stupid! How Politicians Lie and Manipulate Voters*. Es wird 2014 erscheinen. Nähere Informationen unter www.GuerrillaDon.com)
*   Doch die meisten *normalen* Lügner kann man leicht erkennen. Warum? Aufgrund der Art und Weise, wie unser Gedächtnis arbeitet. Dinge, die wir tatsächlich erlebt haben, werden von unseren fünf Sinnen wahrgenommen. Dadurch wird das Ereignis in unsere Erinnerung eingebettet. Lügen dagegen haben nicht stattgefunden, sie

wurden von unseren Sinnen nicht erfasst und sind nicht in unserer Erinnerung verankert. Wir erinnern uns an Dinge, die in unser Gedächtnis eingegraben sind, nicht an Dinge, bei denen dies nicht der Fall ist. Als Lügner muss man also ein sehr gutes Gedächtnis haben. Wie gut ist Ihr Gedächtnis? Testen Sie es, indem Sie überlegen, ob Sie sich an die Bezeichnung des Schmutzigen Tricks 51 erinnern können.

- Lügner müssen gute Schauspieler sein. Menschen, die Körpersprache zu deuten wissen, können Lügner leicht entlarven. In Kapitel 16 gehen wir ausführlicher darauf ein.

Fünf erfolgversprechende Guerilla-Konter

- Seien Sie stets skeptisch und besonders aufmerksam, wenn Sie es mit einem neuen, unbekannten Verhandlungspartner zu tun bekommen (Vorbereitungstaktik 7: *Lasse dich nicht leicht überreden*).
- Beobachten Sie die *Körpersprache* des Gegenübers. Sie wird Ihnen Hinweise liefern, ob er ehrlich ist oder Sie täuschen möchte (Defensivtaktik 15).
- Wenn Sie den anderen bei einer Lüge ertappen, konfrontieren Sie ihn umgehend damit (Angriffstaktik 52: *Frage die Gegenseite: Warum arbeiten Sie mit schmutzigen Tricks und wann wollen Sie damit aufhören?*). Doch tun Sie dies behutsam – Sie sollten dem anderen keine *Schuldgefühle einreden* (Angriffstaktik 80).
- Suchen Sie sich Freunde in der Organisation Ihres Verhandlungspartners. Nutzen Sie Ihre Freunde als Kontaktpersonen und Informationsquellen. Dadurch können Sie die Behauptungen und das Verhalten des Verhandlungspartners überprüfen (Defensivtaktik 76: *Suche dir Verbündete und benutze sie*).
- Wenn der andere mit dem Abbruch der Verhandlungen droht, falls Sie ihm keine Zugeständnisse machen, *zwingen Sie ihn, Farbe zu bekennen*, um herauszufinden, ob er blufft oder nicht (Angriffstaktik 51). Aber tun Sie dies nur, wenn es sich für Sie nicht negativ auswirkt, wenn er die Wahrheit sagt.

Schmutziger Trick 76: Die beiden Schwachpunkte: Sich die Gier und die Leichtgläubigkeit des wahren Verlierers zunutze machen

Das Vertrauen gieriger Menschen kann man leicht erlangen, wenn man ihnen eine plausible Geschichte auftischt, vor allem wenn diese ihre Habgier anspricht. Sie wollen sich einreden, dass sie etwas bekommen können, ohne dafür eine Gegenleistung zu erbringen. Es ist auch einfach, leichtgläubige Leute zu überzeugen. Wenn also der andere Guerilla ebenso gierig wie leichtgläubig ist, können Sie ihn wesentlich leichter dazu bringen, zu tun, was Sie wollen. Bernie Madoff, der Anleger um Abermillionen erleichtert hat, arbeitete nicht allein. Er hatte viele Komplizen – seine Kunden. Menschen wie er halten stets Ausschau nach gierigen und leichtgläubigen Leuten, denn diese sind leicht zu erkennen. Nachfolgend führen wir einige Merkmale auf, anhand derer man feststellen kann, ob jemand gierig, großzügig, leichtgläubig oder skeptisch ist.

Doch zuerst: Wie gierig oder großzügig sind Sie? Wenn Sie in Ihrem bisherigen Leben materiell immer gut gestellt waren, gehören Sie wahrscheinlich eher zu den Gierigen. Andererseits sind Menschen, die die meiste Zeit auf sich selbst angewiesen waren, oft großzügiger. Folgende sieben Merkmale bieten dazu ebenfalls Anhaltspunkte:

Gierig	Faktor	Großzügig
Keine	Zahl der Geschwister	Mehrere
Beengt	Wohnung	Nicht beengt
Stärker ausgeprägt	Zynisch	Weniger stark ausgeprägt
Ja	Egozentrisch	Nein
Weniger	Kooperativ	Stärker
Stärker	Nach innen gewandt – interessiert an vielen Dingen, die ihn nicht beeinflussen	Weniger
Ja	Selbstsüchtig	Nein

Zweitens: Wie leichtgläubig oder skeptisch sind Sie? Folgende zehn Merkmale sind in dieser Hinsicht aufschlussreich:

Leichtgläubig, großes Vertrauen	Faktor	Skeptisch, wenig Vertrauen
Weniger	Neigung zum Stehlen und Klauen	Mehr
Weniger	Neigung zum Schwindeln	Mehr
Wesentlich mehr	Zahl von Lügen	Wesentlich weniger
Viele	Zahl der Freunde	Nur wenige
Weniger	Innere Konflikte	Mehr
Mehr	Glücklich	Weniger
Ja	Bereitschaft, anderen eine zweite Chance zu geben	Nein
Ja	Respekt vor anderen Menschen	Nein
Viel	Vertrauen in andere Menschen	Wenig
Wird erwartet	Einstellung bezüglich folgerichtigen Verhaltens anderer	Wird nicht erwartet
Mehr	Allgemeine Anpassung an das Leben	Weniger

Bemühen Sie sich, die Menschen im Allgemeinen besser kennenzulernen, nicht nur die Person, mit der Sie ein Geschäft abschließen möchten. Versuchen Sie herauszufinden, ob sie leichtgläubig und/oder gierig sind. Dann versuchen Sie den Mann oder die Frau auf der anderen Seite des Verhandlungstisches diesbezüglich einzuschätzen. Prüfen Sie, ob diese Person in das Gier/Leichtgläubigkeit-Schema einzuordnen ist. Es wird relativ leicht sein, den anderen zu überzeugen, wenn er gleichermaßen gierig und leichtgläubig ist.

Fünf erfolgversprechende Guerilla-Konter

Wenn Ihr Gegenüber Ihre Gier oder Leichtgläubigkeit auszunutzen versucht, können Sie Folgendes tun:

- Seien Sie ehrlich sich selbst gegenüber. Machen Sie sich Ihre Stärken und Schwächen bewusst, Ihre Aktiv- und Passivposten. Hier kommen die Vorbereitungstaktik 10 (*Behalte dein Ego im Griff*) und die Angriffstaktik 32 (*Lerne die Gegenseite kennen und lerne dich selbst kennen*) zur Anwendung.

- Wenn Sie erkennen, dass Sie gierig und/oder leichtgläubig sind, neigen Sie dazu, anderen Leuten zu glauben, was sie sagen – selbst Geschichten, die zu schön klingen, um wahr zu sein. Seien Sie skeptisch (Vorbereitungstaktik 7: *Lasse dich nicht leicht überreden*).

- Wenn Sie sich die Finger verbrennen, *lernen Sie aus Ihren Fehlern* (Vorbereitungstaktik 11).

- Bei Verhandlungen sollten Sie generell herauszufinden versuchen, ob der andere Sie belügt oder nicht (Defensivtaktik 22: *Beschaffe dir Informationen und überprüfe sie – identifiziere Unsinn und lege ihn bloß*).

- Lassen Sie sich die Zusagen der Gegenseite schriftlich bestätigen, sodass Sie einen Beweis haben, wenn es zu einer juristischen Auseinandersetzung wegen Nichterfüllung von Vereinbarungen kommt (Angriffstaktik 54: *Kontrolle über den Verständigungsprozess ausüben*). Verwenden Sie nicht den Schmutzigen Trick 19 (*Unernst gemeinte Klage, um die Gegenseite zu schikanieren*). Es lohnt die Mühe und den Zeitaufwand nicht.

Schlussfolgerung und Ausblick

In den Kapiteln 10 bis 15 haben wir 50 sehr wirkungsvolle und häufig verwendete Verhandlungstaktiken vorgestellt – zwei Vorbereitungs-, 27 Angriffs-, 12 Defensiv-, drei Unterwerfungs- und zwei Kooperationstaktiken sowie vier schmutzige Tricks. Im nächsten Teil des Buches machen wir Sie mit zwei wichtigen Dingen vertraut, die Ihnen als Guerilla zu großen Erfolgen verhelfen können – mit der Verwendung der Körpersprache (Kapitel 16) und mit dem Wissen, wie man Zugeständnisse macht (Kapitel 17).

Körpersprache und Zugeständnisse machen

Der fünfte Teil des Buches besteht aus zwei Kapiteln: In Kapitel 16 geht es um die allerwichtigste Guerillataktik – die Körpersprache. In Kapitel 17 erfahren Sie alles darüber, wie man Zugeständnisse macht und sich dennoch durchsetzt.

Kapitel 16

Körpersprache für Guerillas

In diesem Kapitel werden folgende Themen behandelt: Basistraining – 51 grundlegende Gesten. Fünfteiliger Fortgeschrittenenkurs – 40 Gesten, die Lügen signalisieren. 18 Dominanzgesten; 12 Arten des Berührens; 19 Büromöbelpositionen sowie das Manipulieren anderer durch die eigene Körpersprache.

Einführung

Die beste Einführung in diese äußerst wirkungsvolle Taktik finden Sie auf *www.YouTube.com*, wenn Sie »Don Hendon« eingeben. Dort sehen Sie ein 38 Minuten langes Gespräch, in dem Don die Grundlagen der Körpersprache erläutert.

Eine der wirksamsten, aber sehr selten verwendeten Taktiken lautet: *Lerne die Gegenseite kennen und lerne dich selbst kennen* (Angriffstaktik 32). Sie wurde bereits in Kapitel 6 beschrieben. Guerillas können viel lernen über große Tiere und andere Guerillas, wenn sie deren Körpersprache beobachten. Sie können feststellen,

- ob sie interessiert sind an dem, was Sie sagen (Defensivtaktik 15),
- ob sie Sie belügen oder nicht (wiederum die Defensivtaktik 15),
- ob sie Sie zu dominieren versuchen oder nicht (abermals die Defensivtaktik 15).

Sie können ferner viel über sie in Erfahrung bringen, wenn Sie beobachten,

- ob und wann sie andere Menschen berühren, einschließlich Sie (Defensivtaktik 18),
- wie ihre Büromöbel angeordnet sind (Defensivtaktik 19).

Wenn Sie all dies gut beherrschen, können Sie *Ihre eigene Körpersprache* dazu einsetzen, große Tiere oder andere Guerillas zu manipulieren. Das ist die Defensivtaktik 16.

Die Körpersprache zu kennen und einzusetzen, verleiht einem Guerilla viel Macht. Don erklärt seinem Publikum stets: »Körpersprache ist die machtvollste und nützlichste Fertigkeit, die ich mir jemals angeeignet habe. Die meisten Menschen wissen nichts von Körpersprache, obwohl sie das meinen. Sie zu deuten ist wesentlich komplizierter, als zu glauben, dass Lächeln gut bedeutet und Stirnrunzeln schlecht. Und es genügt nicht zu wissen, dass verschränkte Arme eine Abwehrhaltung signalisieren und ausgebreitete Arme die Bereitschaft, Anregungen entgegenzunehmen. Aber sie ist einfach zu erlernen. Doch wenn man die Körpersprache erlernt hat, heißt das noch nicht, dass man sie auch geschickt einsetzen kann. Dafür braucht es viel Übung.

Dieses Kapitel wird Ihnen das nötige Wissen über die Körpersprache vermitteln.

Wie einfach es in Wirklichkeit ist

Betrachten Sie diese Zeichnungen von Mitgliedern der Geschworenen-Jury in einem Gerichtssaal. Was geht hier vor?

Alle Männer reagieren höchst negativ, aber alle Frauen sind angetan von der Situation. Die Bildunterschrift zu dieser Zeichnung lautet: »Und jetzt erzählen Sie bitte der Jury, was Sie mit dem Messer gemacht haben, Mrs. Bobbitt.« Manche erinnern sich vielleicht an jenen spektakulären Fall aus dem Jahr 1993: Eine Amerikanerin namens Lorena Bobbitt schnitt ihrem Ehemann, nachdem er sie vergewaltigt hatte, mit einem Messer den Penis ab und warf diesen mehrere Kilometer vom Haus entfernt weg. Die Geschworenen erklärten die Frau für nicht schuldig. Man erkennt auf Anhieb, dass die beiden Geschlechter völlig unterschiedlich reagierten. Die Frauen freuten sich, die Männer bekamen einen Schrecken.

Körpersprache ist sehr einfach – Sie müssen nur folgende Aspekte beachten:

Die sechs Grundlagen der Körpersprache
- Beobachten Sie Ihren Gegenüber ungefähr fünf Minuten lang aufmerksam.
- Lassen Sie ihn nicht spüren, dass Sie ihn beobachten, um etwas über ihn herauszubekommen.
- Ordnen Sie jede seiner Gesten einer positiven oder negativen Kategorie zu.
- Eine einzelne Geste hat vielleicht überhaupt nichts zu bedeuten. Achten Sie also darauf, ob es eine Häufung von Gesten gibt. Das ist dann sehr aussagekräftig.
- Wenn die meisten seiner Gesten *positiv* sind, fahren Sie fort, denn er reagiert ja auf das, was Sie sagen, positiv.
- Wenn die meisten seiner Gesten *negativ* sind, ändern Sie Ihre Botschaft sofort, denn er reagiert negativ darauf.

Ja, so einfach ist es. Aber Sie müssen wissen, wonach Sie Ausschau halten müssen. Folgendes finden Sie in unserem Leitfaden:
- Basistraining – die 52 grundlegenden Gesten
- Der fünfteilige Fortgeschrittenenkurs:
  - Die Körpersprache des Lügens – 40 Gesten
  - Die Körpersprache der Dominanz – 18 Gesten
  - Die Sprache der Berührung – 12 Hinweise
  - Die Sprache der Anordnung der Büromöbel – 19 Positionen
  - Wie man den Gegenüber mit der eigenen Körpersprache manipulieren kann

Basistraining: Interessiert sich Ihr Gegenüber für das, was Sie sagen? Gefällt es ihm oder nicht?

Die 52 grundlegenden Gesten der Guerilla-Körpersprache

Dieses Kapitel liefert die Einzelheiten zur Defensivtaktik 15 (*Beobachte die Körpersprache der Gegenseite*). Wir haben diese Taktik erstmals in Kapitel 7 angesprochen.

Beobachten Sie zunächst den Körper des Gegenübers – seine Hände, seine Finger, seine Arme und Beine, seinen Rücken, seine Schultern usw. Achten Sie auch darauf, wo er sitzt und wie nahe oder weit entfernt er im Raum von Ihnen ist. Jede seiner Gesten liefert Ihnen Hinweise darauf, was in seinem Kopf vorgeht – auf seine positiven, negativen oder neutralen Gedanken.

Achten Sie genau auf folgende 52 Gesten, die sich in 22 Kategorien unterteilen.

Der Körper insgesamt
- Positiv: Nach vorne gebeugt – interessiert.
- Negativ:
  - Zurückgelehnt – nicht interessiert.
  - Ruckartige Bewegungen – Enttäuschung.

Arme
- Positiv: Offen, nicht verschränkt.
- Negativ: Verschränkt – herausfordernd.

Beine
- Positiv:
  - Leicht geöffnet, nicht gekreuzt – offen für Anregungen.
  - Sehr weit geöffnet – eine sexuelle Geste.
  - Gekreuzte Beine, wobei ein Fuß dem Gegenüber zugewandt ist – nicht allzu negativ, manchmal sogar positiv.
- Negativ:
  - Gekreuzte Beine, wobei ein Fuß vom Gegenüber abgewandt ist – sehr negativ, herausfordernd, defensiv.
  - Schaukeln, Wippen, Klopfen – sehr nervös.
- Neutral: Die Fußknöchel gekreuzt – sehr ordnungsliebender Geist.

Gesicht – Augen

- Negativ:
  - Schnelles Blinzeln: wütend, aufgeregt, sagt die Unwahrheit.
  - Schließt schnell die Augen und legt den Kopf gleichzeitig nach hinten – Sie sind ihm zu nahe gekommen.
  - Kurzsichtige Person nimmt die Brille ab – Person möchte Sie nicht anschauen oder angeschaut werden (Achtung: Gilt nur, wenn der andere kurzsichtig ist).
- Neutral: Intensiver Blick, gleichgültig ob er Sie ansieht oder nicht – Er ist tief in Gedanken versunken, denkt nach.

Gesicht – Augenbrauen

- Negativ: Nur eine Braue geht nach oben – er glaubt Ihnen nicht.
- Neutral: Beide Augenbrauen gehen nach oben – er ist überrascht (Überraschung kann gut oder schlecht sein).

Gesicht – Kinn

- Negativ: Kinn wird zur Brust gezogen – Sie sind ihm zu nahe, also sollten Sie mehr Abstand herstellen.

Gesicht – allgemeine Haltung

- Positiv: Gesicht zur Seite gelegt, macht sich viele Notizen – sehr interessiert.
- Negativ:
  - Gesicht zur Seite gelegt, kritzelt – stark gelangweilt.
  - Er blickt Sie nicht an, wenn er zu sprechen beginnt – er möchte eigentlich nichts mit Ihnen zu tun haben.

Gesicht – Bewegung

- Neutral:
  - Gesicht geht am Ende einer Frage nach oben – er ist fertig und möchte, dass Sie antworten.
  - Gesicht geht am Ende einer Erklärung nach unten – er ist fertig und möchte, dass Sie reagieren.

Finger – gegenseitige Berührung

- Positiv: rechter Daumen über dem linken – aufrichtig.
- Negativ: linker Daumen über dem rechten – hinterhältig.

Raute und fliegende Ellbogen

- Raute: Die Fingerspitzen der linken Hand berühren die Finger-

spitzen der rechten Hand, ohne dass die Handflächen aneinander-
liegen – Überlegenheit.

- Fliegende Ellbogen: Die Arme werden hinter dem Kopf verschränkt
  mit ineinandergehakten Fingern, während man sich nach vorne
  neigt. Eine Geste, die ein Vorgesetzter gern zeigt, wenn Untergebene
  an seinem Schreibtisch sitzen. Höchste Überlegenheit.

Daumen

- Positiv: Im Stehen die Daumen hinter den Gürtel gesteckt, während
  die Finger zur Leiste zeigen – sexuelle Geste.

Hände – Berührung des Gesichts

- Positiv: Streicht sich mit einer Hand über die Haare – signalisiert
  Zustimmung zu dem, was Sie sagen.
- Negativ: Reibt sich die Nase mit den Fingern – missbilligt, was Sie
  sagen.

Hände – Berührung anderer Gegenstände

- Negativ:
  - Spielt mit dem Ring – nervös, ängstlich, verlegen.
  - Es ist zu erkennen, dass der Ring abgezogen wurde – ist verheira-
    tet, möchte jedoch, dass Sie glauben, er sei Single.

Rücken

- Positiv: leicht gebeugt – flexibel.
- Negativ: sehr straff, starr – unflexibel, ausgeprägtes Ego.

Schultern

- Negativ:
  - Nach hinten gelegt – wütend.
  - Angehoben – ängstlich.
  - Hochgezogen – Sie sind ihm zu nahe, halten Sie also mehr Ab-
    stand.
- Neutral:
  - Breite Schultern – nimmt seine Verantwortung wahr.
  - Gebeugte Schultern – hat eine schwere Last zu tragen.

Bauch

- Negativ: übermäßig entspannt – deprimiert.

Starkes Schwitzen

- Negativ: Nervös, angespannt, vor allem wenn es kühl ist.

Wo der andere sitzt

- Positiv: diagonal Ihnen gegenüber an der Ecke des Tisches – wohlwollend.
- Negativ:
  - Direkt Ihnen gegenüber – antagonistisch.
  - In der Mitte des Tisches – möchte dominieren.
  - Im hinteren Teil des Raums, in der Ecke – will sagen: »Lassen Sie mich in Ruhe. Ich möchte nicht einbezogen werden.«

Abstand voneinander, in einem Raum

- 40–45 Zentimeter: normale Distanz zwischen Frauen.
- 45–50 Zentimeter: normale Distanz zwischen Männern.
- 55–60 Zentimeter: normale Distanz zwischen Mann und Frau. Warum hier der größere Abstand? Wegen der sexuellen Spannung. Das Alter der Beteiligten macht keinen Unterschied.
- Menschen in Großstädten halten mehr Abstand als Menschen in kleineren Städten.

Abstand voneinander, auf der Straße

- Positiv: Wenn Sie auf der Straße gehen, darf der andere Sie beobachten, solange Sie noch etwa 20 Zentimeter von ihm entfernt sind. Dann muss er den Blick abwenden.
- Negativ: Wenn er Sie weiterhin beobachtet und Sie weniger als 20 Zentimeter Abstand zu ihm haben, dringt er in Ihre Privatsphäre ein.

Fortgeschrittenenkurs in Körpersprache

Teil Eins: Die Körpersprache des Lügens – 40 Gesten

Die folgenden 40 Gesten sind verräterische Hinweise – wenn die Person, mit der Sie verhandeln, während des Gesprächs mehrere dieser Gesten zeigt, dann lügt sie. Die meisten dieser Gesten entstehen aus Nervosität. Don hat festgestellt, dass die meisten seiner Seminarteilnehmer die Körpersprache der Lüge wesentlich schneller lernen als die Körpersprache allgemein. Das dürfte bei Ihnen wahrscheinlich ähnlich sein. Im Folgenden geht es um Augen, Finger, Gesicht, Hände, Hände auf dem Gesicht, Füße, Schultern, Stimme, widersprüchliche Gesten sowie verschiedene weitere Gesten.

Augen
- Ihr Gegenüber sucht fast gar keinen Augenkontakt zu Ihnen. Warnung: Erfahrene Lügner, wie beispielsweise Politiker, wissen allerdings, dass die meisten Menschen glauben, dass das Vermeiden von Augenkontakt ein Hinweis auf Lügen sei. Daher blicken Sie sie häufig an, um Sie glauben zu machen, dass sie es ehrlich meinen, auch wenn das nicht der Fall ist.

Finger
- Er trommelt viel mit den Fingern.

Gesicht
- Er errötet, wenn auch nur sehr schwach.
- Er leckt sich häufig die Lippen.
- Er verzieht den Mund.
- Sein Mund steht ein klein wenig offen.
- Viele Augenkontakte, die länger als fünf Sekunden dauern, deuten gewöhnlich auf Lügen hin. Eine wichtige Ausnahme: Lächeln. Zum Lächeln sind 15 Gesichtsmuskeln erforderlich, zum Stirnrunzeln 43 Gesichtsmuskeln. Daher ist es leichter, zu lächeln, als die Stirn in Falten zu legen. Sie sollten auf das falsche Jimmy-Carter-Lächeln achten, das Politiker häufig aufsetzen. Dieses Lächeln dauert sehr lange. In seinen Seminaren spielt Don den früheren US-Präsidenten Carter und zeigt vor seinem Publikum ungefähr 30 Sekunden lang ein breites, offenes Lächeln. Dazu sagt er nichts. Nehmen Sie also ein Lächeln nicht allzu ernst. Es lässt sich leicht fabrizieren. Doch wenn der andere Sie längere Zeit stirnrunzelnd anblickt, ist er tatsächlich aufgeregt, weil es sehr anstrengend ist, ein Stirnrunzeln so lange aufrechtzuerhalten. Achten Sie vor allem aufs Stirnrunzeln. Ein Lächeln hat weniger zu bedeuten.
- Das Gesicht des anderen ist schief oder asymmetrisch. Betrachten Sie diese drei gezeichneten Gesichter. Auch Don verwendet diese Gesichter in seinen Seminaren. Er fragt sein Publikum: »Welches Gesicht gehört dem Lügner?« Fast alle tippen auf Gesicht B, und das ist auch zutreffend – es ist das einzige Gesicht mit einem schiefen, asymmetrischen Ausdruck. (Gesicht A zeigt Kummer, Gesicht C Anspannung, Angst oder auch Erschrecken.)

Hände

- Ihr Gegenüber versteckt seine Hände vollständig. Und wenn er sie zeigt, dann verbirgt er seine Handflächen. Warnung: Sehr erfahrene Lügner wissen, dass das Zeigen der Handflächen als Zeichen von Ehrlichkeit interpretiert wird, daher versuchen sie Sie davon zu überzeugen, dass sie die Wahrheit sagen, indem sie Ihnen demonstrativ die Handflächen zeigen.

Hände und Gesicht

- Der andere spricht mit den Händen vor dem Mund. Sehr verräterisch!

- Er berührt kurz mit der Hand die Nase. Je häufiger er das tut, umso mehr lügt er. Don nennt dies die Pinocchio-Geste. Erinnern Sie sich, wie US-Präsident Bill Clinton in seiner aufgezeichneten Aussage am 17. August 1998 jede sexuelle Beziehung mit Monica Lewinsky leugnete? Zwei Psychiater analysierten jene 23 Minuten der Erklärung, in der er seine Lüge auftischte. Sie stellten fest, dass er dabei 598 Mal seine Nase berührte! Das heißt, 26 Mal in der Minute! In jenen beiden Abschnitten seiner Erklärung, in denen er die Wahrheit sagte – in denen er seinen Namen nannte, seinen Beruf angab und dergleichen –, berührte er seine Nase kein einziges Mal. In derselben Studie behaupteten die Psychiater auch, dass O. J. Simpson »häufig« seine Nase berührte, als er über den Mord an seiner Ehefrau Nicole und deren Freund aussagte. Doch sie definierten nicht, was unter »häufig« genau zu verstehen sei. Ihre Ergebnisse wurden in einer wissenschaftlichen Fachzeitschrift veröffentlicht.

- Er reibt seine Ohrläppchen, reißt manchmal sogar daran.

Füße

- Bei übereinandergeschlagenen Beinen bewegt er einen Fuß kreisförmig.

Schultern

- Er zieht kurz eine Schulter hoch. Nur ganz leicht. Diese unwillkürliche Geste sieht man häufig. In Dons You-Tube-Video wird sie gezeigt.

Stimme

- Die Tonlage seiner Stimme hebt sich leicht.
- Verspricht sich häufiger.

- Redet lange um den Brei herum, bevor er zur Sache kommt.
- Stottert öfter.
- Räuspert sich, bevor er zu sprechen beginnt.
- Hustet offensichtlich gekünstelt, bevor er etwas sagt. Achtung: Dies könnte auch eine andere Bedeutung haben – es könnte Zweifel oder Überraschung zum Ausdruck bringen.
- Pfeift.

Widersprüchliche Gesten

- Wenn der Mund des anderen lächelt, sollten auch seine Augen lächeln. Wenn nicht, lügt er. Das ist nur schwer zu erkennen. Oder doch? Nachfolgend ein Teil einer Anzeige, in der das Gesicht einer Stewardess gezeigt wurde. In der Bildunterschrift hieß es: »Legen Sie ihr die Hand auf den Mund und schauen Sie, was dann aus Ihrer freundlichen Stewardess wird (von einer konkurrierenden Fluggesellschaft)«. Probieren Sie es. Was sehen Sie? Die Augen eines Dämons, mit einem falschen Lächeln.
- Wenn sich Körper und Gesicht nicht im Einklang befinden, wird gelogen. Wenn ihr Gegenüber zum Beispiel auf den Tisch klopft, um Ihnen zu zeigen, dass er wütend ist, aber kein wütendes Gesicht zeigt, dann lügt er. Noch leichter zu erkennen ist das, wenn er zuerst auf den Tisch klopft und den Bruchteil einer Sekunde später ein zorniges Gesicht aufsetzt.
- Auch Stimme und Bewegungen des Körpers sollten sich im Einklang befinden. Wenn er »Ja« sagt, während er den Kopf langsam mehrmals von links nach rechts und wieder zurück bewegt, lügt er. Warum? Wenn eine Person den Kopf auf und ab bewegt, sagt sie »Ja«. Wenn sie den Kopf zur Seite bewegt, meint sie »Nein«. (Das gilt für alle Kulturkreise mit Ausnahme von Indien.) Menschen, die gewohnheitsmäßig lügen – etwa Politiker –, gehen noch einen Schritt weiter. Sie bewegen nicht nur den Kopf von links nach rechts und wieder zurück, wenn sie »Ja« sagen, sie bewegen auch ihren gesamten Körper von links nach rechts und zurück. Nehmen Sie einmal einen Politiker auf, der auf einem Podium spricht. Dann lassen Sie die Aufnahme im Zeitraffer durchlaufen. So ist die Links-rechts-links-rechts-Bewegung deutlicher zu erkennen.

Vier weitere Gesten

- Ihr Gegenüber ist ein wenig zappelig. Das heißt, er steckt einen Finger in seinen Hemdkragen und rückt ihn zurecht. Er spielt mit dem Hemdkragen. Er richtet sich die Kleider – die Krawatte, die Anzugjacke, die Hose. Frauen richten sich manchmal die Bluse und den Büstenhalter.
- Er spielt mit seinem Ring, seinen Schlüsseln oder anderen persönlichen Gegenständen.
- Im Stehen verlagert er sein Gewicht ständig von einem Bein auf das andere.
- Er geht hin und her.

Auf zwei weitere Dinge sollte man achten:

Zum einen ist es erstaunlich, wie schnell Dons Seminarteilnehmer die Körpersprache der Lüge lernen. Nachdem er seine Ausführungen beendet hat, teilt er die Seminarteilnehmer in zwei Gruppen auf. Sie stehen auf und stellen sich gegenüber. Dann nennt jeder sein wahres und ein falsches Geburtsdatum. In den meisten Fällen können die Seminarteilnehmer erkennen, welche Geburtsdaten echt sind und welche nicht. Machen Sie diese Übung mit jemandem, der dieses Kapitel des Buches gelesen hat.

Sehr viel schwieriger ist es, die Lügen von gewohnheitsmäßigen Lügnern (wie Gebrauchtwagenhändlern oder Politikern, die oft nur deshalb lügen, weil dies erforderlich ist, um sich in ihrem Beruf zu behaupten) zu erkennen. Solche Leute wissen, welche Gesten Lügen verraten, und versuchen diese Gesten daher unbedingt zu vermeiden. Wenn Sie mit Leuten dieser Art zu tun haben, suchen Sie in ihren Gesichtern nach kleinsten Regungen, nach Mikrobewegungen. Das ist ein sehr kompliziertes Thema, das hier zu weit führen würde. Nähere Informationen über Mikro-Bewegungen erhalten Sie unter www. GuerrillaDon.com.

Teil Zwei: Die Körpersprache der Dominanz – 18 Gesten
Im Folgenden geht es darum, wie Sie erkennen, ob Ihr Gegenüber Sie zu dominieren versucht. Achten Sie auf folgende 18 manipulative Gesten:

Augen

- Er starrt Sie lange und scharf an.
- Oder er beachtet Ihr Gesicht überhaupt nicht, wenn er mit Ihnen spricht.

Gesicht

- Er schaut gelangweilt.
- Er runzelt die Stirn.
- Er knurrt.
- Er grinst höhnisch.
- Er lächelt gekünstelt.
- Er lächelt nicht oft – er ist übertrieben ernst.

Händeschütteln

- Er hat einen sehr kräftigen Händedruck. Er interpretiert einen schlaffen Händedruck als Zeichen von Schwäche, bemühen Sie sich also, seine Hände ebenfalls kräftig zu drücken.
- Wenn er beide Hände einsetzt, betrachtet er Sie entweder als sehr guten Freund oder er versucht Sie abzulenken, damit er Sie später dominieren kann.
- Er lässt seine Hand länger als üblich auf der Ihren liegen. Wenn er Ihnen die Hand reicht, weisen seine Handflächen nach unten, nicht nach oben. Das zeigt, dass er oben ist, Sie unten.

Körpergröße

- Er steht oder sitzt absichtlich in einem Bereich, der höher ist als der Bereich, in dem Sie sich befinden – das lässt ihn größer erscheinen.
- Schuhe mit hohen Absätzen lassen einen größer erscheinen.

Körperhaltung

- Er steht mit den Händen in die Hüften gespreizt vor Ihnen. Die Ellbogen ragen nach außen, Beine sind gespreizt. Durch all dies wirkt er größer als Sie.

Raum

- Er dringt in Ihren territorialen Bereich ein. Weiter vorne haben wir dieses Thema bereits angesprochen. In den meisten westlichen Ländern halten Männer gewöhnlich 45 Zentimeter Abstand, Frauen etwa 40 Zentimeter und ein Mann und eine Frau 55 bis 60 Zentimeter Abstand, wenn sie sich gegenüberstehen. Sie haben ferner erfahren, dass Sie jemanden, dem Sie auf der Straße begegnen, anschauen können, bis Sie etwa 20 Zentimeter vor ihm stehen. Wenn Sie das in geringerem Abstand noch tun, dringen Sie in seine Privatsphäre ein.

Statussymbole

- Der andere stellt absichtlich möglichst viele Statussymbole zur Schau. Beispiele: eine besonders attraktive Ehefrau oder einen besonders attraktiven Ehemann; eine besonders wertvolle Rolex; eine Handtasche von Louis Vuitton; ein großes Farbfoto von ihm und einem Spitzenpolitiker hinter sich an der Wand, das von diesem Spitzenpolitiker persönlich signiert wurde. Große Tiere neigen dazu häufiger als Guerillakämpfer.

- Manche großen Tiere versuchen auf subtilere Weise ihre Macht zum Ausdruck zu bringen. Bei der Vorstellung der Angriffstaktik 41 (*Setze deine Macht voraus – stelle sie nicht demonstrativ zu Schau*) haben wir sechs Möglichkeiten aufgezeigt, wie dies zu bewerkstelligen ist. Siehe dazu Kapitel 6.

Teil Drei: Die Körpersprache der Berührung – 12 Hinweise

Das Berühren ist der intimste Teil der Körpersprache. Seien Sie vorsichtig, wenn Sie Ihren Gegenüber berühren. Und achten Sie sorgfältig darauf, wie er auf diese Berührung reagiert. Folgende zwölf Aspekte sind zu beachten:

- Die Person zu berühren, mit der Sie verhandeln, kann dazu beitragen, den Deal unter Dach und Fach zu bringen. So wird zum Beispiel den Verkäufern der Firma Mary Kay Cosmetics in ihrer Ausbildung beigebracht, die potenziellen Käufer und Nutzer der Firmenprodukte zu berühren, während sie ihnen ein Kompliment für ihr gutes Aussehen machen.

- Frauen berühren sich gegenseitig häufiger als Männer.

- Gleichaltrige berühren sich gegenseitig öfter als Menschen unterschiedlichen Alters.

- Wenn Sie das Gefühl haben, dass die andere Person Ihre Zuneigung sucht, berühren Sie sie. Das wird wohlwollend aufgenommen werden.

- Doch Vorsicht: Wir berühren andere Menschen häufig, um sie zu unterbrechen. Wenn Sie das tun, berühren Sie den anderen nur leicht am Arm oder an der Schulter. Und vergessen Sie nicht: Viele Menschen mögen überhaupt keine Berührungen.
- Berühren Sie niemals intime Körperteile einer anderen Person, sofern Sie kein sexuelles Verhältnis mit dieser Person haben.
- Wer berührt andere Leute am häufigsten? Jüngere und ältere Menschen. Menschen in mittleren Jahren tun es seltener.
- Freunde berühren sich öfter als Fremde. Bevor Sie also jemanden berühren, fragen Sie sich, ob er oder sie ein Freund ist, eine Bekanntschaft oder ein Fremder.
- Berührung wird sowohl zur Beherrschung als auch zur Bekundung von Freundschaft eingesetzt. Wenn Sie jemanden kräftig anstupsen, versuchen Sie ihn zu dominieren. Freundschaftliche Berührungen sind zarter.
- Im Nahen Osten und in einigen asiatischen Ländern wie beispielsweise Thailand sieht man häufig Männer, die sich an den Händen halten. Interpretieren Sie dies nicht als sexuelle Geste. Es ist üblich.
- Thais, Koreaner und Angehörige anderer asiatischer Nationalitäten berühren oft Menschen des gleichen Geschlechts an den Armen. Das ist ein Zeichen von Kameradschaft.
- In den westlichen Ländern wird das Berühren anderer fast immer als ein Eindringen in die Privatsphäre gedeutet. Also grundsätzlich Vorsicht!

Teil Vier: Die Anordnung der Büromöbel – 19 Positionen

Ein Bild sagt mehr als tausend Worte. Nachfolgend finden Sie vier Zeichnungen und 19 Fragen.

Schauen Sie sich diese Zeichnung des Büros eines großen Tieres an. Nehmen Sie an, Sie werden dorthin eingeladen, um geschäftliche Verhandlungen zu führen. Beantworten Sie folgende Fragen:

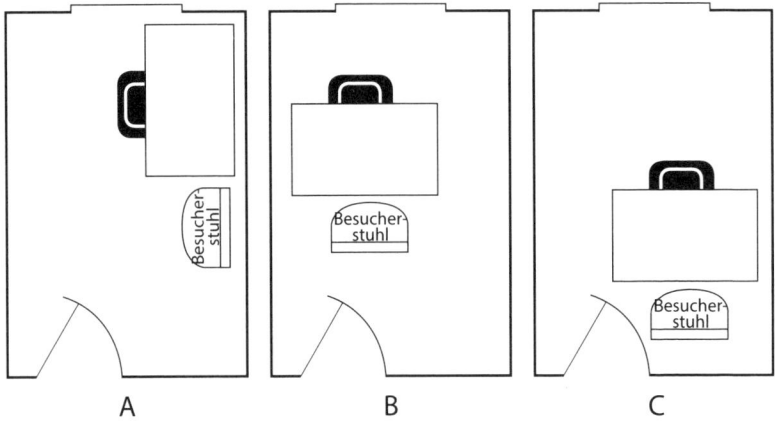

Frage: Welche Möbelanordnung verleiht dem Großen die meiste Macht? A, B oder C?

Antwort: C. Hier hat er am meisten Platz. Er drückt Sie in einen kleinen, beengten Bereich.

Eine weitere Zeichnung:

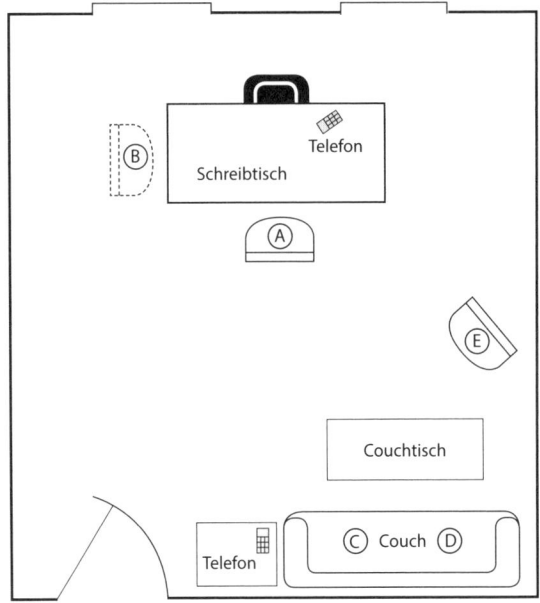

- Wenn der Große ernsthaft an einem Geschäftsabschluss interessiert ist, wo würde er Sie platzieren? In der Position A, B, C, D oder E?
  Antwort: A. Gegenüber seinem Schreibtisch.
- Wenn er sehr freundlich sein will, wo würde er Sie bitten, Platz zu nehmen?
  Antwort: Er würde Stuhl A in die Position B ziehen.
- Wenn er auf Zeit spielt, wo würde er Sie platzieren? Und wo würde er selbst sitzen?
  Antwort: Sie würden in Position D sitzen, auf dem Sofa. Er würde in Position C sitzen, vor seinem Telefon.
- Wenn Sie ein aggressiver Besucher sind, wo würden Sie sitzen?
  Antwort: Sie würden Ihren Stuhl selbst von Position A nach Position B ziehen. Oder Sie würden an Position C sitzen (auf dem Sofa) und dadurch den Großen von seinem Telefon abschneiden.
- Was ist die schwächste Position, gleichermaßen für den Großen und für Sie?
  Antwort: E.

Nehmen Sie nun an, Sie befinden sich mit mehreren Leuten in einem Meeting. Betrachten Sie den runden Tisch im Besprechungszimmer. Die Zahlen beziehen sich auf das Ziffernblatt einer Uhr.

- Welche ist die mächtigste Position/Power Spot?
  Antwort: 12 Uhr.
- Welche ist die zweitmächtigste?
  Antwort: 1 Uhr.
- Welche ist die am wenigsten mächtige Position?
  Antwort: 11 Uhr.

Und nehmen Sie schließlich an, Sie nehmen an einem Meeting mit dem Manager und sechs weiteren Personen teil. Hier ist der Tisch:

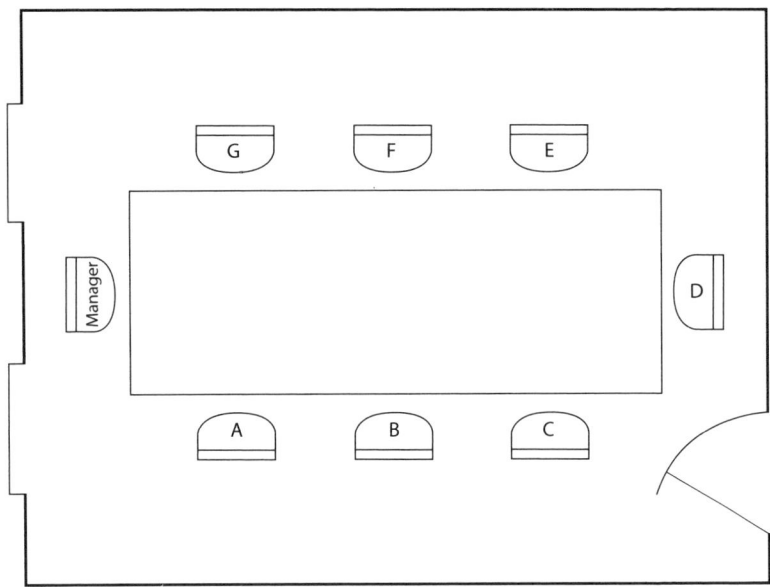

Der Manager nimmt die mächtigste Position ein. Wo befinden sich die besten Sitzplätze?

- Für einen starken Untergebenen?
  Antwort: Position F.
- Für einen schwachen Untergebenen?
  Antwort: Position E.
- Um eine neue Idee zu präsentieren?
  Antwort: Position B.
- Um einen routinemäßigen Bericht abzugeben?
  Antwort: Position A.
- Für einen Neuling?
  Antwort: Position G.
- Um eine Auseinandersetzung zu beginnen?
  Antwort: Position C.
- Für einen außenstehenden Beobachter?
  Antwort: Position D.

Teil Fünf: Wie man andere mit der eigenen Körpersprache manipuliert

Sie möchten gern, dass Ihr Gegenüber mit Ihnen übereinstimmt. Es ist leichter, als Sie glauben, andere so weit zu manipulieren, dass sie nachgeben (Defensivtaktik 16). Momentan bezweifeln Sie das vielleicht noch. Sie sollten jedoch wissen, dass diese Taktik sehr gut funktioniert.

Haben Sie schon einmal den Begriff *soziale Ansteckung* gehört? Oder dass sich *Ähnliches anzieht?* Diese Begriffe bringen zum Ausdruck, dass Menschen sich gerne gegenseitig nachahmen. Viel häufiger, als man gemeinhin annimmt. So beeinflussen sich enge Freunde gegenseitig viel stärker, als Sie vielleicht glauben. Wenn Ihre Freunde dick sind, dann sind Sie es wahrscheinlich auch. Wenn Sie rauchen, tun Ihre Freunde es wahrscheinlich auch. Wenn Sie damit aufhören, tun sie es vermutlich auch. Das Gleiche gilt im Hinblick auf Trinkgewohnheiten, Einsamkeit, Scheidung, Glück und Kummer. Ihre Verwandten und Nachbarn beeinflussen Sie nicht so sehr wie Ihre Freunde.

Dieses Thema hat noch interessantere Aspekte – und auch seltsamere. Nachfolgend einige Erkenntnisse aus Fachzeitschriften zu dieser Thematik:

- Die Teilnehmer einer Studie mussten einen Fragebogen ausfüllen. 30 Prozent von ihnen gaben diesen einer Person zurück, deren Name sich deutlich von ihrem eigenen unterschied; 56 Prozent aber gaben ihn einer Person zurück, deren Namen ähnlich wie ihr eigener klang (beispielsweise Don Hendon und Ron Herndon). Das heißt, dass Ihre Kunden wahrscheinlich eher auf Ihre Werbung ansprechen, wenn Sie gewisse Ähnlichkeiten mit ihnen aufweisen, etwa im Hinblick auf den Wohnort, die Ausbildungsstätte, den Geburtstag, die Überzeugungen und das Geschlecht. Stellen Sie also zuerst die Ähnlichkeiten heraus, bevor Sie zu Ihrer Werbebotschaft kommen. Einige Beispiele: »He, wir haben beide die University of Texas in Austin besucht. Wann waren Sie dort?« Oder: »Sie kommen also aus Mesquite in Nevada. Ich stamme aus Mesquite in Texas. Was für ein Zufall!«
- Viele Leute werden von Berufen angezogen, die ähnlich klingen wie ihr Name. (Denis beispielsweise wird ein Dentist, ein Zahnarzt.) Häu-

fig suchen sich Menschen auch Ehepartner, deren Vor- oder Nach-
name ihrem eigenen ähnelt (Karl und Karoline, Don und Donna).
- Viele Leute bevorzugen Produkte, deren Anfangsbuchstabe dem An-
fangsbuchstaben ihres Namens entspricht. (Sam entscheidet sich für
Snickers, Alan für Almond Joy. Das tut auch Jay Levinson. Er mag
außerdem auch Live Savers. Don Hendon wählt Dove Bars und
Hershey Bars. Aber nicht gleichzeitig.)

Sie sind skeptisch? Können Sie mithilfe dieser Erkenntnisse den Großen
dazu bringen, zu tun, was Sie wollen? Versuchen Sie es auf folgende Weise:
Wenn Sie Ihr Angebot formulieren, nehmen Sie Worte in den Titel auf,
die den anderen an ihn selbst erinnern – oder vielleicht nur an den An-
fangsbuchstaben seines Namens. Dann warten Sie ab, was geschieht.

Wenn Sie nicht sicher sind, ob es Ihnen tatsächlich gelingen wird, Ihr
Gegenüber durch Körpersprache zu manipulieren, können Sie folgende
Übung machen, die Don am Ende seiner Seminare über Körpersprache
mit seinen Teilnehmern veranstaltet.

Don beginnt mit seinen Anweisungen:
- Teilen Sie sich in zwei Gruppen. Eine ist die Gruppe der Käufer, die
andere die der Verkäufer. Die Käufer bitte ich, die Hände zu heben.
Und jetzt die Verkäufer.
- Die Übung dauert nur 20 Sekunden.
- Sprechen Sie nicht miteinander. Schauen Sie sich nur an und zeigen
Sie sich gegenseitig einige der körpersprachlichen Gesten, die Sie ge-
rade gelernt haben.
- Die Käufer zeigen den Verkäufern alle negativen körpersprachlichen
Gesten, die ihnen in diesen 20 Sekunden einfallen.
- Die Verkäufer tun Folgendes: In den ersten zehn Sekunden zeigen sie
alle negativen körpersprachlichen Gesten, die ihnen in den Sinn
kommen. Dann klatsche ich in die Hände und sage: »Positiv«. Da-
raufhin wechseln die Verkäufer zu den positiven körpersprachlichen
Signalen, die sie gelernt haben. Während der gesamten Zeit bleiben
die Käufer jedoch negativ eingestellt.
- Worin besteht der Sinn dieser Übung? Ich möchte sehen, was im
Kopf des Käufers vorgeht, wenn der Verkäufer ihm negative Signale

sendet, und was sich beim Verkäufer abspielt, wenn er vom Käufer positive Signale erhält.

Nach den 20 Sekunden fragt Don die Teilnehmer: »Was ist den Käufern durch den Kopf gegangen, als sich die Verkäufer negativ verhalten haben?« Die Antwort lautet stets: »Unsere negative Einstellung hat sich verstärkt.«

»Und wie haben sich die Käufer gefühlt, als die Verkäufer positive Signale aussendeten?« Diese antworten stets: »Es war schwer, weiter negativ eingestellt zu bleiben. Wir wurden positiver gestimmt, obwohl wir es nicht wollten.«

So läuft es immer. In den ersten zehn Sekunden verschlechtert sich die Stimmung, wenn beide Seiten negative Gesten zeigen. In den zweiten zehn Sekunden fällt es den Käufern schwer, weiterhin negativ eingestellt zu bleiben. Sie lächeln, ihre Stimmung kippt ins Positive, oft lachen sie selbstbewusst.

Einen Moment, das ist noch nicht alles …
Noch etwas für die ganz weit Fortgeschrittenen

Bei Körpersprache geht es nicht nur um Gesten. In diesem Kapitel haben wir uns auch mit Stimme, Sitzposition, Berührung, Eindringen in die Privatsphäre, Körpergröße und sogar Körpergeruch beschäftigt. Don behandelt in seinen Seminaren noch weitere Aspekte der Körpersprache, wie beispielsweise folgende:

- Mikrobewegungen des Gesichts, die den anderen Kartenspielern Informationen darüber liefern, welche Karten man hat.
- Bluffen und andere zwingen, Farbe zu bekennen.
- Machtsymbole.
- Farben der Macht, darunter auch die wichtigsten Farbkombinationen. Beispiele: Warum Blau anscheinend die machtvollste Farbe ist, warum Rot Angst einflößend wirkt.
- Kleidung der Macht.
- Private Badezimmer.
- Der Fuß.
- Gelbe Papierblöcke.

- Feng Shui.
- Flirten und Verführen.
- Wie man eine Jury zusammenstellt.
- Körpersprache bei Einstellungsgesprächen.
- Wie sich Räuber ihre Opfer aussuchen – mit anderen Worten, wie leicht Sie ausgeraubt werden können.
- Wie sich Zollbeamte am Flughafen die Leute herauspicken, die sie gründlicher kontrollieren.
- Was man tun kann, wenn der andere ein Experte in Körpersprache ist.
- Unterschiede der Körpersprache zwischen verschiedenen Nationalitäten.
- Was man tun kann, wenn man falsche Signale aussendet.
- Analyse der Handschrift. Folgende grundlegenden Merkmale sind hierbei zu beachten: Nach oben geneigte Buchstaben signalisieren Optimismus, nach unten geneigte Pessimismus. Eine übertrieben schwungvolle, fast gekünstelte Unterschrift signalisiert Überheblichkeit, Narzissmus.

Weitere Informationen zu den Themen von Dons Seminaren über Körpersprache erhalten Sie unter www.GuerrillaDon.com sowie in seinem nächsten Buch *Guerrilla Body Language*.

Wie wir schon zu Beginn dieses Kapitels erwähnt haben, ist die Körpersprache die wirkungsvollste Fertigkeit, die sich Don im Laufe seines Lebens angeeignet hat. Sie hat ihm viele große Erfolge beschert. Lernen auch Sie sie zu beherrschen, und Sie werden erfolgreicher werden denn je!

Befassen wir uns jetzt damit, wie man Zugeständnisse macht und dennoch als Sieger vom Platz geht.

Kapitel 17

Wie man als Guerilla Zugeständnisse macht

> In diesem Kapitel geht es um sieben Muster des Zugeständnissemachens, um den Geldwert von Zugeständnissen sowie 20 Dinge, die man dabei tun kann, und 20, die man lassen sollte.

Wer geschäftliche Verhandlungen führt, hat immer auch die Möglichkeit von Zugeständnissen im Kopf. Weder der Große noch der Guerilla möchte Konzessionen machen, doch beide Seiten wissen, dass sie notwendig sind. Es ist eine Art Hassliebe. In diesem Kapitel erfahren Sie alles, was Sie wissen müssen, um Guerillataktiken so anzuwenden, dass Ihnen Zugeständnisse große Erfolge einbringen.

Im ersten Teil geht es darum, Konzessionsmuster zu erkennen, sowohl Ihre eigenen als auch jene der Gegenseite. Das ist eine detaillierte Beschreibung der Defensivtaktik 20.

Im zweiten Teil wird eine einfache Möglichkeit dargestellt, jedes Zugeständnis mit einem bestimmten Geldwert zu versehen. Damit wird die Unterwerfungstaktik 1 näher erläutert.

Und im dritten Teil behandeln wir 20 Dinge, die man tun kann, und 20, die man unterlassen sollte – die Vorbereitungstaktik 19. Beachten Sie diese 40 wichtigen Richtlinien, wenn Sie Ihrem Gegenüber Zugeständnisse machen, sei es ein großes Tier oder ein anderer Guerilla.

Teil Eins: Wie man erkennt, nach welchem Muster Sie und Ihr Gegenüber Zugeständnisse machen

In Kapitel 6 haben wir Sie erstmals auf die eher selten eingesetzte Defensivtaktik 20 aufmerksam gemacht (*Beobachte aufmerksam die Muster, nach denen von dir selbst und der Gegenseite Zugeständnisse gemacht werden*). Jetzt wollen wir uns damit befassen, wie man in der Praxis Konzessionen macht. Lesen Sie dazu den Text im folgenden Kasten:

Don Hendons Übung zur Technik des Zugeständnissemachens
Copyright © 2001–2012 by Dr. Donald Wayne Hendon
Gehen Sie bitte von folgenden Annahmen aus:

* Sie und der Große oder ein anderer Guerilla treffen sich zu Geschäftsverhandlungen.
* Sie haben dafür eine Stunde eingeplant, von 11 bis 12 Uhr.
* Aber Sie wissen nicht, wie lange der andere mit Ihnen am Verhandlungstisch sitzen will.
* Und Sie haben ihm vorher auch nicht mitgeteilt, dass Sie bis 12 Uhr fertig sein möchten.
* Der Einfachheit halber nehmen wir an, er macht Ihnen in dieser Stunde Zugeständnisse, die sich auf einen Wert von 100 Dollar belaufen. Das ist das Limit, das ihm sein Chef gesetzt hat. Sein Chef hat ihm ferner aufgetragen, nicht diese gesamten 100 Dollar preiszugeben.

Nachfolgend werden sieben Möglichkeiten dargestellt, wie der Große oder der andere Guerilla Ihnen diese 100 Dollar zukommen lassen können. Welche Schlüsse lassen sich aus diesen sieben Mustern ziehen? Achten Sie darauf, welcher Betrag bei jedem Nachgeben zugestanden wird und wann dieses Zugeständnis erfolgt.

Zugeständnis-Muster	11.15 Uhr	11.30 Uhr	11.45 Uhr	12 Uhr
1	$25	$25	$25	$25
2	$50	$50	Null	Null
3	Null	Null	Null	$100
4	$100	Null	Null	Null
5	$10	$20	$30	$40
6	$40	$30	$20	$10
7	$40	$35	$30	Oh, ich muss 5 Dollar zurückholen, sonst feuert mich mein Chef, weil ich mein Limit überschritten habe

Der Einfachheit halber lassen Sie hier den offenkundigen Zusammenhang außer Acht: Was der andere zugesteht, hängt davon ab, was Sie zugestehen. Und umgekehrt. Und natürlich wird das Timing der Zugeständnisse auch von der konkreten Situation bestimmt. Doch ungeachtet dessen: Welche Schlüsse können Sie aus diesen sieben unterschiedlichen Konzessionsmustern ziehen, unabhängig davon, wer die Zugeständnisse macht – Sie oder der andere?

Wenn Sie Ihre Schlussfolgerungen bereits bei der Lektüre von Kapitel 6 niedergeschrieben haben, greifen Sie darauf zurück. Und wenn Sie als Team verhandeln, kann folgender Rat hilfreich sein: Rufen Sie alle Mitglieder Ihres Teams zusammen und arbeiten Sie diesen Teil gemeinsam durch. Als Gruppe werden Sie mehr Erkenntnisse gewinnen, als wenn sich jeder einzeln damit beschäftigt.

Sind Sie fertig? Gut, dann lesen Sie weiter – diese sieben Muster lassen sich folgendermaßen interpretieren:

Muster Nr. 1: 25, 25, 25, 25. Sehr schlecht. Sie geben jedes Mal 25 Dollar preis. Sie sind also sehr gut ausrechenbar. Das Team der Gegenseite wird dies wahrscheinlich genau erfassen. Der andere wird denken: »Mensch, das ist ja wie bei einem kaputten Glücksspielautomaten in Las Vegas. Ich muss nur jedes Mal Nein sagen und erhalte dann immer wieder 25 Dollar« (oder 250 oder 2500, wie auch immer). Uns sagt daher dieses Verhaltensmuster nicht zu. Sie sollten es nicht verwenden.

Muster Nr. 4: 100, 0, 0, 0. Genauso schlecht. Die meisten Leute – wir auch – hassen dieses Muster. Sie legen viel zu früh Ihre Karten auf den Tisch. Sie legen gleich zu Beginn Ihren Spielraum offen und sind dann im Lauf der Verhandlungen nicht mehr flexibel. Dieses Muster kann man nur dann anwenden, wenn sich die Verhandlungen schon sehr lange hinziehen. In diesem Fall können Sie sagen: »Ich kann maximal bis hierhin gehen.« Darauf erwidert der andere: »Und das ist meine Untergrenze.« Dann können Sie beide sagen: »Gut, dann sind wir fertig. Lassen Sie uns zum Essen gehen.«

Muster Nr. 2: 50, 50, 0, 0. Dieses Muster ähnelt dem Muster Nr. 4 – am Anfang sehr großzügig, aber am Ende kommt gar nichts mehr. Dieses Muster ist bei großen Tieren und Guerillas nicht sonderlich beliebt. Auch wir mögen es nicht. Doch wenn Sie es einsetzen, geben Sie der

Gegenseite zu verstehen, dass Sie aufrichtig sind und von Anfang an mit offenen Karten spielen, und das ist gut – vielleicht. Es ist nicht gut, wenn Sie es mit einem übelwollenden Gegner zu tun haben, der Sie übervorteilen möchte.

Muster Nr. 3: 0, 0, 0, 100. Dieses Verhalten erscheint uns etwas zu abgebrüht. Sie sollten bereits etwas früher ein Zugeständnis machen, um eine gewisse Dynamik in Gang zu setzen. Dennoch wird dieses Muster von vielen Leuten verwendet – vor allem in bestimmten Ländern. Wir kommen gleich darauf zurück.

Muster Nr. 5: 10, 20, 30, 40. Ein Steigerungsmuster. Dieses Muster gefällt uns überhaupt nicht. Die Gegenseite wird Ihr Konzessionsmuster vermutlich genau festhalten. Die anderen wissen nicht, dass Sie nur einen Spielraum von 100 Dollar haben. Sie wissen auch nicht, dass sich die Verhandlung vielleicht über 12 Uhr mittags hinaus erstrecken wird. Sie werden 10 Dollar nehmen, dann 20 Dollar, dann 30 Dollar und schließlich 40 Dollar. Das nächste Mal werden sie 50 Dollar erwarten, dann 60 und schließlich 70.

Muster Nr. 6: 40, 30, 20, 10. Das ist jenes Muster, das wir bevorzugen. Es vermittelt der Gegenseite: »Meine Möglichkeiten sind nahezu erschöpft.«

Muster Nr. 7: 40, 35, 30, 5 zurücknehmen. Viele Menschen, vor allem die Asiaten, mögen diese Vorgehensweise nicht. Asiaten widerstrebt dieses Muster, weil sie fürchten, dass sie das Gesicht verlieren, wenn sie 5 Dollar zurückfordern. Doch in westlichen Ländern denken die Leute: »Alles ist möglich, solange ich den Vertrag noch nicht unterschrieben habe.« Uns gefällt dieses Muster vor allem auch deshalb, weil man damit dem anderen signalisiert: »Mein Spielraum wird immer knapper – mein Chef wird mich feuern, wenn ich hier Mist baue.« Zudem vermittelt es eine stärkere Botschaft als Muster Nr. 6.

Da Don bereits in 36 Ländern auf sechs Kontinenten Seminare veranstaltet hat mit Teilnehmern aus 60 Nationen, verfügt er über einen sehr umfangreichen Datenbestand mit Zehntausenden von Menschen, die diese Verhaltensmuster unterschiedlich beurteilen. Don hat beispielsweise Folgendes herausgefunden:

Muster Nr. 3, das besonders unerbittliche: Dieses Muster wird von

Amerikanern, Brasilianern, Deutschen und Südafrikanern bevorzugt. Seien Sie auf der Hut, wenn Sie mit Geschäftsleuten aus diesen vier Ländern verhandeln, denn Sie haben es mit harten, kompromisslosen Menschen zu tun.

Muster Nr. 5, das sich steigernde: Dieses Muster ist der Favorit von Menschen aus Uruguay, Brasilien, Kenia, Papua-Neuguinea, den Philippinen, Malaysia und Singapur. Warnung: Denken Sie nicht, dass alle Angehörigen dieser Nationalitäten schlechte Verhandlungsführer sind. Viele von ihnen beherrschen das Verhandeln sehr gut. Bei den Amerikanern rangiert dieses Muster übrigens auf dem zweiten Platz.

Muster Nr. 6, das deeskalierende: Dieses Muster wird von den besten Verhandlungsführern bevorzugt, die wir kennengelernt haben – Taiwanesen, Australiern und Neuseeländern. Sie essen einen auf und spucken einen dann wieder aus! Auch bei Kanadiern, Briten, Deutschen, Finnen, Chilenen, Kolumbianern, Peruanern und Thailändern war das Muster Nr. 6 beliebt, aber nicht so sehr wie bei Taiwanesen, Australiern und Neuseeländern.

Die Muster Nr. 1, 2, 4 und 7: Fast niemand entschied sich für diese Vorgehensweisen. Sie werden nur ganz selten gewählt. Wenn Sie damit aufwarten, werden Sie die Gegenseite überraschen. Überlegen Sie jedoch, bevor Sie sich dafür entscheiden, ob das eine gute oder eine böse Überraschung sein wird.

Die abgelehnten Muster: Die Teilnehmer aus den meisten Ländern waren sich einig darin, was sie nicht mochten. Fast alle lehnten Muster Nr. 4 ab, bei dem man gleich am Anfang 100 Dollar nachlässt. Und bei fast allen Nationalitäten landete Muster Nr. 7, bei dem 5 Dollar zurückverlangt werden, auf dem zweitletzten Platz.

Weiterführende Information darüber, auf welche Weise Manager aus diesen und vielen anderen Ländern Konzessionen machen, finden Sie unter www.GuerrillaDon.com. Die Daten stammen aus Dons Datenbank, in der die Angaben von Tausenden von Seminarteilnehmern gesammelt sind.

Wir hoffen, dass Ihnen diese Darstellung von Verhaltensmustern zeigen konnte, wie wichtig es ist, *sorgfältig zu erfassen, wie Sie selbst und die Gegenseite Zugeständnisse machen* (Defensivtaktik 20). Gewöhnlich liegt diesem Verhalten ein bestimmtes Muster zugrunde. Dieses Muster zu kennen, wird Ihnen helfen, vom anderen zu bekommen, was Sie wollen, sei er ein Großer oder ein anderer Guerilla – und vielleicht noch viel mehr.

Teil Zwei: Wie man den Konzessionen einen Geldwert zuordnet

Buchhalter sind versiert darin, allem einen bestimmten Geldwert zuzuweisen. Wenn Sie selbst keine Buchhaltungskenntnisse haben, suchen Sie sich die Unterstützung der Buchhalter in Ihrer Firma. Sie werden einige Angaben von Ihnen benötigen. Folgende Übung, die Don in seinen Seminaren durchführt, kann Ihnen und Ihren Buchhaltern helfen, herauszufinden, ob für den Gegenstand Ihrer Verhandlungen ein höherer oder ein niedrigerer Preis angesetzt werden soll.

Zugeständnisse durch einen Geldwert ausdrücken: Übung
Copyright © 2001–2011 by Dr. Donald Wayne Hendon

Betrachten Sie folgende 16 Preisbildungskriterien:

Hoher Preis	Preisbildungskriterium	Niedriger Preis
	1. Wandel – Tempo des technologischen Wandels	
	2. Vertriebskanäle – Länge	
	3. Lagerumschlag	
	4. Herstellungsprozess – Art	
	5. Marktabdeckung	
	6. Marktanteil	
	7. Produktlebenszyklus – Stadium	
	8. Produktionsinput	
	9. Produkt – Nutzungsdauer	
	10. Produkt – geplante Veralterung	
	11. Produkt – Art	

	12. Produkt – Vielseitigkeit	
	13. Werbung – Beitrag zum Erfolg der Produktlinie	
	14. Werbung – Kostenaufwand	
	15. Kapitalrendite – Amortisationszeit	
	16. Service – Umfang der Zusatzangebote	

Stellen Sie nun ein Team aus Ihrer Buchhaltungs-, Finanz- und Marketingabteilung zusammen. Überprüfen Sie diese 16 Kriterien anhand der nachfolgend genannten Adjektive und entscheiden Sie, welche Adjektive in die Spalte *Hoher Preis* und welche in die Spalte *Niedriger Preis* eingetragen werden müssen.

1. Schnell. Langsam
2. Lang. Kurz
3. Schnell. Langsam
4. Auf Kundenbedürfnisse zugeschnitten. Massenware
5. Intensiv. Selektiv
6. Groß. Klein
7. Frühes Stadium. Reifes Stadium
8. Kapitalintensiv. Arbeitsintensiv
9. Lang. Kurz
10. Langlebiges Produkt. Kurzlebiges Produkt
11. Allerweltsprodukt (alle Marken sind ähnlich). Geschütztes Produkt (wertvoller Markenname)
12. Vielfältige Nutzung. Nur für bestimmten Zweck nutzbar
13. Wenig. Viel
14. Hoch. Niedrig
15. Lang. Kurz
16. Wenige oder keine. Viele

Schauen Sie sich die Antworten erst an, wenn Sie die Übung abgeschlossen haben. Hier sind sie:

Hoher Preis	Preisbildungskriterium	Niedriger Preis
Schnell	1. Wandel – Tempo des technologischen Wandels	Langsam
Lang	2. Vertriebskanäle – Länge	Kurz
Langsam	3. Lagerumschlag	Schnell
Auf Kundenbedürfnisse zugeschnitten	4. Herstellungsprozess – Art	Massenprodukt
Selektiv	5. Marktabdeckung	Intensiv
Klein	6. Marktanteil	Groß
Frühes Stadium	7. Produktlebenszyklus – Stadium	Reifes Stadium
Arbeitsintensiv	8. Produktionsinput	Kapitalintensiv
Lang	9. Produkt – Nutzungsdauer	Kurz
Kurzlebiges Produkt	10. Produkt – geplante Veralterung	Langlebiges Produkt
Geschütztes Produkt (wertvoller Markenname)	11. Produkt – Art	Alltagsprodukt (alle Marken sind ähnlich)
Vielfältige Nutzung	12. Produkt – Vielseitigkeit	Nutzung nur für bestimmten Zweck
Wenig	13. Werbung – Beitrag zum Erfolg der Produktlinie	Viel
Hoch	14. Werbung – Kostenaufwand	Niedrig
Kurz	15. Kapitalrendite – Amortisationszeit	Lang
Viele	16. Service – Umfang der Zusatzangebote	Wenige oder keine

Teil Drei: Wie man Zugeständnisse macht: 20 Dinge, die man tun kann, und 20, die man lassen sollte. Dabei geht es stets darum, die Erwartungen der Gegenseite möglichst niedrig zu halten

Hier fassen wir die wichtigsten Punkte noch einmal zusammen. Halten Sie sich an diese Richtlinien und Sie werden große Erfolge feiern.

20 Dinge, die man tun kann:

Schauspielern:

1. Lassen Sie Ihren Gegenüber glauben, es sei für Sie ein wichtiges Zugeständnis, auch wenn das nicht der Fall ist. Seien Sie ein guter Schauspieler (Schmutziger Trick 55: *Offenkundiges Lügen, nicht nur überzogenes Sprücheklopfen*).

2. *Zeigen Sie ein schmerzverzerrtes Gesicht,* wenn Sie ein Zugeständnis machen. Der andere soll glauben, dass es Ihnen wehtut, nachzugeben (Angriffstaktik 16).

Agenten:

3. Bedienen Sie sich eines Agenten, der an Ihrer Stelle die Verhandlungen führt. Agenten machen gewöhnlich weniger Zugeständnisse, und ihre Zugeständnisse sind üblicherweise kleiner (Angriffstaktik 37: *Ziehe bei deinen Verhandlungen einen Fachmann oder Agenten zu Rate*).

Einstellung:

4. Bedenken Sie stets: Wenn Sie bereit sind, sich mit weniger zufriedenzugeben, werden Sie auch weniger bekommen. Ein gewisses Maß an Gier ist gesund (Schmutziger Trick 76: *Die beiden Schwachpunkte: Sich die Gier und die Leichtgläubigkeit des wahren Verlierers zunutze machen*).

Termine und Fristen:

5. Setzen Sie nur dann eine Frist, wenn Sie diese als Ultimatum nutzen wollen (Angriffstaktik 28: *Nutze Termine und Fristen klug*).

6. Versuchen Sie herauszufinden, welchen Termin der Große ins Auge gefasst hat. Um festzustellen, ob er es ernst meint, versuchen Sie, ihn zu einer Terminverschiebung zu bewegen. Falls der Termin verhandelbar ist, ist er nicht endgültig. Wichtiger Hinweis: Die meisten Termine sind verhandelbar (Defensivtaktik 22: *Beschaffe dir Informationen und überprüfe sie – identifiziere Unsinn und lege ihn bloß*).

Geldwert:

7. *Beziffern Sie die Konzessionen, die Sie machen, mit einem Geldwert.* Erklären Sie dem Großen wie auch dem anderen Guerilla, wie viel Sie dieses Zugeständnis kostet, sofern Ihnen dies einen Vorteil bringt (Unterwerfungstaktik 1).

8. Versuchen Sie zu ermitteln, wie teuer dem anderen seine Konzessionen zu stehen kommen. Das heißt, Sie müssen seinen Kostenansatz in Erfahrung bringen, was schwierig werden könnte (Defensivtaktik 22: *Beschaffe dir Informationen und überprüfe sie*).

9. Machen Sie Zugeständnisse mit »*Falschgeld*«, nicht mit echtem Geld – mit Prozentangaben, mit dem Preis pro Einheit. Wie Kapitel 12 bei der Vorstellung der Defensivtaktik 6 erklärt, klingen Prozentangaben weniger eindrucksvoll als Angaben in Dollar oder Euro. Ein Dollar pro Einheit erscheint wenig, aber wenn Sie eine Million Einheiten kaufen, ergibt dies 1 Million Dollar, die Sie ausgeben müssen. Wenn Sie die Gegenseite dazu bringen, den Preis um 2 Cent zu senken, sparen Sie 20 000 Dollar. Daher lohnt sich das Feilschen (Defensivtaktik 6).

10. Teilen Sie große Zugeständnisse in mehrere kleinere auf. Machen Sie diese Zugeständnisse nach und nach. Für den Großen wie den Guerilla gilt gleichermaßen: Mehrere kleinere Konzessionen erscheinen bedeutsamer als eine große, selbst wenn der Geldbetrag derselbe ist (Angriffstaktiken 105, 106 und 107: *Einen Fuß in die Tür stellen. Mit den Zehen wackeln. Die Tür eintreten*).

11. Geben Sie sich viel Spielraum. Wenn Sie Verkäufer sind, beginnen Sie mit einem hohen Preis. Wenn Sie Käufer sind, fangen Sie mit einem niedrigen Preis an (Angriffstaktik 48: *Auf die Größe kommt es an – der große Topf*).

12. Halten Sie alles genau fest, aber lassen Sie dies den Verhandlungspartner nicht merken. Versuchen Sie herauszufinden, ob er einem bestimmten Muster folgt – ob er eskaliert, deeskaliert oder bis zum Schluss wartet. Dadurch können Sie seine nächsten Schritte leichter vorhersagen (Defensivtaktik 20: *Beobachte aufmerksam die Muster, nach denen von dir selbst und der Gegenseite Zugeständnisse gemacht werden, und halte sie fest*).

13. Sorgen Sie dafür, dass Ihr Gegenüber sich alles hart erarbeiten muss, was er von Ihnen bekommt. Dann wird er Ihre Zugeständnisse mehr zu schätzen wissen. Und er wird ihnen auch einen größeren Wert beimessen. Wenn er aber Ihre Zugeständnisse zu schnell erlangt, wer-

den sie ihm nicht sonderlich wertvoll erscheinen (Unterwerfungstaktik 10: *Ein Schritt nach dem anderen*).

14. Fragen Sie sich: »Ist das Zugeständnis, das ich mache, wirklich vernünftig?« Wenn nicht, dann unterlassen Sie es (Angriffstaktik 33: *Handele logisch und folgerichtig – und sorge dafür, dass die Gegenseite das auch erkennt*).

Begrenzte Autorität:

15. Nutzen Sie diese Taktik. Erklären Sie der Gegenseite: »Ich muss zuerst mit meinem Chef Rücksprache halten, bevor ich Ihnen dieses Zugeständnis machen kann.« (Schmutziger Trick 5: *Begrenzte Autorität – ich muss zuerst meine Mutter fragen*).

Gut zuhören:

16. Ihrem Gegenüber aufmerksam zuzuhören, ist das billigste Zugeständnis, das Sie machen können – und auch das wichtigste (Kooperationstaktik 14: *Das billigste Zugeständnis von allen – zuhören, aufmerksam zuhören*).

17. Hören Sie gut zu, diesmal mit den Augen: *Beobachten Sie die Körpersprache des anderen,* wenn er ein Zugeständnis macht, um herauszufinden, ob ihm dieses Zugeständnis wichtig ist oder nicht (Defensivtaktik 15).

Timing:

18. Machen Sie Zugeständnisse langsam. Achten Sie auf einen bestimmten zeitlichen Abstand zwischen ihnen (Angriffstaktik 26: *Ziehe die Verhandlungen länger hinaus*).

19. Wenn Sie als Erster dem anderen entgegenkommen, achten Sie darauf, dass dies für Sie nur ein weniger wichtiges Zugeständnis ist (Vorbereitungstaktik 22: *Schwung gewinnen, indem man als Erster sein Angebot abgibt*).

Gegenleistungen:

20. Sorgen Sie dafür, dass Sie stets eine Gegenleistung erhalten, wenn Sie ein Zugeständnis machen. Lassen Sie sich nicht mit Versprechungen abspeisen (Defensivtaktik 88: *Eine Gegenleistung anbieten, aber nicht mit Zusagen vermischen*).

20 Dinge, die man lassen sollte

Annahmen:

1. Gehen Sie nicht davon aus, dass nach jedem Zugeständnis auch Ihrerseits ein *weiteres Entgegenkommen* erwartet wird. Irgendwann muss ein Ende gefunden werden (Kooperationstaktik 4: *Wechselseitiges Geben und Nehmen – es nicht übertreiben*).

2. Verfallen Sie nicht dem Irrglauben, dass Sie, wenn Sie in einer bestimmten Frage ein Zugeständnis gemacht haben, automatisch auch bei der nächsten Frage Entgegenkommen zeigen müssen. Sie geraten dadurch nicht notwendigerweise auf eine abschüssige Bahn. Wenn Sie sich auf festem Boden halten, wird das vor Ihnen liegende Terrain nicht durch Ihre Konzessionen gefährdet. Der Trick besteht darin, durch Ihre Zugeständnisse wichtige Haltepunkte zu schaffen (Unterwerfungstaktik 12: *Zähes Nachgeben – härter feilschen, wenn du etwas aufgegeben hast*).

Termine und Fristen:

3. Nennen Sie niemandem Ihren Termin, bis zu dem das Geschäft unter Dach und Fach sein muss. Es ist besonders gefährlich, wenn der andere Guerilla Ihre Termine kennt. Wenn Sie Ihre Termine oder Fristen nennen, geben Sie einen großen Teil Ihrer Macht preis. Das ist ein törichtes Zugeständnis. Wenn der andere Ihre Terminvorstellung kennt, kann er auf Zeit spielen, und er wird erst kurz vor dem Verstreichen Ihres Termins ernsthaft zu verhandeln beginnen. Sie werden dann mehr Zugeständnisse machen, weil Sie unter Zeitdruck stehen (Angriffstaktik 28: *Nutze Termine und Fristen klug*).

4. Vergessen Sie die 80-20-Regel nicht: 80 Prozent der ernsthaften Verhandlungen finden in den letzten 20 Prozent der zur Verfügung stehenden Zeit statt, unabhängig davon, ob Ihr Abschlusstermin die Zeit begrenzt oder jener der Gegenseite.

5. Flexibilität: Setzen Sie nicht selbst eine Frist. Termine und Fristen schränken Ihre Flexibilität ein. Kümmern Sie sich daher nicht allzu sehr darum. Fragen Sie sich stets: »Wessen Termin macht mir am meisten Probleme? Seiner oder meiner?« (Vorbereitungstaktik 5: *Die richtige Einstellung – ich muss mir das Recht erwerben, die Bedürfnisse der Gegenseite besser kennenzulernen*).

6. Sorgen: Machen Sie sich auch über den Abschlusstermin der Gegenseite keine Sorgen. Bedenken Sie stets, dass Ihr Gegenüber durch seinen Termin in seiner Flexibilität eingeschränkt wird, nicht Sie. Sie sind wesentlich flexibler, wenn Sie sich keine Zeitvorgabe machen (Vorbereitungstaktik 12: *Beruhige und entspanne dich*).

Geld:

7. Machen Sie niemals das größte Zugeständnis im Verhandlungsprozess. Und zwar wirklich niemals! Derjenige, der das tut, wird fast immer weniger erfolgreich abschneiden als der andere Beteiligte. Seien Sie also nicht der Verlierer – machen Sie nur kleine Zugeständnisse (Angriffstaktik 103: *Zermürben – die Gegenseite erschöpfen, dazu bringen, sich zu verausgaben*).

Ego:

8. Gehen Sie nicht gleich weg, wenn Ihnen Ihr Gegenüber ein lächerliches, nicht ernst zu nehmendes Angebot macht. Beherrschen Sie sich. Seien Sie höflich. Warten Sie ab, wie weit er mit seinem Angebot geht (Vorbereitungstaktik 10: *Behalte dein Ego im Griff*).

9. Beleidigen Sie den anderen nicht, wenn er Ihnen ein nicht ernst zu nehmendes Angebot unterbreitet. (Verwenden Sie nicht den Schmutzigen Trick 31: *Die Gegenseite demütigen und lächerlich machen*. Verzichten Sie auch auf den Schmutzigen Trick 51: *Der Gegenseite einen Heidenschrecken einjagen – dafür sorgen, dass sie dich fürchtet*)

10. Versuchen Sie nicht, sich beliebt machen zu wollen, indem Sie dem anderen zu weit entgegenkommen. Sie sollten sich selbst so gern mögen, dass es Ihnen gleichgültig ist, ob der andere Sie persönlich mag oder nicht. (Vorbereitungstaktik 8: *Komme dem anderen nicht zu weit entgegen, nur um ihm eine Freude zu machen*. Und Vorbereitungstaktik 10: *Behalte dein Ego im Griff*)

Fehler:

11. Verbergen Sie Ihre Fehler nicht. Wenn Sie dem Großen gestehen, dass Sie einen Fehler gemacht haben, indem Sie ein Zugeständnis widerrufen, kann er Ihr Verhalten leichter akzeptieren (Defensivtaktik 85: *Gestehe deinen Fehler ein und entschuldige dich bei der Gegenseite, bevor diese dir Vorwürfe machen kann*).

12. Achten Sie jedoch darauf, nicht zu viele Fehler zu begehen, denn sonst wird man Sie für dumm halten – oder glauben, dass Sie die Gegenseite zum Narren zu halten versuchen (Vorbereitungstaktik 11: *Fehler – gib sie zu und lerne aus ihnen*).

Timing:

13. Machen Sie nicht das erste Zugeständnis. Halten Sie sich zurück, während der andere seine Forderungen formuliert (Angriffstaktik 23: *Erkennen, wann man sprechen und wann man schweigen muss*).

14. Scheuen Sie sich nicht, ein Zugeständnis zurückzunehmen. Solange der Vertrag nicht unterschrieben ist, ist noch alles möglich (Angriffstaktik 54: *Kontrolle über den Verhandlungsprozess ausüben*).

15. Seien Sie nicht derjenige, der als Erster vorschlägt: »Einigen wir uns in der Mitte.« Das ist wahrscheinlich der größte Fehler, den man machen kann. Warum? Dadurch erfährt der Verhandlungspartner, wo Ihre untere Grenze liegt, ohne dass Sie entsprechende Informationen über ihn erhalten. Wer als Erster diesen Kompromiss vorschlägt, hat am wenigsten zu verlieren (verzichten Sie auf die Unterwerfungstaktik 14: *Sich in der Mitte treffen*).

16. Machen Sie kein Zugeständnis, bevor Sie nicht alle Forderungen der Gegenseite kennen (Angriffstaktik 32: *Lerne die Gegenseite kennen und lerne dich selbst kennen – Wissen ist Macht*).

17. Geben Sie nicht zu früh zu erkennen, dass Sie zu Zugeständnissen bereit sind. Dadurch steigen umgehend die Erwartungen des anderen. Wenn Sie es ihm schon mitteilen müssen, ist es besser, ihm dies so spät wie möglich zu enthüllen (Angriffstaktik 23: *Erkennen, wann man sprechen und wann man schweigen muss*).

18. Akzeptieren Sie Zugeständnisse der Gegenseite nicht zu früh. Wenn Sie das Angebot des anderen zu schnell annehmen, ohne zu feilschen, wird er denken, dass er Ihnen zu viel gegeben hat, und könnte vielleicht versuchen, noch aus dem Geschäft auszusteigen (Angriffstaktik 24: *Verhindern, dass beim Käufer Reue aufkommt – nimm das Angebot der Gegenseite nicht zu früh an*).

Worte:

19. Scheuen Sie sich nicht, *Nein* zu sagen. Je häufiger Sie *Nein* sagen, umso leichter fällt es Ihnen (Angriffstaktik 71: *Sei hartnäckig – sage Nein*).

20. Sagen Sie nicht zu oft oder zu schnell: »Ich werde darüber nachdenken.« Diese vier Worte stellen bereits ein Zugeständnis dar, denn sie steigern die Erwartungen der anderen. Beobachten Sie, wie die anderen gierig werden – Große wie Guerillas gleichermaßen! Machen Sie nie ein Zugeständnis, ohne im Gegenzug auch etwas dafür zu bekommen. Sagen Sie stattdessen: »Was wollen Sie für mich tun, wenn ich mich entschließe, darüber nachzudenken?« Aber nur, wenn Sie mächtiger sind als der andere (Defensivtaktik 14: *Halte die Erwartungen der Gegenseite niedrig*).

Schlussbetrachtung

In diesem Kapitel haben Sie viele wichtige Dinge gelernt, unter anderem Folgendes:

- Wie wichtig es ist, die eigenen Zugeständnisse und jene der Gegenseite sorgfältig zu erfassen.
- Wie man Konzessionsmuster erkennt – nicht nur jene der Gegenseite, sondern auch die eigenen.
- Wie man jedem Zugeständnis einen Geldwert zumisst.
- Welche 20 Dinge man tun kann und welche 20 Dinge man unterlassen sollte, wenn es darum geht, Zugeständnisse zu machen.

Sie sind nun fast am Ende des Buches. Sie haben alle Taktiken kennengelernt, die Sie zum Erfolg führen werden, wenn Sie mit anderen Guerillas oder mit großen Tieren verhandeln. Doch bevor Sie, ausgestattet mit Dons 365 Waffen, Ihr großes Abenteuer beginnen, sollten Sie noch unser kleines Schlusskapitel lesen. Darin erfahren Sie, wie Sie als Guerilla in Verhandlungen instinktiv die richtigen Schritte tun. In diesem Kapitel geht es um Dons Verhandlungspoker-Videospiel, das Ihnen das Beste von Jay Conrad Levinson vermittelt – seine 54 goldenen Regeln, um das Guerilla-Marketing meisterlich zu beherrschen.

Sind Sie so weit? Dann blättern Sie um.

Teil VI

Zu guter Letzt

Kapitel 18

Wie man ein wahrhafter Guerilla wird

In diesem Kapitel geht es um folgende Themen: Von unbewusster Unbeholfenheit zu unbewusster Geschicklichkeit in vier Schritten; Verhandlungspoker; wie sich Guerilla-Verhandlungsführer Jays 54 goldene Regeln für Guerilla-Marketing zunutze machen können, um erfolgreich zu werden.

Einführung: Ein wahrhafter Guerilla werden, indem man ein unbewusst geschickter Verhandlungsführer wird

Wenn Sie die vorhergehenden Kapitel nicht übersprungen haben, dann haben Sie nun den allergrößten Teil des Buches gelesen. Was denken Sie? Wie lange werden Sie brauchen, um die 100 wirkungsvollsten Verhandlungstaktiken zu beherrschen – oder vielleicht sogar sämtliche 365 grundlegenden Taktiken von Don und Maos 22 Guerillataktiken, die Sie in Kapitel 4 kennengelernt haben? Denken Sie an etwas, das Sie besonders gut können – vielleicht Kegeln, Golfspielen, Heimwerken, Jonglieren, Fremdsprachen oder Autofahren. Wie viel Zeit haben Sie benötigt, bis Sie es wirklich beherrschten? Selbst wenn Sie begabt sind und für diese Art von Tätigkeit geeignet sind, hat es wahrscheinlich länger gedauert, als sie dachten. Das liegt daran, dass man immer vier Stadien durchlaufen muss, bis man eine Tätigkeit so gut beherrscht, dass man sie gewissermaßen automatisch ausüben kann, ohne nachzudenken, unbewusst. Diese vier Stadien sind folgendermaßen zu beschreiben:

- Auf unbewusste Weise unbeholfen
- Auf bewusste Weise unbeholfen
- Auf bewusste Weise geschickt
- Auf unbewusste Weise geschickt

Stadium 1: Auf unbewusste Weise unbeholfen. Sie sind sehr naiv und wissen nicht einmal, was Sie nicht wissen – Sie haben überhaupt keine Ahnung. Sie wissen nicht einmal, welche Fragen Sie stellen müssen. Sie gehen von falschen Annahmen aus. Wenn zum Beispiel ein Amerikaner zum ersten Mal nach Australien kommt, ist er überrascht darüber, dass man Lichtschalter nach unten drückt, nicht nach oben wie in Amerika. Und niemand sagt einem das – es wird für selbstverständlich gehalten, dass man es weiß, weil alle es wissen. Die anderen wissen nicht, dass der Amerikaner keine Ahnung davon hat. Manche halten ihn vielleicht auch für dumm.

Stadium 2: Auf bewusste Weise unbeholfen. Allmählich wird einem bewusst, was man alles nicht weiß, und dann fängt man an, die richtigen Fragen zu stellen. Das ist auch Ihnen widerfahren, als Sie dieses Buch zum ersten Mal aufgeschlagen haben und die Geschichte über die Verhandlungen zwischen Mao Zedong und Donald Trump zu lesen begonnen haben. Während der Lektüre von Kapitel 1 sind Sie schnell in die zweite Stufe Ihres Entwicklungsprozesses eingetreten. In der zweiten Phase haben Sie viele falsche Annahmen über Bord geworfen. Und vielleicht haben Sie auch schon befürchtet, dass Ihr Ego bald einen Dämpfer bekommen könnte.

Stadium 3: Auf bewusste Weise geschickt. Nach einigen Wochen Übung beherrschen Sie diese Fertigkeiten jetzt halbwegs. Sie tun aber nicht automatisch das Richtige. Sie müssen vielmehr jedes Mal darüber nachdenken, was Sie machen sollen. Was Sie tun, erweist sich meist als das Richtige. Aber Sie sind enttäuscht, weil es länger dauerte, als Sie dachten, bis Sie diese Fertigkeit beherrschten. Sie werden wahrscheinlich sehr lange brauchen, bis Sie in das nächste Stadium übergehen können, je nachdem, wie fleißig Sie üben. Bedenken Sie: Hohes Tempo und Aneignung von Fertigkeiten passen nicht zusammen.

Stadium 4: Auf unbewusste Weise geschickt. Schließlich beherrschen Sie die Fertigkeit so gut, dass Sie unbewusst wissen, was zu tun ist, und Sie tun es automatisch, ohne nachzudenken. Sie werden ein *wahrer Guerilla* (Vorbereitungstaktik 3). Ein zweiter Sam Walton. Sie machen es so geschickt, dass die Leute gar nicht merken, dass Sie überhaupt etwas gemacht haben – und Sie fahren Erfolge am laufenden Band ein! Doch in diesem Stadium droht stets eine Gefahr – Ihr Ego wächst, und dies kann Sie zu Überheblichkeit verleiten. Sie fangen an, häufiger die Angriffstaktiken 38 (*Überheblich auftreten*) und 39 (*Egoistisch auftreten*) zu verwenden. Obwohl Sie nun mit dem Universum eins sind, beginnen Sie sich zu fragen, warum viele andere Leute so dumm sind, dass sie nicht einmal die richtigen Fragen zu stellen wissen. Passen Sie auf! Diese Einstellung kann Sie auf eine sehr abschüssige Bahn bringen, und am Ende werden Sie bestenfalls noch ein mittelmäßiger Verhandlungsführer sein.

Wie man schnell in Stadium 4 kommt – 11 wichtige Hinweise

Diese Hinweise sind leicht zu befolgen und werden Ihnen dazu verhelfen, schnell auf die richtige Bahn zu kommen:

- Seien Sie nicht übereifrig. Machen Sie sich klar, dass es viel länger dauern wird, als Sie vielleicht glauben, bis Sie unterschiedliche Aktivitäten, wie auch das Führen von Verhandlungen, auf unbewusste Weise, also gewissermaßen »im Schlaf« beherrschen.

- Verfolgen Sie beharrlich Ihr Ziel, das Verhandeln mit großen Tieren auf unbewusste Weise zu beherrschen und dadurch erfolgreich zu sein.

- Versuchen Sie viele der 100 wirkungsvollsten Taktiken – und auch die 256 übrigen Verhaltensweisen – möglichst oft einzusetzen. Und auch die mehr als 400 Guerilla-Konter, die im Buch vorgestellt werden. Machen Sie sich Notizen. Welche Taktik funktioniert für Sie am besten? Welche ist am besten geeignet beim Verhandeln mit einem Großen?

- Bedenken Sie, dass jede Taktik in einer bestimmten Situation am besten funktioniert. In anderen Situationen versagt sie möglicherweise. Sie werden mit der Zeit lernen, wann Sie eine bestimmte Taktik einsetzen können und wann nicht.

- Verwenden Sie jene Taktik weiter, die Ihnen am meisten Erfolg bringt.

- Üben Sie das Verhandeln so oft wie möglich. Mit Ihrem Ehepartner. Mit aggressiven Autoverkäufern. Mit vollkommen Fremden.

- Sie werden häufig in Situationen sein, die für Sie nicht besonders wichtig sind, wie etwa beim Kauf eines Möbelstücks in einem Gebrauchtmöbelmarkt. Oder beim Durchstöbern der Auslage in einer Tankstelle. Betrachten Sie das Verhandeln in solchen Situationen als eine Art Spiel. Feilschen Sie aus Spaß an der Sache. Taktiken, die an solchen Orten funktionieren, werden Ihnen wahrscheinlich auch in wichtigeren Situationen hilfreich sein, etwa wenn es darum geht, gegenüber dem Chef eine Gehaltserhöhung durchzusetzen.

- Betrachten Sie das Verhandeln insgesamt als ein Spiel. Dann wird es Ihnen weniger Stress bereiten.
- Wie können Sie feststellen, ob Sie das Spiel gewonnen haben oder nicht? Anhand von Geld. Ein kluger Multi-Millionär namens Paul Young erklärte einmal gegenüber Don: »Das Geld ist nicht wichtig. Es zeigt nur an, wie viele Treffer man erzielt hat.«
- Erzielen Sie also möglichst viele Treffer. Versuchen Sie einige von Dons 365 Taktiken. Und einige der zahlreichen Kontermöglichkeiten. Finden Sie heraus, welche Vorgehensweisen Ihnen die größten Erfolge bescheren und welche nicht funktionieren. Und wann diese Taktiken funktionieren und wann nicht. Und warum sie funktionieren und warum nicht.
- Eine gute Möglichkeit herauszufinden, welche Taktiken klappen, bietet www.DonaldHendon.com/Negotiation Poker. Spielen Sie Dons Verhandlungspoker mehrere Male. Nachdem Sie ein Gefühl dafür bekommen haben, können Sie die Vollversion auf CD versuchen. Sie ist erhältlich unter www.GuerrillaDon.com. Apps für iPhones, iPads und Android-Geräte sind ebenfalls erhältlich.

Der 12. Weg: Nutzen Sie das Prisma der Macht

Ein 12. Weg, um rasch in Stadium 4 zu gelangen, ist die Beschäftigung mit dem Prisma der Macht, das wir in Kapitel 6 kurz angesprochen haben. Das Prisma umfasst 95 Richtlinien und ist in Dons Buch *365 Powerful Ways to Influence* enthalten. Tun Sie Dinge, die Ihnen mehr Macht bringen, und meiden Sie Dinge, die Ihre Macht verringern. Das Prisma ist leichter zu beherrschen, als Sie vielleicht denken. Es umfasst zwar 122 Richtlinien, besteht aber nur aus 744 Worten. Sie können Dons Prisma der Macht auch unter www.GuerrillaDon.com kennenlernen. Auf Dons Website finden sich mehr Einzelheiten als im vorliegenden Buch.

Nachfolgend stellen wir Ihnen einen Fahrplan vor, der Ihnen hilft, alle erfolgreichen Verhandlungstaktiken auf unbewusste Weise beherrschen zu lernen. Das ist sozusagen das Beste von Jay Conrad Levinson: seine 54 goldenen Regeln. Sie sind ein kurzes Resümee seines Buches *Guerrilla Marketing Excellence – Golden Rules für Small-Business Success.*

54 goldene Regeln für Guerillas

Jays 54 goldene Regeln unterteilen sich in 33 Kategorien:

Kundenaufmerksamkeit

1. Ihr Marketing muss darauf zielen, die Aufmerksamkeit Ihrer Kunden zu wecken und möglichst viele Interessenten zu fesseln – große Tiere und Guerillas gleichermaßen.

2. Sichern Sie sich schnell die Aufmerksamkeit der Kunden. Wenn Sie zehn Stunden zur Verfügung haben, um eine Anzeige zu entwerfen, wenden Sie neun Stunden auf die Formulierung der Schlagzeile auf.

Beachtung der Einzelheiten

3. Denken Sie an die Details: Ihr Marketing wird nur dann erfolgreich sein, wenn Sie oder eine Vertrauensperson, an die Sie diese Aufgabe übertragen, regelmäßig genügend Zeit und Energie dafür aufwenden.

Glaubwürdigkeit

4. Schaffen Sie einen Pfad des geringsten Widerstands, der zum Kauf führt. Wie das geht? Indem Sie diesen Weg mit Glaubwürdigkeit pflastern.

Nutzen oder Lösungen?

5. Es ist wesentlich einfacher, eine Lösung für ein Problem zu verkaufen als einen positiven Nutzen zu verkaufen.

Bindung

6. Knüpfen Sie ein Band, indem Sie Ihr Marketing mit einem Schuss Menschlichkeit anreichern. Vergessen Sie nicht, jede Person, die Sie bei Ihrem Marketing ansprechen, ist zuerst ein Mensch und erst dann ein Kunde.

Ihre Gewinnmarge

7. Behalten Sie stets Ihre Gewinnmarge im Auge. Wirtschaftliches Marketing bedeutet nicht, Geld zu sparen – es bedeutet sicherzustellen, dass sich jede Ausgabe gebührend auszahlt.

Der Guerilla-Kalender, vorausdenken und das richtige Timing beachten

8. Der Guerilla-Kalender: Bei der Planung, Erstellung und Auswertung Ihrer Marketingaktionen können Sie sich auf Jays Idee eines Guerilla-Kalenders stützen. Das heißt, überstürzen Sie nichts – lassen Sie sich Zeit. Wenn man etwas zu hastig erledigt, wird es teuer, denn man kann Einiges übersehen.

9. Der Guerilla-Kalender: Betrachten Sie Verkäufe nicht als einmaliges Ereignis. Betrachten Sie sie vielmehr als Beginn einer engen und dauerhaften Beziehung.

10. Vorausdenken: Wenn Sie mit der visionären Kraft eines Guerillas gesegnet sind, werden Sie nicht nach kurzfristiger Belohnung streben. Sie werden Ihren Ertrag durch Ihre Voraussicht erlangen.

11. Timing: Das richtige Marketing, das sich an die richtigen Zielgruppen wendet, ist nur dann richtig, wenn auch das Timing stimmt.

Kontrolle

12. Wenn Sie Ihre Marketingaktivitäten nicht ständig unter Kontrolle haben, wird die Zukunft Ihres Unternehmens in den Händen Ihrer Mitbewerber liegen. Mit anderen Worten: *Fressen oder gefressen werden.*

Kooperieren, nicht konkurrieren

13. Um Ihr Marketing zum Erfolg zu führen, müssen Sie sich mehr auf Kooperation statt auf Konkurrenz ausrichten.

Ihre Kunden

14. Kunde oder Gegner? Wenn Sie die Person, mit der Sie ein Geschäft abschließen wollen, als Ihren Kunden betrachten, nicht als Ihren Gegner, werden Sie wahrscheinlich mehr Erfolg haben.

15. Lernen Sie Ihre Kunden kennen. Die Fähigkeit, den Markt für die eigenen Produkte genau definieren zu können, verbessert die Ertragskraft deutlich.

16. Kümmern Sie sich um Ihre Kunden. Um erfolgreich zu sein, müssen Sie Ihre Kunden umsorgen – Ihnen nicht nur Aufmerksamkeit schenken. Es gibt mehr scheiternde als erfolgreiche Unternehmen, und die erfolgreichen sind jene, die Ihren Kunden zeigen, dass sie sich um sie kümmern.

17. Stellen Sie sicher, dass Ihre Kunden wissen, wie sehr Sie sich um sie kümmern. Bringen Sie Ihre Wertschätzung für Ihre Kunden immer

wieder dadurch zum Ausdruck, dass Sie versuchen, ihnen auch nach der Abwicklung des Deals zur Seite zu stehen.

18. Kümmern Sie sich nicht nur um Ihre Kunden – umhegen Sie Ihre wichtigsten Kunden, seien es Große oder Guerillas. Wenn Sie einen besonders wichtigen Kunden haben, richten Sie Ihr Marketing in besonderer Weise auf ihn persönlich aus. Wenn Ihre Firma beispielsweise eine VIP-Lounge in einem Sportstadion betreibt, laden Sie ihn dorthin ein.

19. Umhegen Sie auch Ihre gewöhnlichen Kunden. Stellen Sie die Zufriedenheit und den Komfort der Kunden in den Vordergrund. Erleichtern Sie es den Kunden, mit Ihnen Geschäfte zu machen.

20. Bieten Sie Ihren Kunden konkrete Vorteile und Nutzungsmöglichkeiten an, keine Eigenschaften. Richten Sie Ihr Marketing auf Menschen aus, die sich bereits im Markt befinden, und finden Sie heraus, was sie tatsächlich kaufen über die augenblickliche Belohnung hinaus. Mit anderen Worten, Sie müssen die unterschiedlichen Vorteile und Nutzungsmöglichkeiten, die Sie mit Ihrem Produkt anbieten, den Menschen *unmittelbar* zur Verfügung stellen. Wenn Sie das tun, haben Sie praktisch schon gewonnen.

21. Bemühen Sie sich um ein Zusammenspiel mit Ihren Kunden. Fragen führen zu Antworten. Antworten führen zu Kundenbindung. Kundenbindung führt zu Gewinnen.

22. Es ist leichter, einen größeren Marktanteil zu erlangen, wenn man zuerst einen größeren »Anteil am Denken« erlangt. Wenn Sie die goldenen Regeln 14–21 befolgen, können Sie sicherstellen, dass die Kunden als Erstes an Sie und Ihre Firma anstatt an die Konkurrenz denken, wenn sie etwas brauchen.

23. Der Nachteil eines größeren »Anteils am Denken«: Wenn Sie im Denken der Kunden fest verankert sind, werden Sie Ihren Kundenstamm vielleicht als selbstverständlich annehmen. Meiden Sie diese Falle. Es ist klug, als Erster zur Stelle zu sein, wenn der Interessent kaufen möchte, oft aber ist es gewinnträchtiger, als zweiter Anbieter aufzutreten. Warum? Derjenige, der zuerst kommt, ist oft auch derjenige, der einen Deal als Erster vermasselt. Unternehmen, die als Erste zur Stelle sind, neigen zu folgenden Verhaltensweisen:

- Sie missachten ihre Kunden.
- Sie kümmern sich nicht besonders eingehend um sie.
- Sie erfüllen die Qualitätserwartungen nicht.
- Sie überziehen Liefertermine.
- Sie verlangen etwas zu hohe Preise.
- Sie halten Anrufer zu lange in der Leitung.
- Sie kommen zu spät zu Terminen.
- Sie lassen sich im Hinblick auf Kundenkomfort von anderen übertreffen.
- Sie tun etwas, was das Vertrauen der Kunden beeinträchtigt.

Also, wenn Sie Kunde sind, gehen Sie zu einer Firma, die die zweite in der Reihe ist.

Sich Hilfe beschaffen

24. Lassen Sie Ihr Marketingmaterial von einem Profi erstellen, denn schon der Anschein von Amateurhaftigkeit kann dafür sorgen, dass Ihnen Geschäfte durch die Lappen gehen.

Geschenke und Gimmicks

25. Geschenke, ein kleines Extra: Wie immer man es bezeichnen mag, jeder lässt sich gern bestechen. Vor allem große Tiere.

26. Gimmicks, ausgefallene Ideen – arbeiten Sie damit: Auch wenn Sie sich streng an Ihren Plan halten, müssen Sie sich auch als Guerilla manchmal einen kleinen Gag überlegen. Zum Beispiel: Überreichen Sie zwei Visitenkarten, eine, die der andere behalten kann, und eine, auf der ein Gutschein über einen Preisnachlass von 25 Prozent bei der ersten Kundenbestellung aufgedruckt ist.

Geben oder Nehmen?

27. Unternehmen, die darüber nachdenken, was sie den Leuten geben können, sind erfolgreicher als Firmen, die sich überlegen, was sie von den Menschen nehmen können.

Aufrichtigkeit

28. Seien Sie ehrlich und aufrichtig. Verwenden Sie möglichst nur Marketingtechniken und Taktiken, die ehrlich und nicht zu beanstanden sind.

Humor

29. Humor – setzen Sie ihn vorsichtig ein. Vermeiden Sie witzige Bemerkungen, sofern sie nicht Ihrem Angebot dienlich sind und nicht von Ihrem Produkt oder Ihrer Dienstleistung ablenken.

Information und Wissen

30. Der Wert der Information: Ihre Kundenliste ist die beste der Welt – aber nur wenn sie gespickt ist mit Informationen über jeden einzelnen Ihrer Kunden. Ist das der Fall?

31. Ihr Handwerkszeug: Je mehr Sie über den Marketingprozess wissen, umso größer werden Ihre Gewinne sein.

Vernetzung

32. Werden Sie ein erfolgreicher Netzwerker. Wie das geht? Stellen Sie Fragen, hören Sie sich die Antworten an und konzentrieren Sie sich auf die Probleme der Gruppe in Ihrem Netzwerk.

Neue Angebote – neue Produkte und Dienstleistungen

33. Wenn Sie neue Angebote einführen, unterstreichen Sie nachdrücklich, dass sie neu sind, und erklären Sie deutlich und verständlich, wozu sie gut sind.

Schritt für Schritt

34. Winzige Anteile eines riesigen Marktes sind ausreichend und gewinnträchtig, wenn Sie einen Kunden nach dem anderen gewinnen.

Originalität und Einzigartigkeit

35. Originalität – Nein. Investieren Sie nicht zu viel Geld in Originalität. Erinnern Sie sich, Ihr Hauptinteresse sollte darin bestehen, Gewinne zu erzielen.

36. Originalität – Ja. Identifizieren oder schaffen Sie sich Wettbewerbsvorteile. Nutzen Sie diese ausgiebig bei Ihren Marketingbemühungen.

37. Besetzen Sie eine Nische. Vermarkten Sie Ihre Dienstleistung erfolgreich, indem Sie die zahllosen Möglichkeiten nutzen, sich eine ganz besondere Nische zu schaffen.

Pionier

38. Die Gefahren: Wenn Sie als Pionier mit einem neuen Produkt oder einer neuen Dienstleistung auf den Markt kommen, müssen Sie darauf vorbereitet sein, auf eine Mauer der Gleichgültigkeit und der Angst zu stoßen.

Profitorientierung

39. Seien Sie profitorientiert. Ihr gesamtes Marketing sollte darauf ausgerichtet sein, Ihren Gewinn zu steigern. Nicht Ihren Umsatz, sondern Ihre Gewinne.

Schützen Sie sich vor anderen Guerillas

40. Maximieren Sie Ihren Profit, indem Sie den Grundsatz beherzigen, dass Angriff die beste Verteidigung ist.

Rezessionen

41. Konzentrieren Sie sich in einer Rezessionsphase auf Ihre bestehenden Kunden und auf größere Transaktionen.

Halten Sie sich zurück

42. Seien Sie kein Perfektionist – versuchen Sie erst dann etwas zu reparieren, wenn Sie sicher sind, dass es tatsächlich kaputt ist.

Verkaufen, nicht eine Show abziehen

43. Stellen Sie das Wesentliche Ihres Angebots heraus, nicht das Drumherum oder die kleinen Extras.

44. Marketing ist stets wirkungsvoller, wenn es als Verkaufen betrachtet wird und nicht als Showveranstaltung.

Seien Sie spezifisch

45. Glaubwürdigkeit und Überzeugungskraft Ihres Marketings steigen in direktem Verhältnis dazu, wie viele spezifische Angaben Sie den Kunden liefern.

Werden Sie ein Spion

46. Stellen Sie sicher, dass Sie besser sind als Ihre Konkurrenten, indem Sie diese ausspionieren: Je intensiver Sie Ihre Mitbewerber, Ihre Branche und sich selbst ausforschen, umso mehr Gelegenheiten zur Verbesserung werden sich ergeben.

Fernsehen und soziale Medien – borgen Sie sich Macht durch sie

47. Wenn Sie mit Einzelhändlern Geschäftsbeziehungen unterhalten, können Sie Ihr Produkt in einer Vielzahl von Läden verkaufen, wenn Sie Fernsehwerbung als Hebel einsetzen. Die sozialen Medien sind heute vielleicht sogar noch mächtiger.

Lassen Sie die Leute unbefriedigt – sorgen Sie dafür, dass sie nach mehr verlangen

48. Es ist leichter, jemanden dazu zu bringen, den schweren Schritt des Kaufens zu tun, wenn Sie ihn zuvor zu dem einfacheren Schritt veranlasst haben, nähere Informationen von Ihnen anzufordern.

Ihre Taktiken

49. Stützen Sie sich nicht nur auf eine Marketingtaktik. Viele Marketingtaktiken entfalten ihre maximale Wirkung erst, wenn sie mit anderen Taktiken kombiniert werden.

Worte

50. Clever oder sachbezogen? Die Leute werden sich an den cleversten Teil Ihres Marketings erinnern, achten Sie jedoch darauf, dass darin auch unmittelbar zum Ausdruck kommt, was Sie eigentlich verkaufen wollen.

51. Die Macht der Worte 1: Stellen Sie sicher, dass Sie schnell die Aufmerksamkeit Ihrer Zielgruppe finden. Bereiten Sie sich vor. Wenn Ihnen für die Erstellung einer Anzeige zehn Stunden zur Verfügung stehen, verwenden Sie neun Stunden davon für die Formulierung des Aufmachers.

52. Die Macht der Worte 2: Die richtigen Worte werden einer großartigen Idee zum Erfolg verhelfen. Die falschen Worte werden eine großartige Idee zum Scheitern bringen. Nachfolgend werden die 35 wirkungsvollsten Worte aufgeführt, die Sie in Ihren Anzeigen und Verkaufsgesprächen verwenden sollten.

Folgende vier Worte sind davon die wichtigsten:

- Neu   - Sie
- Sparen   - Ihr

Die übrigen in alphabetischer Reihenfolge:

- Alternative   - Geld
- Ankündigen   - Gesucht
- Bequem   - Gesund
- Einführung   - Gewinn
- Entdecken   - Gewinne
- Ergebnisse   - Gewinnen
- Erwiesen   - Glücklich
- Garantiert   - Gut aussehend

- Jetzt
- Leicht
- Liebe
- Menschen
- Nutzen
- Rat
- Richtig

- Sicher
- Sicherheit
- Spaß
- Stolz
- Vertrauenswürdig
- Warum
- Wert

Meiden Sie folgende 17 Wörter – sie sind zu negativ:

- Bestellung
- Entscheidung
- Falsch
- Haftung
- Kaufen
- Kosten
- Mangelhaft
- Schlecht
- Schwer

- Schwierig
- Sorge
- Tod
- Verkaufen
- Verlust
- Verpflichtung
- Versagen
- Vertrag

Darf man auch gegen diese Regeln verstoßen?

53. Scheuen Sie sich nicht, bisweilen gegen diese 52 goldenen Regeln zu verstoßen. Tun Sie das aber nur, wenn Sie gute Gründe dafür haben. Und machen Sie sich auch klar, *dass Sie gegen eine Regel verstoßen.* Sie sollten es absichtlich tun, nicht aus Unwissenheit. Beachten Sie: Es ist Geldverschwendung, wenn man zufällig gegen eine Regel verstößt.

54. Entwickeln Sie für sich eigene goldene Regeln. Haben Sie keine Angst vor Experimenten. Guerilla-Marketing unterstützt das Experimentieren, auch wenn die Gefahr besteht, dass Experimente scheitern. Lassen Sie sich durch kalte Füße nicht von potenziell heißen Experimenten abhalten. Nutzen Sie alles, was für Sie am besten funktioniert, und werfen Sie alles über Bord, was nicht klappt.

Schlussbetrachtung

Wir hoffen, dass Sie künftig mehr Erfolge erzielen werden als bisher. Wir wissen, dass sich Erfolge einstellen werden, wenn Sie all das geschickt umsetzen, was Sie in diesem Buch erfahren haben. Verbinden Sie die Erkenntnisse, die Sie hier gewonnen haben, mit Ihren eigenen gottgegebenen Talenten. Die unkonventionellen Taktiken, die wir Ihnen in diesem Buch vorgestellt haben, werden Ihnen in den meisten Fällen helfen, von anderen zu bekommen, was Sie wollen. Wir haben Guerillas kennengelernt, die sie mit großem Erfolg angewendet haben. Und wir haben auch ein paar Große erlebt, die über den Tellerrand hinausschauen und sie verwenden, um sich gegenüber Guerillas durchzusetzen. Viel Glück!

Wir möchten dieses Buch mit einem traditionellen irischen Segenswunsch beschließen:

May there always be work for your hands to do.
May your purse always hold a coin or two.
May the sun always shine on your windowpane.
May a rainbow be certain to follow each rain.
May the hand of a friend always be near you.
May God fill your heart with gladness to cheer you.

Möge es immer Arbeit geben für Deine Hände.
Möge in Deiner Geldtasche immer eine Münze sein oder zwei.
Möge die Sonne immer in Dein Fenster scheinen.
Möge stets ein Regenbogen jedem Regen folgen.
Möge die Hand eines Freundes immer in Deiner Nähe sein.
Möge Gott Dein Herz mit Fröhlichkeit füllen und Dich froh sein lassen.

Die Autoren

Jay Conrad Levinson

Meine großen Erfolge beruhen darauf, dass ich seit Beginn meiner Beschäftigung mit Marketing unkonventionell denke. Ich habe den Begriff *Guerilla-Marketing* geprägt als Beschreibung für ungewöhnliche Vermarktungsaktionen, die sich vor allem für Unternehmen eignen, die nur über begrenzte Ressourcen verfügen. Laut Wikipedia ist Guerilla-Marketing mittlerweile eine der bekanntesten Marketingstrategien geworden. Mein Buch *Guerilla Marketing* zählt heute zu den 100 wichtigsten Wirtschaftsbüchern und wurde weltweit 28 Millionen Mal verkauft. Meine Konzepte haben das Marketing so stark beeinflusst, dass das Buch in 62 Sprachen übersetzt wurde und in der MBA-Ausbildung zur Pflichtlektüre gehört. Ich habe mit großen Werbeagenturen zusammengearbeitet, wie etwa Leo Burnett und J. Walter Thompson. Ich habe Marketingkampagnen für viele bekannte Marken entwickelt wie beispielsweise den Marlboro Man, den Pillsbury Dough Boy, Tony the Tiger, den Jolly Green Giant, Good Hands von Allstate Insurance, Friendly Skies von United Airlines und die Diehard Battery von Sears.

Und natürlich bin ich weltweit als »Vater des Guerilla-Marketing« bekannt.

Donald Wayne Hendon

Das sind die wichtigsten Informationen, die ich meinen Kunden vermittle: Spezielle Verhandlungstaktiken – Taktiken, die von Unternehmern und Selbstständigen aus mehr als 60 Ländern genutzt werden. Die vertiefte Kenntnis dieser Taktiken ermöglicht es Geschäftsleuten, sich besser auf Verhandlungen mit Menschen aus unterschiedlichen Ländern vorzubereiten – und gibt ihnen Mittel an die Hand, erfolgreicher zu werden. Einige Beispiele für diese speziellen Taktiken finden Sie in Kapitel 2 unter dem Absatz »15. Grund«.

Wie habe ich dieses Wissen erlangt? Ich habe private und öffentliche Seminare abgehalten und war in 36 Ländern auf sechs Kontinenten als Berater tätig und hatte dabei mit Angehörigen von mehr als 60 Nationalitäten zu tun. Ich stelle Ihnen gerne eine Liste meiner 100 wichtigsten

Auftraggeber zur Verfügung. Dazu gehören zum Beispiel: McDonald's, Coca-Cola, Nissan, Johnson & Johnson, die Las Vegas Convention and Vistors Authority, die Australian Association of National Advertisers, die Association of Canadian Advertisers, die Philippine Airlines und früher auch einmal Jimmy Carters Erdnuss-Firma. Ich biete Seminare zu folgenden Themen an:

- Verhandeln – Überzeugen – Beeinflussen – Macht
- Internationales Verhandeln
- Körpersprache
- Marketing-Krieg, Guerilla-Marketing, Marketingstrategie, dumme Marketingfehler
- Managementfähigkeiten und -instrumente
- Kreativität und Unternehmensführung
- Kundenbeziehungen, Service, Verkaufstechnik, Verkaufsleitung

Ich habe sechs weitere Bücher geschrieben, die in 14 Ländern erschienen sind und in zehn Sprachen übersetzt wurden: *365 Powerful Ways to Influence, Battling for Profits, How to Negotiate Worldwide, Cross-Cultural Business Negotiations, Classic Failures in Product Marketing, American Advertising.* Dazu kommen mehrere Hundert Artikel in verschiedenen Fachblättern und wissenschaftlichen Fachzeitschriften.

Meine akademische Laufbahn: Ich habe mehr als 39 Jahre an verschiedenen US-Universitäten (in 13 Bundesstaaten und Puerto Rico) und im Ausland (Australien, Mexiko, Malaysia, Oman, Saudi-Arabien, Vereinigte Arabische Emirate) gelehrt. Im Jahr 2002 habe ich meine Vollzeit-Lehrtätigkeit aufgegeben, um mich künftig dem Consulting, dem Coaching, dem Abhalten von Seminaren und dem Verfassen von Büchern zu widmen.

Meine Hochschulabschlüsse: Ph.D. an der University of Texas in Austin (1971), MBA an der University of California in Berkeley (1964), BBA von der University of Texas in Austin (1962).

E-Mail: donhendon1@aol.com.

Postanschrift: P.O. Box 2624, Mesquite, Nevada 89024, USA. Mesquite liegt 130 Kilometer von Las Vegas entfernt.